3ds Max + Photoshop 游戏场景设计

主　编　刘长万　周克铭　徐　颖
副主编　陈洁菇　沈德松　夏文新　田　[illegible]

合肥工业大学出版社

图书在版编目(CIP)数据

3ds Max＋Photoshop 游戏场景设计/刘长万，周克铭，徐颖主编．—合肥：合肥工业大学出版社，2020.12

ISBN 978-7-5650-5178-4

Ⅰ.①3… Ⅱ.①刘…②周…③徐… Ⅲ.三维动画软件 Ⅳ.①TP391.41

中国版本图书馆 CIP 数据核字(2020)第 265441 号

3ds Max＋Photoshop 游戏场景设计

主编 刘长万 周克铭 徐 颖　　　　责任编辑 袁 媛

出 版	合肥工业大学出版社	版 次	2020 年 12 月第 1 版
地 址	合肥市屯溪路 193 号	印 次	2020 年 12 月第 1 次印刷
邮 编	230009	开 本	889 毫米×1194 毫米 1/16
电 话	基础与职业教育出版中心:0551-62903120	印 张	13.5
	营销与储运管理中心:0551-62903198	字 数	303 千字
网 址	www.hfutpress.com.cn	印 刷	安徽联众印刷有限公司
E-mail	hfutpress@163.com	发 行	全国新华书店

ISBN 978-7-5650-5178-4　　　　定价：59.00 元

如果有影响阅读的印装质量问题，请与出版社市场营销部联系调换。

前 言

《3ds Max＋Photoshop 游戏场景设计》是目前游戏市场 3D 场景设计的主流技术，顺应当今游戏产业爆发急需创新人才的要求而编写的一部专业核心课程教材。本书以动画、游戏行业对员工岗位技能要求为编写出发点，定位明确、内容丰富、层次分明。书中提供了大量的游戏场景和道具案例示范步骤图，使读者可以形象直观地了解游戏场景及道具模型的制作方法和实际操作过程。

本书以理论知识结合实际案例操作步骤的方式进行编写，共六章，主要内容包括：游戏场景制作的常用软件、游戏场景制作材质入门、游戏场景道具消防栓模型的制作、游戏场景石柱实例的制作、游戏场景清园门案例制作、游戏场景廊亭案例制作。全书由浅入深地展开教学，使学生可以全面学习 3ds Max、Photoshop 软件的基本操作。书中案例采用全过程讲解，重点介绍关键步骤，可使读者在最短的时间内全面掌握游戏场景制作的规范和流程，熟悉不同材质的绘制方法与技巧。

本书的编写得到了国内知名游戏公司艺术总监、高等院校动漫专业教师的支持，在此表示感谢！同时也非常感谢出版社的相关工作人员和关心本书编写工作的同事们、朋友们，感谢大家为本书所做的大量工作！由于编写时间和水平有限，书中难免有不足之处，恳请读者批评指正！

刘长万

2020 年 12 月 26 日

目　录

第1章 游戏场景制作的常用软件

本书第1章主要内容为学习Photoshop软件的使用、BodyPaint 3D软件基本命令工具的使用、游戏场景贴图材质的绘制方法及材质绘制流程等操作；针对3ds Max软件，主要讲解常规设置、常用工具命令的操作、游戏场景模型的制作及UV合理的摆放、贴图赋予等内容。

1.1 Photoshop 软件的基本操作

1.1.1 Photoshop 软件的安装

1. 打开Photoshop安装包，双击打开 ps6 文件夹（注：本书使用的是Photoshop CS6，如与该版本不一样，安装显示也会不一样，但基本安装路径相同）。接着双击文件夹 Adobe Photoshop CS6 roustar 31中文特别版，看到此文件后，双击打开 Adobe Photoshop CS6 roustar 31中... 进入Photoshop安装导向框，如图1-1所示。

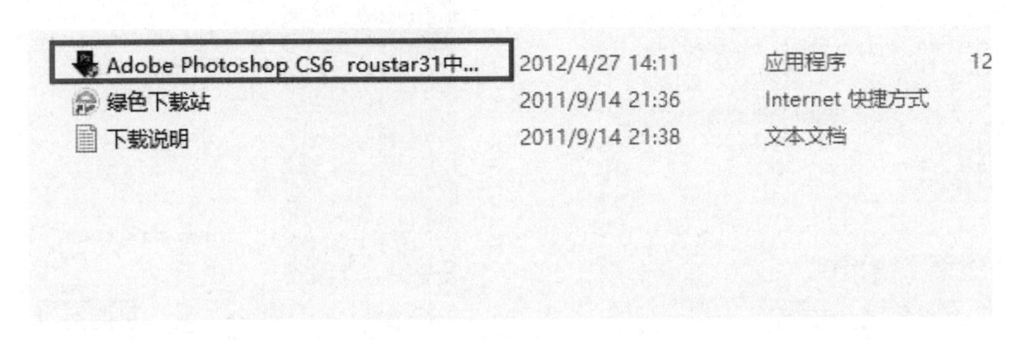

图1-1

2. 接着修改安装路径，在安装导向中单击选择“自定义安装”，点击“下一步”按钮，如图1-2所示。

3. 接着进入选择目标位置命令框，修改软件安装保存路径位置，将C盘改成D盘（注：这里安装路径可以根据个人喜好选择保存的位置，但尽量不要保存到系统盘），接着单击“下一步”按钮进入选择组件命令框，如图1-3所示。

图 1 - 2

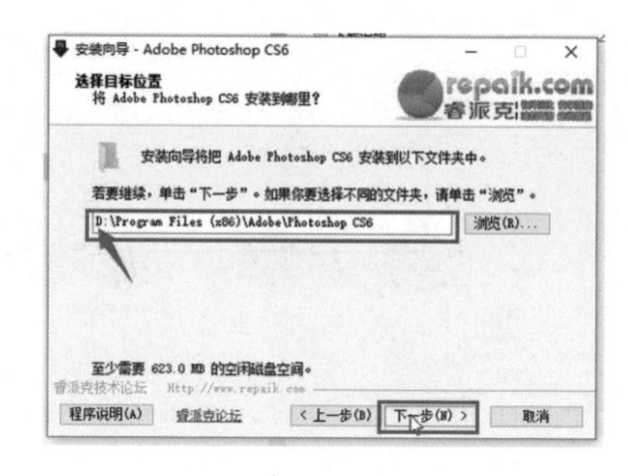

图 1 - 3

4. 进入选择组件命令框后，在自定义安装框里勾选创建桌面快捷方式，然后单击“下一步”按钮开始安装，如图 1 - 4 所示。

5. 当绿色进度条加载满格后，弹出完成安装框，单击“完成”即可，如图 1 - 5所示。

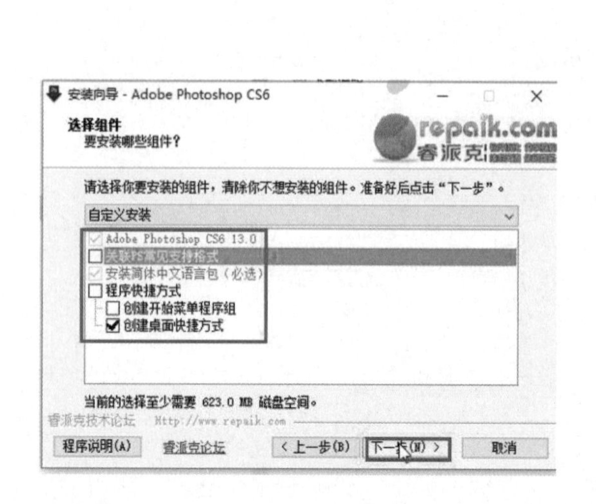

图 1 - 4

图 1 - 5

1. 1. 2　Photoshop 软件主界面讲解

1. 这里主要讲解 Photoshop CS6 软件中比较常用的工具命令，首先简单介绍 Photoshop 软件的工作界面，包含工作画布区域、菜单栏区域、工具栏区域和浮动控制面板等，如图 1 - 6 所示。

图 1-6

2. Photoshop 软件的画布图层介绍，如图 1-7 所示。

图 1-7

3. Photoshop 软件的各种图层模式介绍，如图 1-8 所示。

图 1-8

4. Photoshop 的 Alpha 通道主要用作透明贴图，在 Alpha 图层里填充使用的为黑、白两种颜色，黑色在 Alpha 图层中视为不可见颜色，白色为可见颜色，如图 1－9 所示。

图 1－9

1. 1. 3 Photoshop 软件常用工具

接下来介绍一些工具栏中的常用工具和快捷键，具体的使用方法将在本书第 2 章至第 6 章中讲到。常用工具及快捷键如下：

工具箱（多种工具共用一个快捷键的，可同时按【Shift】和此快捷键选取）

矩形、椭圆选框工具：【M】图标 、

移动工具：【V】图标

套索、多边形套索、磁性套索：【L】图标 、

魔棒工具：【W】图标

裁剪工具：【C】图标

画笔工具、铅笔工具：【B】图标画笔、铅笔

橡皮擦工具：【E】图标橡皮擦

渐变工具：【G】图标渐变

涂抹工具：【R】图标涂抹

减淡、加深工具：【O】图标减淡、加深

文字工具：【T】图标

吸管颜色工具：【I】图标吸管

默认前景色和背景色：【D】

切换前景色和背景色：【X】

标准屏幕模式、带有菜单栏的全屏模式、全屏模式：【F】

临时使用移动工具：【Ctrl】

临时使用吸色工具：【Alt】

临时使用抓手工具：【空格】
新建图形文件：【Ctrl＋N】
色彩平衡：【Ctrl＋B】
色相、饱和度：【Ctrl＋U】
新建图层：【Ctrl＋Shift＋N】
复制图层：【Ctrl＋J】
关闭当前图像：【Ctrl＋W】
保存当前图像：【Ctrl＋S】
另存为：【Ctrl＋Shift＋S】
还原/重做前一步操作：【Ctrl＋Z】
一步一步向前还原：【Ctrl＋Alt＋Z】
一步一步向后重做：【Shift＋Ctrl＋Z】
自由变换：【Ctrl＋T】
用背景色填充所选区域或整个图层：【Ctrl＋Delete】
用前景色填充所选区域或整个图层：【Alt＋Delete】
调整色阶：【Ctrl＋L】
自动调整色阶：【Shift＋Ctrl＋L】
自动调整对比度：【Shift＋Ctrl＋Alt＋L】
打开曲线调整对话框：【Ctrl＋M】
全部框选区域：【Ctrl＋A】
取消框选区域：【Ctrl＋D】
隐藏框选区域线：【Ctrl＋H】
羽化框选区域：【Ctrl＋Alt＋D】
反向框选区域：【Ctrl＋Shift＋I】
放大贴图画布：【Ctrl＋＋】
缩小贴图画布：【Ctrl＋－】
放大画笔：【{】
缩小画笔：【}】
移动画布位置：【空格键＋鼠标左键】
图层窗口：【F7】
画笔窗口：【F5】

1.2　3ds Max 软件的基本操作

1.2.1　3ds Max 软件的安装

1. 找到软件安装包文件 Autodesk_3ds_Max_2014_64bit，双击打开文件夹，再次双击文件夹 Autodesk_3ds_Max_2014_EFGJKS_Win_64bit_dlm，打开后找到软件的Setup应用程序，如图 1－10 所示。

名称	修改日期	类型	大小
3rdParty	2019/10/1 20:08	文件夹	
CER	2019/10/1 20:08	文件夹	
Content	2019/10/1 20:08	文件夹	
de-DE	2019/10/1 20:08	文件夹	
en-US	2019/10/1 20:09	文件夹	
eula	2019/10/1 20:09	文件夹	
fr-FR	2019/10/1 20:09	文件夹	
ja-JP	2019/10/1 20:09	文件夹	
ko-KR	2019/10/1 20:09	文件夹	
NLSDL	2019/10/1 20:09	文件夹	
Setup	2019/10/1 20:10	文件夹	
SetupRes	2019/10/1 20:10	文件夹	
x64	2019/10/1 20:34	文件夹	
x86	2019/10/1 20:34	文件夹	
zh-CN	2019/10/1 20:35	文件夹	
autorun	2002/2/23 9:35	安装信息	1 k
dlm	2013/3/18 22:17	配置设置	1 k
media	2012/2/21 11:12	XML 文档	7 k
mid	2013/3/1 4:38	文本文档	1 k
Setup	2013/1/19 5:24	应用程序	939 k
setup	2013/2/27 3:25	配置设置	35 k

图 1-10

2. 接着双击打开 Setup 进入安装初始化界面，等待初始化完成后，单击“安装”按钮进入下一步操作，如图 1-11 所示。

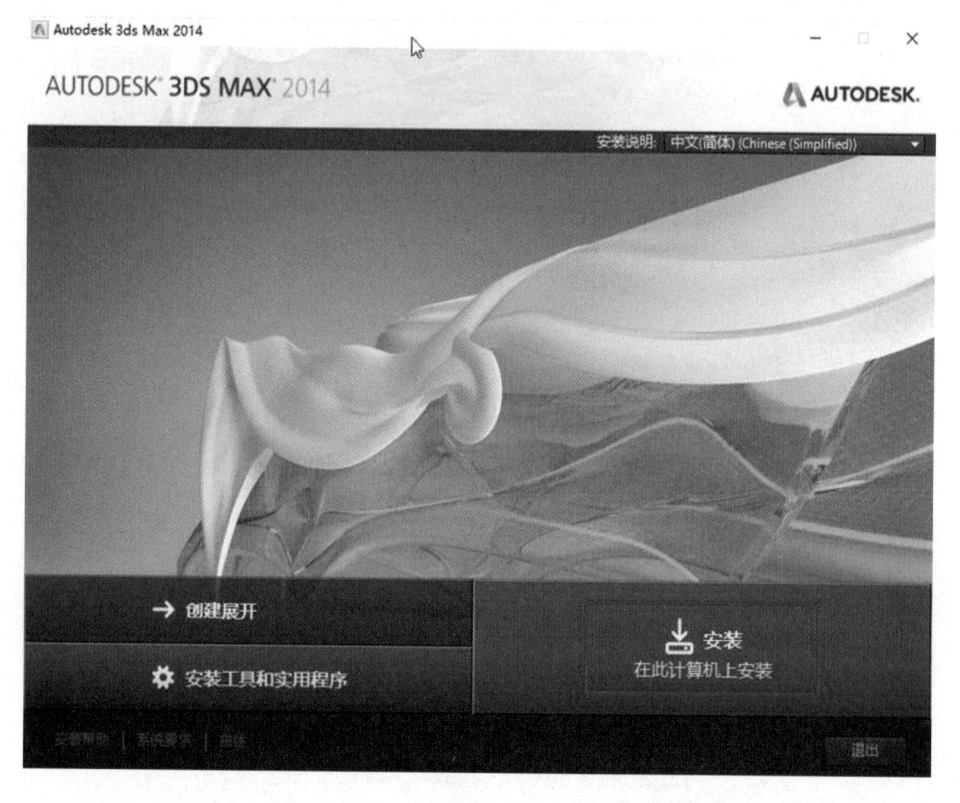

图 1-11

3. 在安装›许可协议窗口中选择“我接受”协议按钮，接着单击“下一步”按钮，如图 1－12所示。

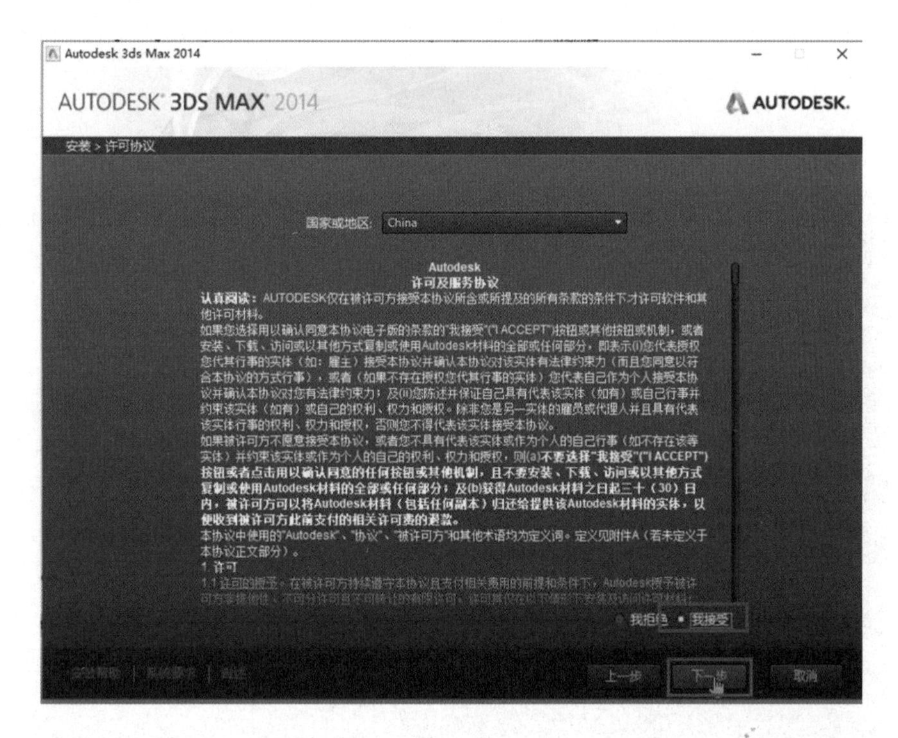

图 1－12

4. 进入安装›产品信息框后，在产品信息中输入序列号，如：666－12345678/69696969 等，产品密匙号在安装包里的文本文档 mid 中，打开文本文档，将 128F1 拷贝到产品密匙窗口里，接着再单击“下一步”按钮，如图 1－13 所示。

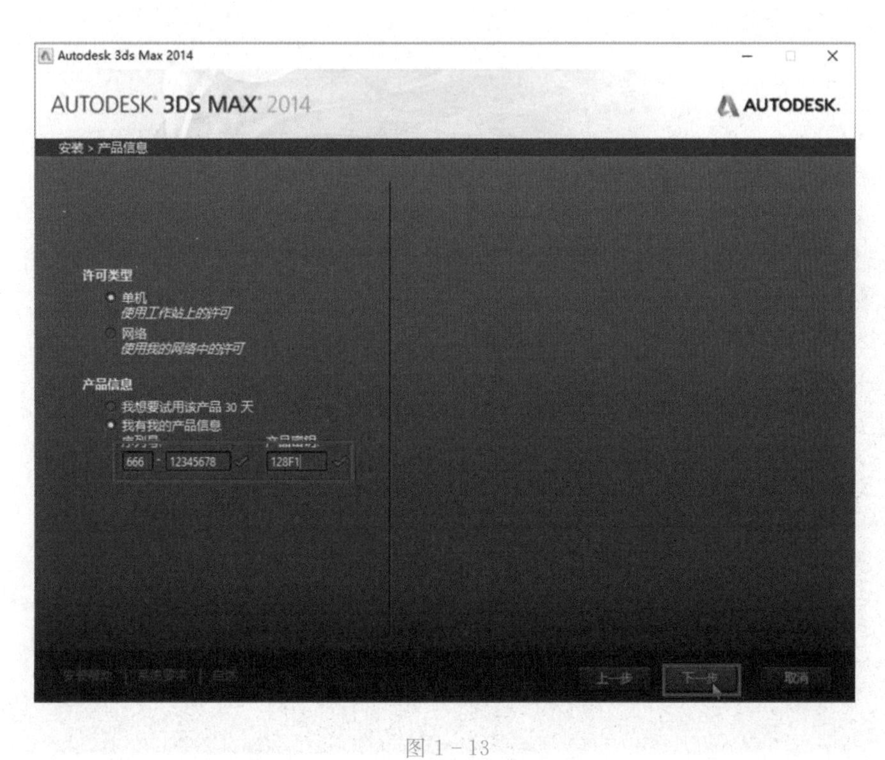

图 1－13

5. 进入安装›配置安装窗口后，修改安装路径位置，将C盘改成D盘，再次单击“安装”按钮开始安装，如图1-14所示。

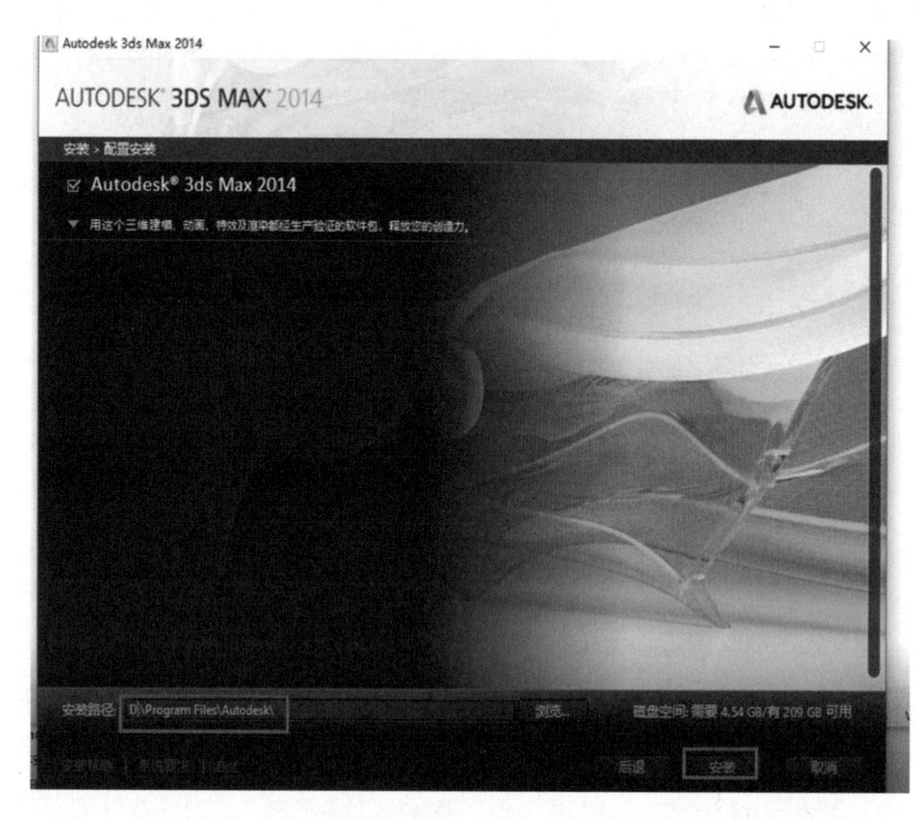

图1-14

6. 在3ds Max软件安装进度完成后单击“完成”按钮，如图1-15所示。

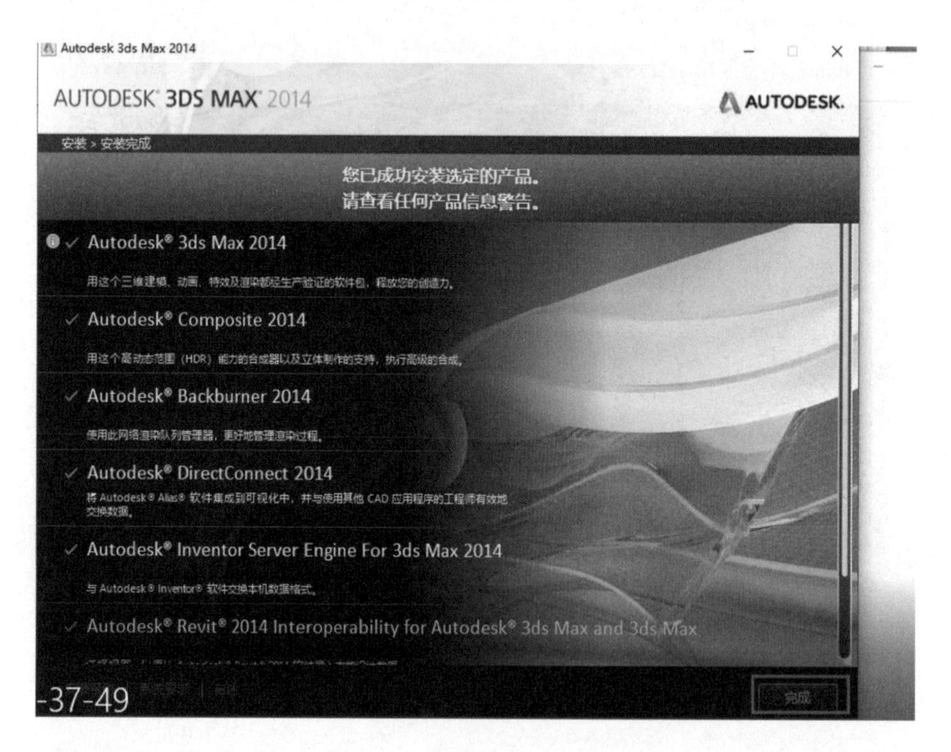

图1-15

7. 3ds Max 软件安装完成后进入注册步骤，在勾选同意的情况下，再次单击“我同意”按钮，如图 1 - 16所示。

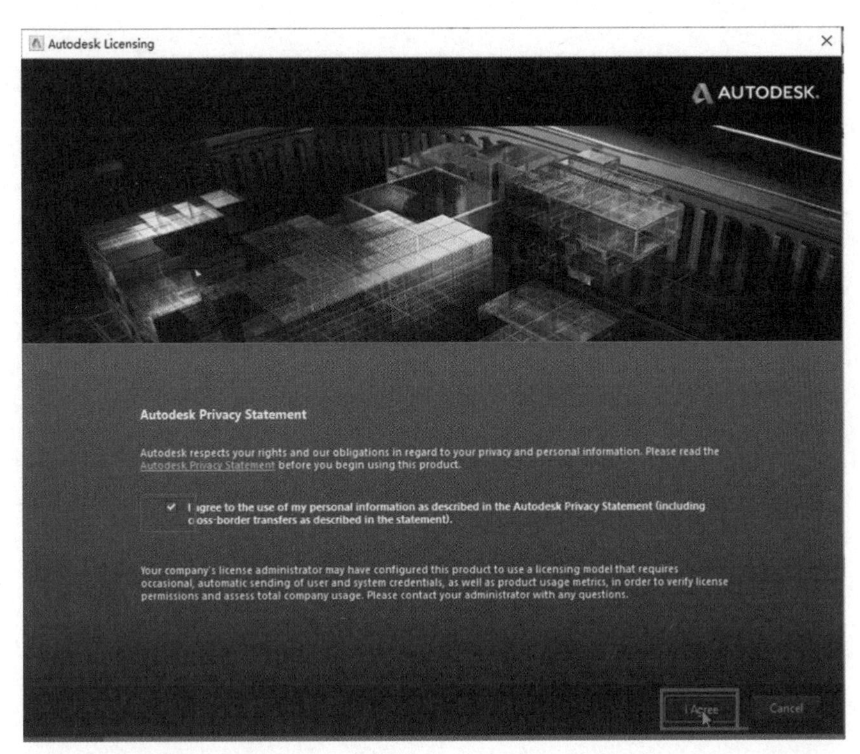

图 1 - 16

8. 接着单击注册按钮 Activate ，如图 1 - 17 所示。

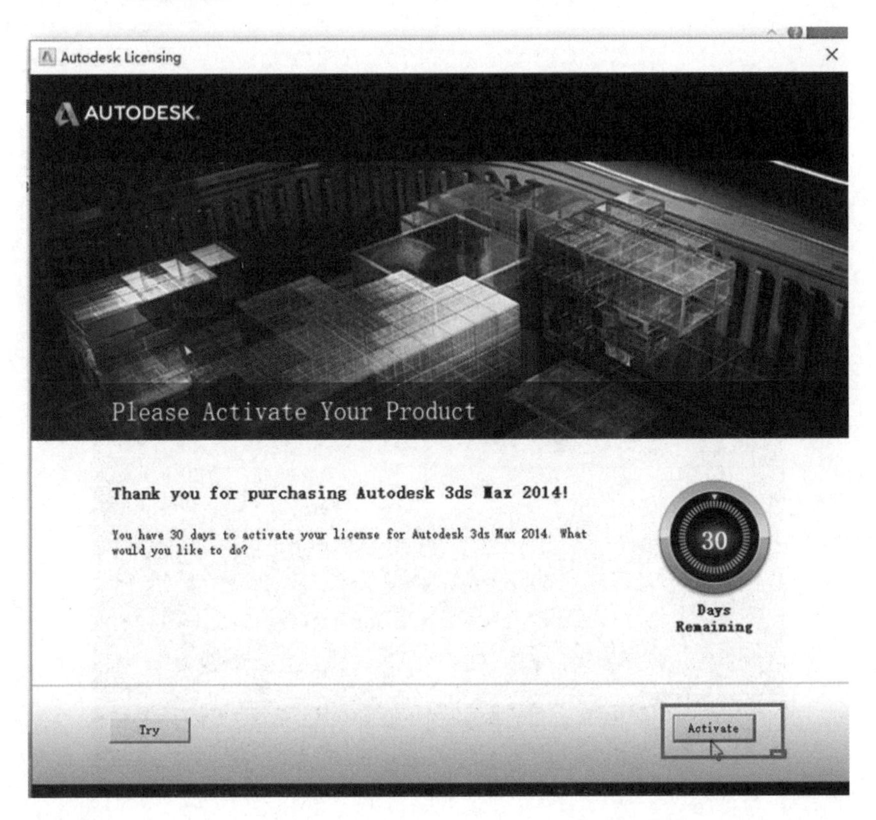

图 1 - 17

9. 接着找到注册机文件夹 注册机 ，双击打开 Autodesk 3DMAX 2014 Keygen(64位)（注：安装32位或64位是根据自己电脑系统情况而定的），如图1-18所示。

图1-18

10. 单击“同意注册”，接着将 Request code. 的注册码复制粘贴到申请码边框内，单击“生成”按钮产生激活码，如图1-19所示。

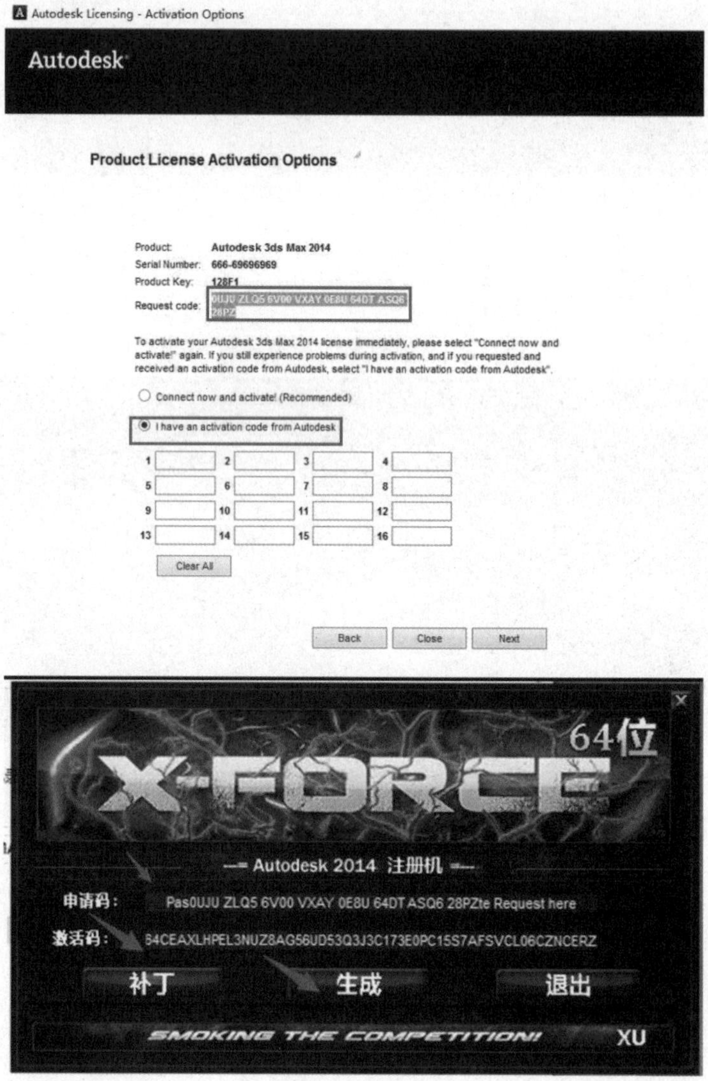

图1-19

11. 接着再把代码复制粘贴到注册码边框内，单击“下一步”按钮完成操作，如图 1-20 所示。

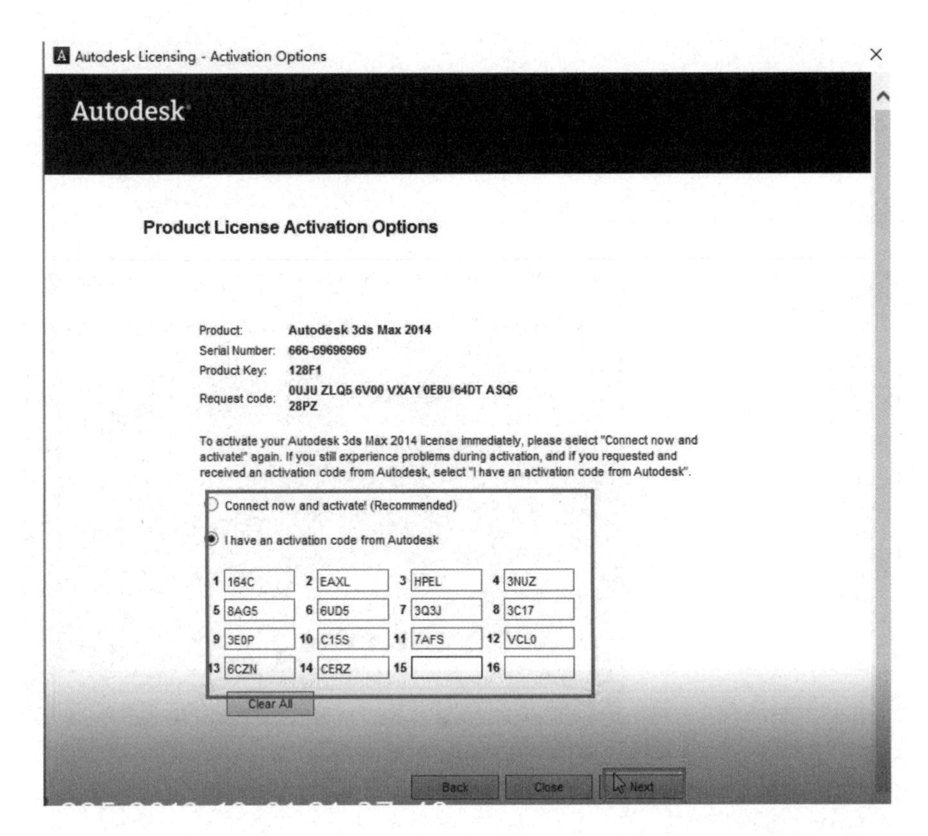

图 1-20

1.2.2　3ds Max 软件的主界面

在桌面上找到 3ds Max 软件的快捷方式图标，双击打开，进入软件主界面后，可以看到用户界面菜单栏、工作区域和命令面板等，如图 1-21 所示。

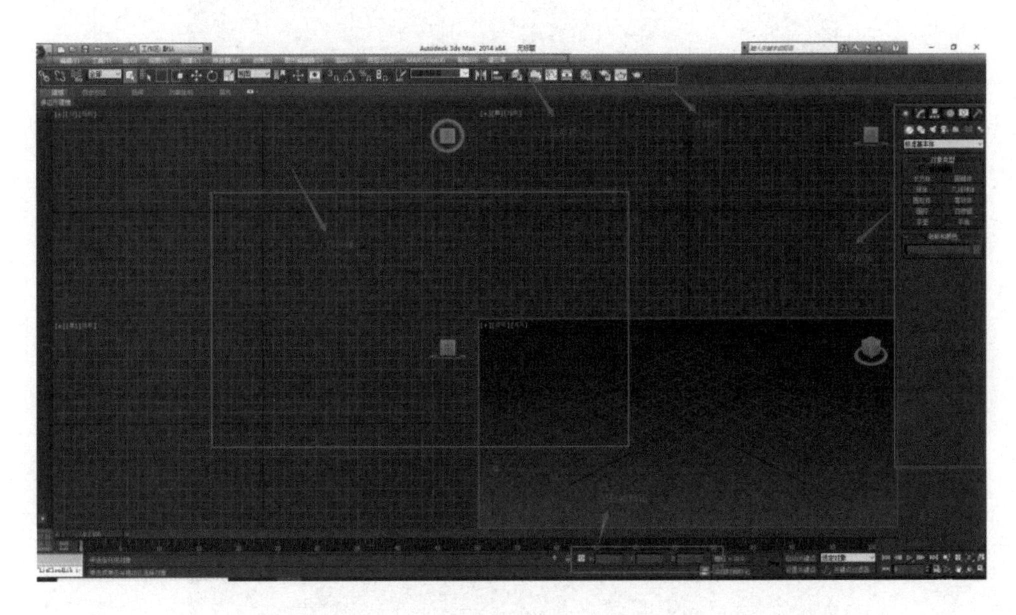

图 1-21

1.2.3 3ds Max 软件制作参数、材质球和修改器的设置

1. 先设置一下单位参数。在 3ds Max 软件的菜单栏中找到 自定义(U) 后单击；接着单击“单位设置(U)”，进入单位设置窗口，先设置公制单位为“米”；再点击“系统单位设置”，进入系统单位设置窗口，设置系统单位的比例为“米”（注：单位参数设置是根据项目需求而定，不一定是用“米”为单位），最后单击“确定”按钮，完成单位参数设置，如图 1-22 所示。

图 1-22

2. 同样在软件菜单栏中单击“自定义”命令，单击“首选项”按钮进入首选项设置窗口，单击“常规命令”，检查场景撤销级别是否为 20，若不是，则需要更改为 20，再单击“确定”按钮，如图 1-23 所示。

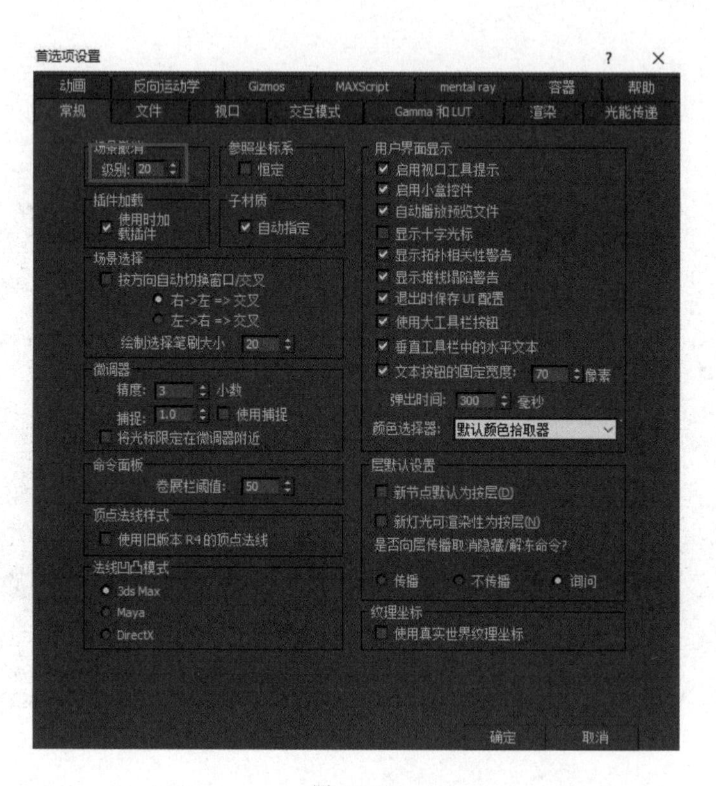

图 1-23

3. 接着设置软件的显示统计模型面数、显示性能，在菜单栏中单击“视图命令”，再单击“视口配置”进入视口配置窗口；单击“统计数据”命令，在设置中勾选“多边形计数”“三角形计数”“总计+选择”，最后单击“确定”按钮，如图 1－24 所示。

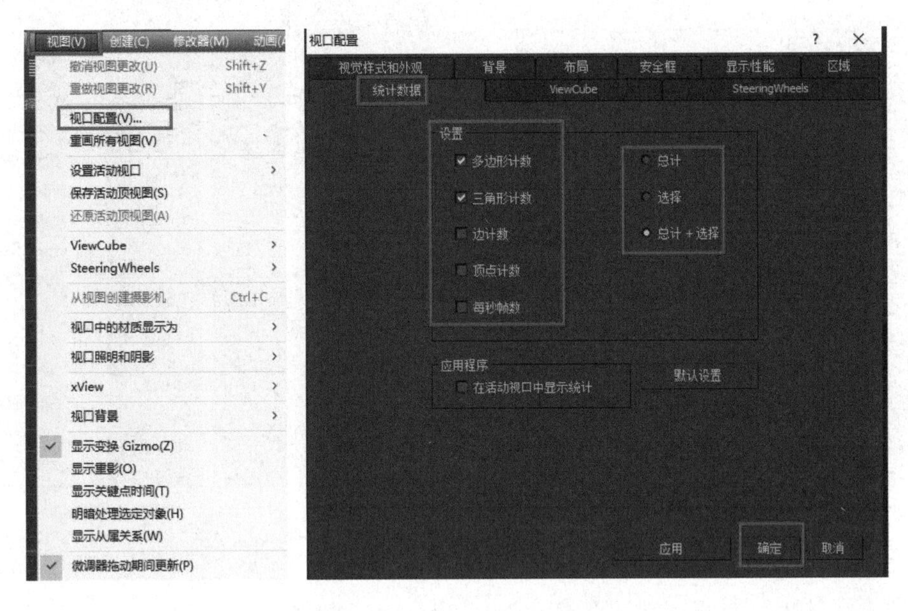

图 1－24

4. 同样在视口配置窗口里单击显示性能命令，查看视图图像和纹理显示分辨率里的烘焙程序贴图、纹理贴图、视口背景/环境全部最大值是否为 1024 像素，若不是，将其改成 1024 像素，如图 1－25 所示。

5. 接着设置材质球，按一下键盘上的快捷键【M】，弹出材质编辑器，单击选项命令里的“选项”命令，如图 1－26 所示。

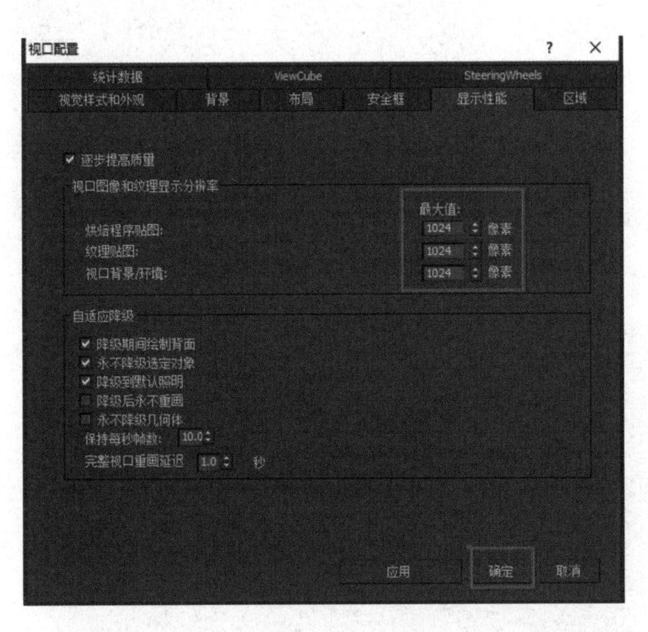

图 1－25

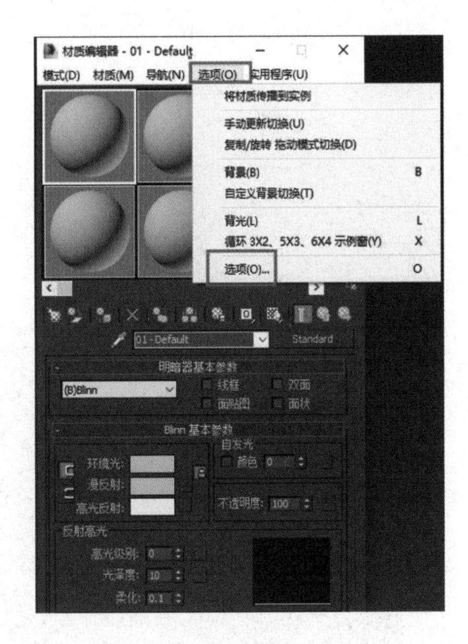

图 1－26

6. 进入材质编辑器选项窗口，设置材质球数目为 6×4，单击“确定”按钮后，材质编辑器显示材质数目，如图 1－27 所示。

7. 在右边控制面板中单击选择“修改命令”按钮 ，单击“配置修改器集”按钮 ，弹出命令选择框，鼠标左键单击选择“显示按钮” **显示按钮** ，如图 1 - 28 所示。

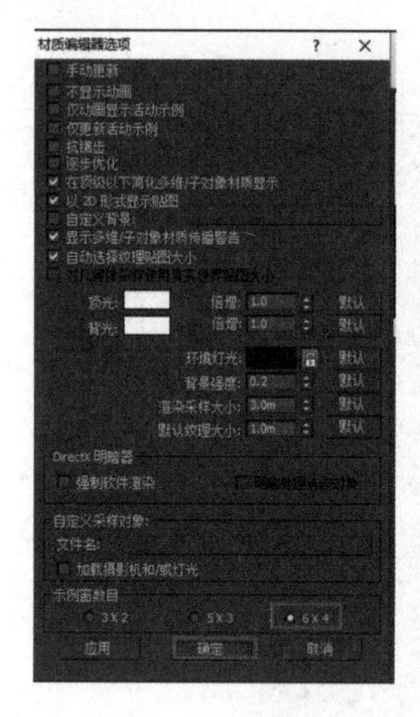

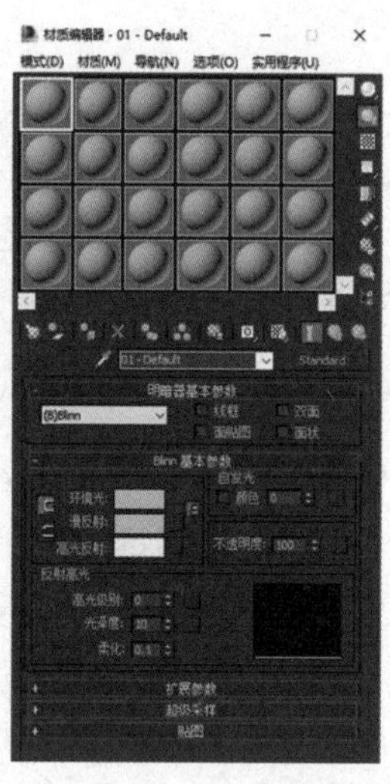

图 1 - 27

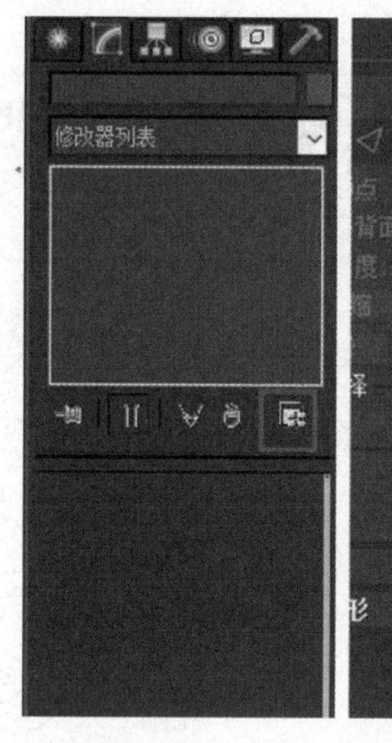

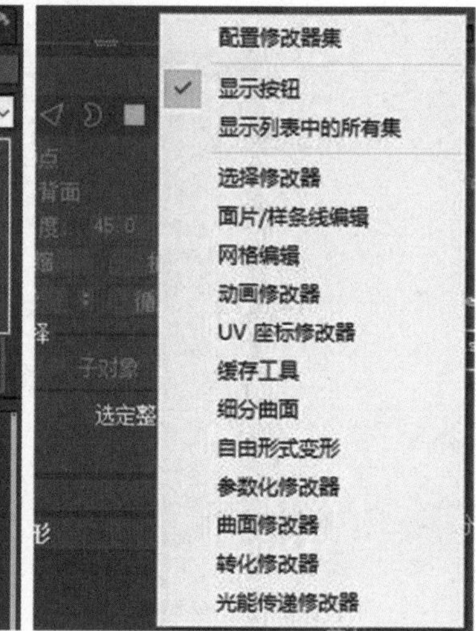

图 1 - 28

8. 接着单击“配置修改器集”按钮 ，进入窗口后，双击需要添加的命令工具，将其加入修改器里，最后单击“确定”按钮完成设置，如图 1 - 29 所示。

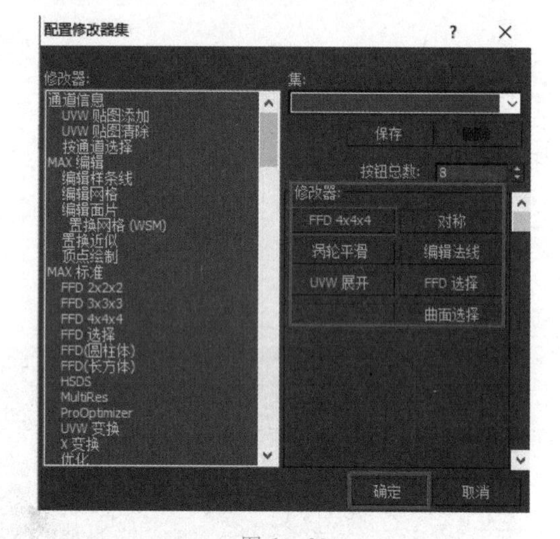

图 1 - 29

1.2.4 3ds Max 软件 UVW 贴图技术

1. 我们以一个正方体模型作为案例讲解 3ds Max 软件 UVW 贴图的基础技术。首先打开软件，将界面切换到透视图模式，在右边控制面板中单击“创建”按钮，再单击“对象类型”的长方形按钮，按住快捷键【Ctrl+鼠标左键】在软件界面里创建一个正方体，接着在参数窗口中将长度、宽度、高度设置为一个相同的参数，如图 1 - 30 所示。

图 1 - 30

2. 单击 （快捷键 W）使坐标轴为移动坐标，接着将几何体模型的 X、Y、Z 坐标轴进行归 0 X: 0.0m Y: 0.0m Z: 0.0m ，再右键单击“选择转换为可编辑多边形”。接下来，我们对正方体模型进行拆分 UV，首先按住快捷键【M】打开“材质编辑器”窗口，单击选择一个空白的材质球，其次单击 Blinn 基本参数命令漫反射右边的黑色方块，进入材质/贴图浏览器窗口，最后单击选择棋盘格贴图及“确定”按钮，如图 1-31 所示。

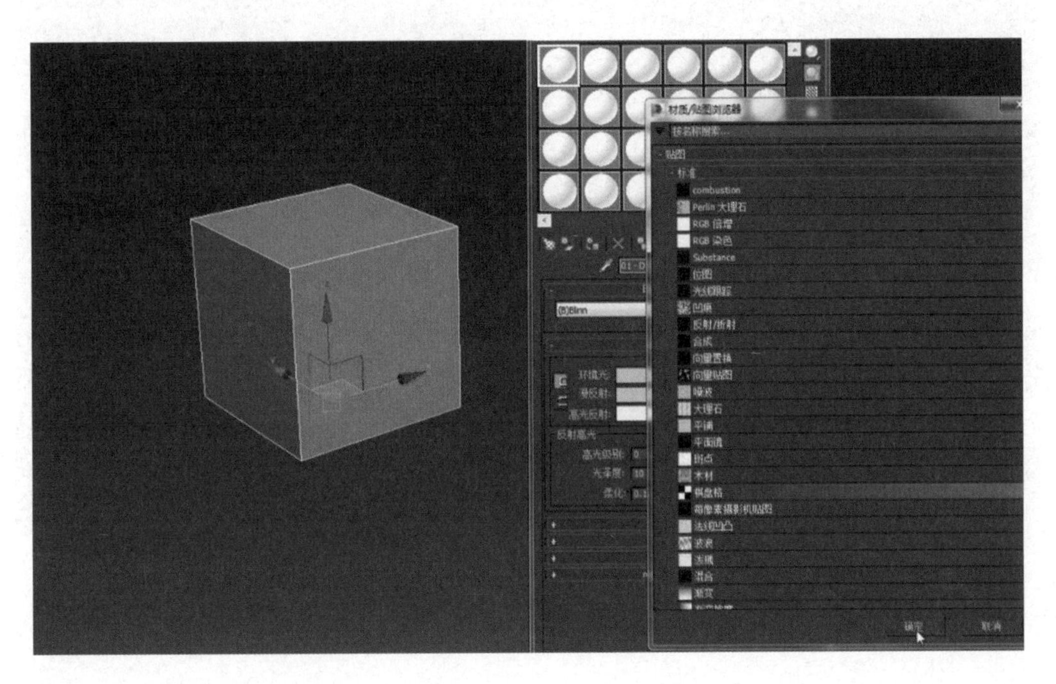

图 1-31

3. 接着在“材质编辑器”窗口中设置棋盘格材质球的参数大小，在使用真实世界比例的瓷砖材质位置的 U 与 V 处均输入参数 30（注：这里可以根据自己需求来设置参数大小），然后单击“将材质指给选定对象” 按钮和“视口中显示明暗处理材质”按钮，将棋盘格材质球赋予模型上，或直接按住鼠标左键将材质球拖拽到模型上，如图 1-32 所示。

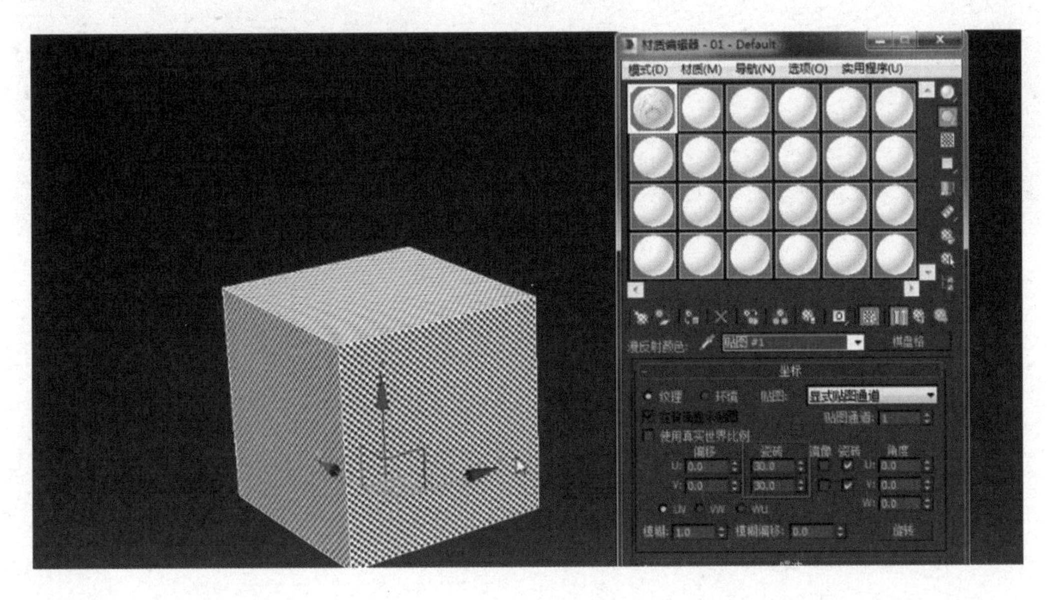

图 1-32

4. 在右边控制面板中单击“UVW 展开”按钮 UVW展开 打开 UV 窗口，单击“打开 UV 编辑器”按钮进入编辑 UVW 窗口。这时会发现模型每个面的棋盘格都是一样的，那是系统默认的 UV，如图 1－33所示。

图 1－33

5. 接着在编辑面层级上全部选择 UV 线，单击右边投影的平展贴图命令，把 UV 线全部黏合在一起，方便后续使用，如图 1－34 所示。

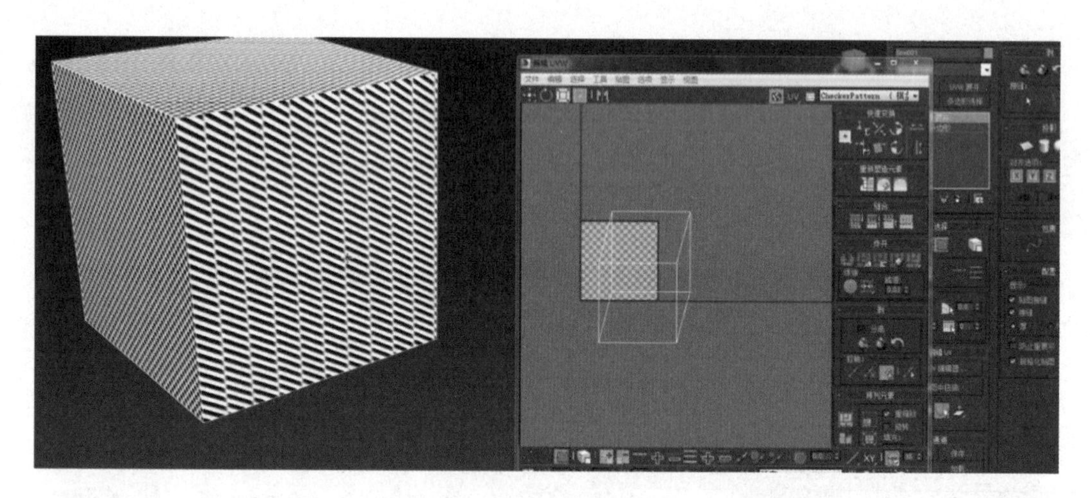

图 1－34

6. 我们简单介绍一下编辑 UVW 里拆分 UV 线常用的基本工具，如图 1－35 所示。

7. 常用拆分 UV 线的方法有两种：第一种是展平贴图，根据模型结构面展开 UV；第二种是投影平面贴图，根据模型坐标轴方向展开 UV。这里我们使用展开贴图的方法展开 UV 线，单击编辑多边形或面（快捷键 3）全部选择 UV，单击编辑 UVW 窗口中的“贴图”按钮进入并选择展开，将贴图 UV 自动展开，平铺在 UV 工作区域内，如图 1－36 所示。

8. 接着提取和保存 UV 线，单击工具命令弹出渲染 UVs 窗口，将 UV 画布宽度和高度的参数均修改为 512（注：这里可以根据项目需求设置参数），然后单击渲染 UV 模板按钮，如图 1－37 所示。

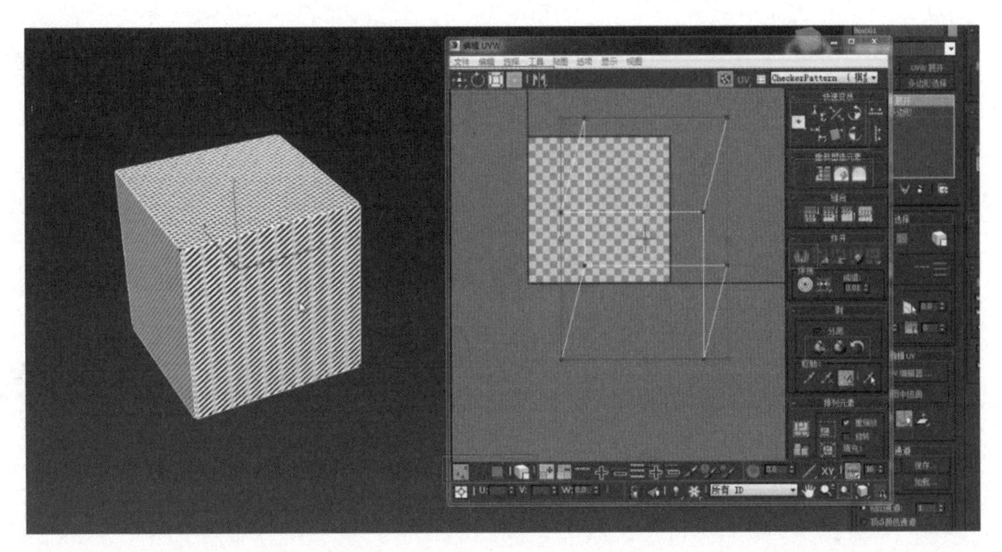

图 1－35

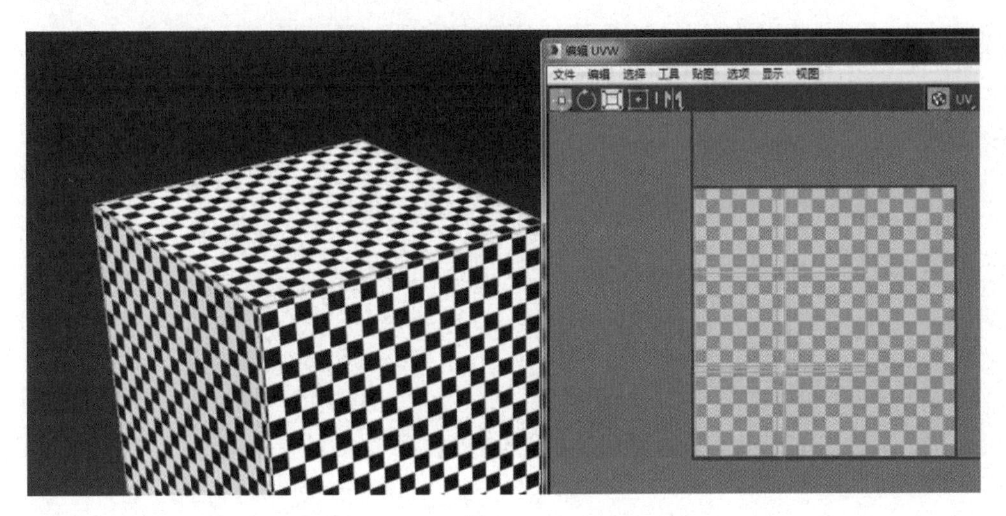

图 1－36

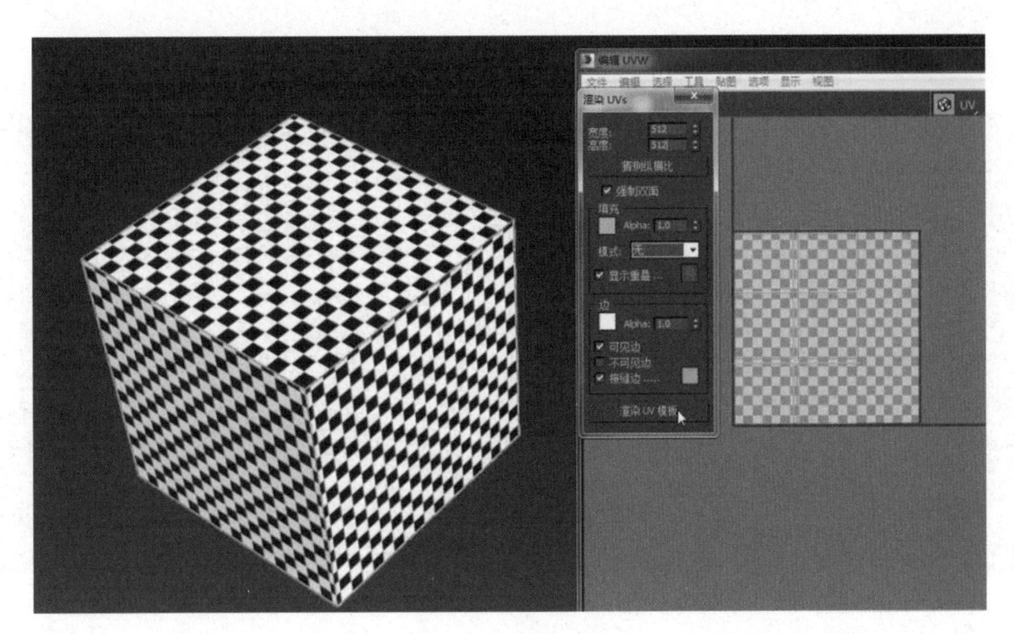

图 1－37

9. 进入渲染贴图显示窗口，单击“保存图像”按钮，进入保存图像窗口，然后选择保存路径，输入保存名称并选择格式为 BMP，最后单击“保存”，如图 1 - 38 所示。

图 1 - 38

10. 接着关闭软件的编辑 UVW 窗口，然后选择“UVW 展开”按钮 UVW展开 ，再单击右键选择塌陷，如图 1 - 39所示。

图 1 - 39

11. 先将 UV 画布贴图拖拽导入 Photoshop 软件里，双击背景图层后弹出图层样式，再将其命名为图层 0 或 UV 图层，最后把图层改为滤色模式并提取 UV 线框，如图 1 - 40 所示。

图 1 - 40

12. 接着单击 Photoshop 软件中右边控制面板图层窗口的“创建新图层”按钮，新建一个图层，并且将其作为底色图层。这里我们不绘制贴图，仅使用一张贴图表现。选择之前准备好的材质贴图，将它拖拽导入 Photoshop 软件里，然后使用移动工具（快捷键 V）拖拽到 UV 画布里，最后按快捷键【Ctrl＋S】保存贴图，选择保存格式为 PSD，如图 1－41 所示。

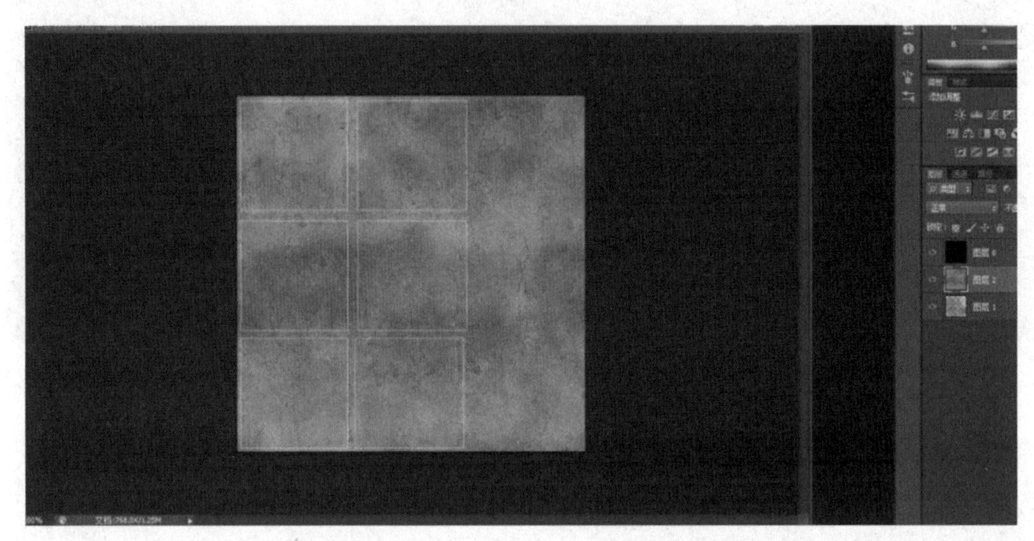

图 1－41

13. 在 3ds Max 软件界面中按快捷键【M】弹出材质编辑器窗口，单击一个空白的材质球，接着再单击漫反射右边的方块按钮进入弹出材质/贴图窗口，然后选择贴图里的位图命令，最后单击“确定”按钮完成材质贴图的导入，如图 1－42 所示。

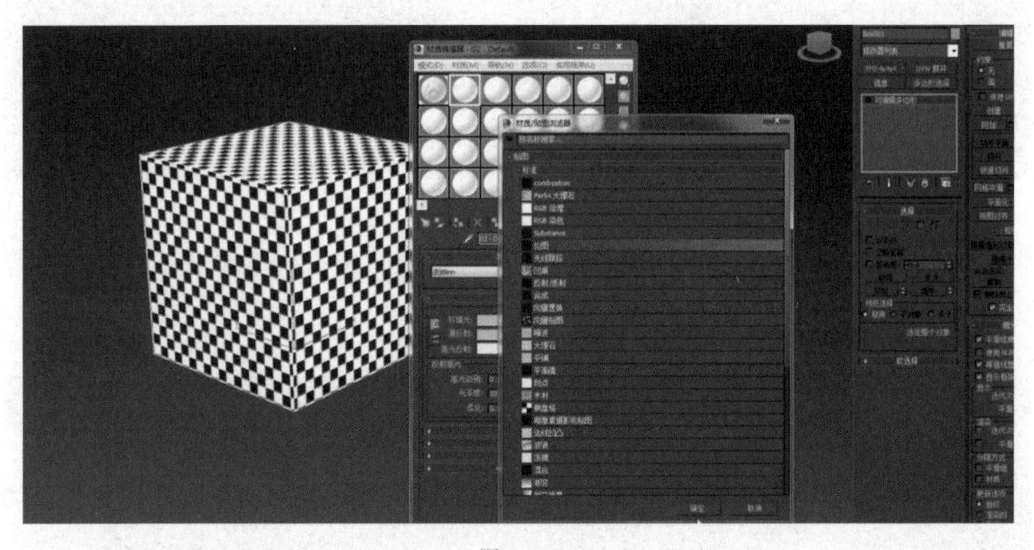

图 1－42

14. 在选择带有贴图的材质球的情况下，先单击“将材质指定给选定对象”按钮，再单击“视口中显示明暗处理材质”按钮，把材质赋予到模型上（或者选择贴图，先拖拽导入材质球上，再赋予到模型上），如图 1－43 所示。

15. 关闭材质编辑器窗口，完成贴图赋予流程。如果发现贴图与模型 UV 线有些对不上或贴图覆盖不了的情况，可以先编辑 UVW 窗口里的贴图位置，再编辑点、线、面层级，调整 UV 线并匹配模型贴图（这一步可以根据项目制作情况来定），如图 1－44 所示。

图 1-43

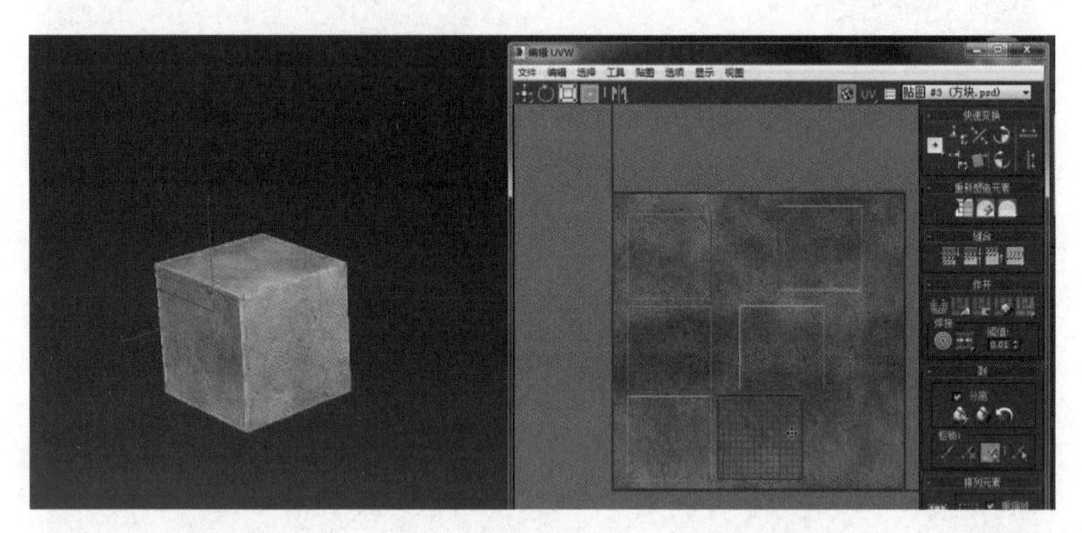
图 1-44

16. 贴图 UV 线调整完成后，选择“UVW 展开”按钮 UVW展开 ，再右键单击选择塌陷命令，结束 UV 贴图调整，如图 1-45 所示。

图 1-45

1.2.5　3ds Max 软件常用工具快捷键

（注：快捷键可以自行设置）

合点：【Ctrl+Alt+C】

焊接点：【Shift+Ctrl+W】

切线工具：【Alt+C】

半透明模式：【Alt+X】

选择物体：【H】

材质编辑：【M】

隐藏和显示网格：【G】

旋转界面：【Alt+鼠标中键】

显示 4 个窗口：【Alt+W】

前视图：【F】

左视图：【L】

顶视图：【T】

底视图：【B】

三视图：【P】

相机视图：【C】

专家模式：【Ctrl+X】

将所选物体作为中心来观察：【Z】

隐藏物体模型外边框线：【J】

选择 Poly 里的一个几何物体或一个面后，物体或面全部变成红色，不便于操作，按快捷键后只显示选择的框：【F2】或【Fn+F2】

显示物体是实体或虚体：【F3】或【Fn+F3】

Shader 显示下再显示线框的切换：【F4】或【Fn+F4】

移动工具：【W】图标

旋转工具：【E】图标

缩放工具：【R】图标

安全模式：【Q】

选点：【1】图标

选线：【2】图标

补面：【3】图标

选面：【4】图标

选体：【5】图标

（注：点、线、面要在新建一个 Box 转换可编辑多边形后才显示出来）

加线：【Shift+Ctrl+E】

倒角加线：【Shift+Ctrl+C】

加大动态坐标：【+】

减小动态坐标：【—】

捕捉开关：图标

角度捕捉开关：图标

百分比捕捉切换开关：图标

1.3 BodyPaint 3D 软件基础操作

1.3.1 BodyPaint 3D 软件安装

1. BodyPaint 3D 软件的安装（这里使用的是快捷版，无须赘述），首先找到安装包，双击打开文件夹，再次双击打开 BodyPaint 3D 软件，如图 1-46 所示。

_bugreports	2019/9/30 21:24	文件夹
Exchange Plugins	2019/9/30 21:23	文件夹
languages	2019/9/30 21:23	文件夹
library	2019/9/30 21:23	文件夹
manuals	2011/12/15 16:05	文件夹
Modules	2019/9/30 21:23	文件夹
plugins	2019/9/30 21:23	文件夹
prefs	2019/10/13 22:23	文件夹
Resource	2019/9/30 21:24	文件夹
tex	2019/9/30 21:24	文件夹
BodyPaint 3D	2015/12/19 13:29	应用程序
GAME798	2011/12/14 11:23	JPG 文件
GAME798_伙伴	2011/12/14 11:23	JPG 文件
liesmich	2007/6/20 14:09	文本文档
MSVCP60.DLL	2007/4/24 11:42	应用程序扩展
readme	2007/6/20 14:11	文本文档
template	2009/7/26 22:09	C4D 文件
说明	2010/2/24 11:21	文本文档

图 1-46

2. 打开 BodyPaint 3D 软件（注：如果是第一次安装，要打开说明文本文档，在里面找到序列号并将其复制粘贴进行注册），如图 1-47 所示。

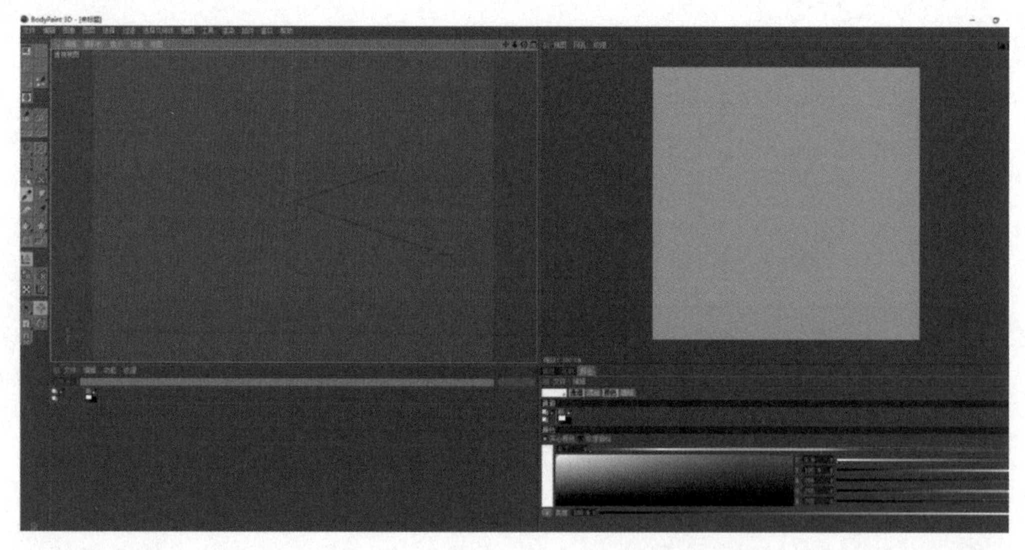

图 1-47

1.3.2　BodyPaint 3D 软件界面介绍

BodyPaint 3D 软件的界面同大多数软件一样，它的用户界面包含了菜单栏、工具和工作区域等几大部分，这里简单介绍工作界面的几个使用区域，如图 1-48 所示。

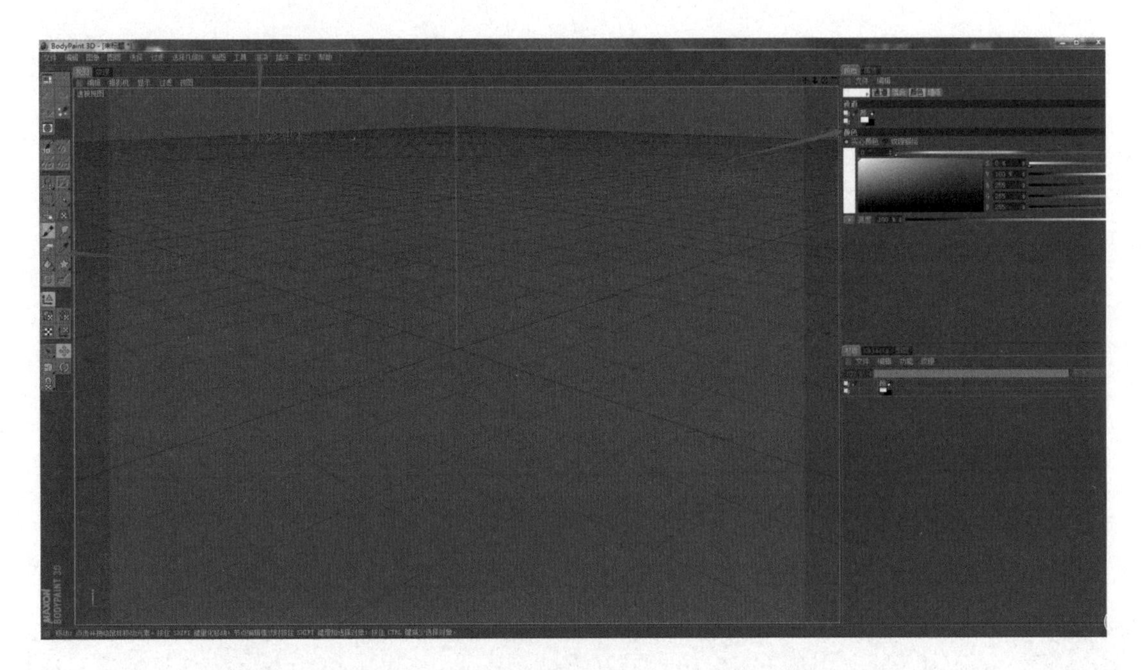

图 1-48

1.3.3　BodyPaint 3D 软件常用工具快捷键

旋转界面：【Alt＋鼠标左键】

显示 4 个窗口：【按住鼠标中键】

画笔工具：【B】

橡皮擦工具：【E】

放大或缩小模型：【滚动鼠标中键或 Alt＋鼠标右键】

吸取颜色：【Ctrl＋鼠标左键】

第2章　游戏场景制作材质入门

2.1　木头材质制作

1. 双击桌面上 Adobe Photoshop CS6 图标启动软件，如图 2－1 所示。

图 2－1

2. 单击菜单栏中的“文件”命令按钮 文件(F)，接着单击“新建”命令（快捷键 Ctrl＋N），弹出新建窗口，如图 2－2 所示。

3. 新建一个窗口后设置画布贴图参数，画布的宽度和高度分别为 512 像素和 256 像素，分辨率为 72 像素/英寸，颜色模式为 RGB 颜色，如图 2－3 所示。

4. 画布贴图参数设置完成后，单击“确定”按钮，可见新建画布为白色，如图 2－4 所示。

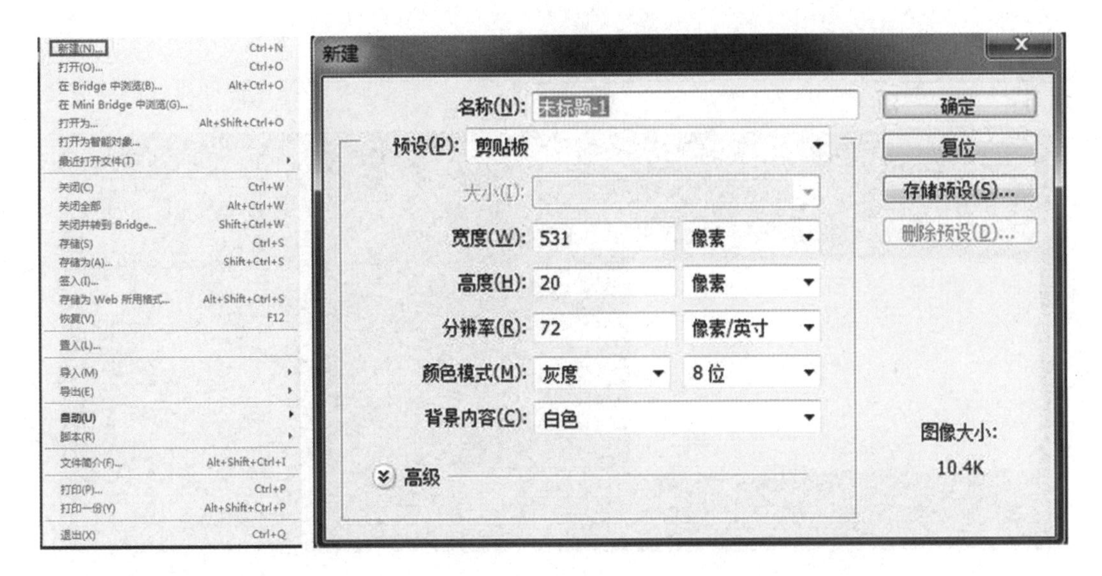

图 2－2

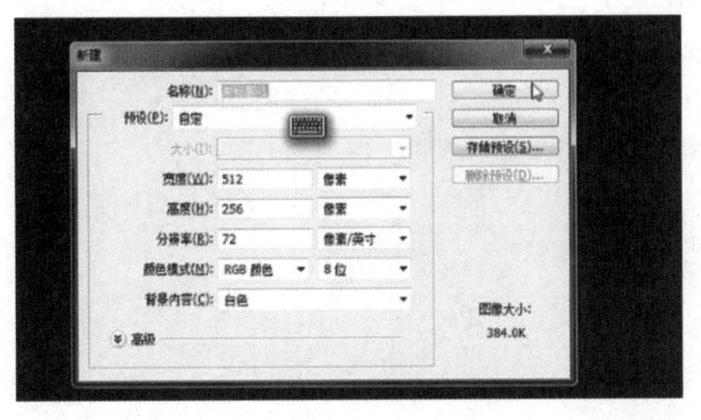

图 2－3

图 2－4

5. 接着进行贴图绘制流程，在右边图层窗口中双击背景图层，弹出新建图层对话框，如图 2－5 所示。

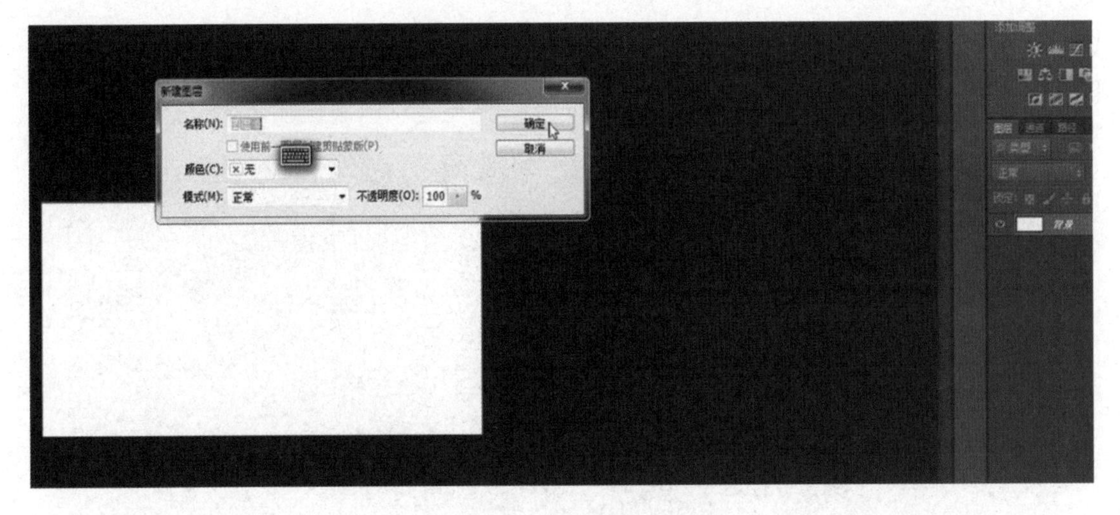

图 2－5

6. 将新建图层的名称改为图层 0，再单击“确定”按钮，用其作为底层，然后单击右下角的“新建图层”按钮 （快捷键 Ctrl＋Shift＋N），新建图层 1，如图 2－6 所示。

图 2－6

7. 这里定义木头为黄色底，选择图层 1 的情况下，在左边工具栏窗口中单击颜色工具的前景色，弹出拾色器窗口，提取绘制木头时需要的基本固有色，如图 2－7 所示。

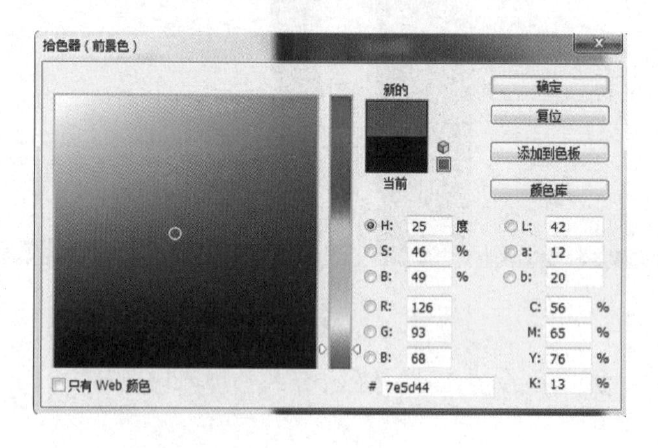

图 2－7

8. 然后单击拾色器窗口中的“确定”按钮，再按快捷键【Alt＋Delete】填充颜色为木头的基本固有色，如图 2－8所示。

图 2－8

9. 填充固有色后再新建图层 2，接着在图层 2 中铺上与底色相近的颜色来丰富木头的质感，如图 2－9所示。

图 2－9

10. 在新建图层 3 中，接着使用画笔工具绘制出木块的基本结构，如图 2－10 所示。

图 2－10

11. 继续新建图层 4，用画笔工具加入一些色彩的冷暖变化，绘制木头的基本纹理并完善明暗关系，如图 2－11 所示。

图 2－11

12. 然后用画笔工具将木纹绘制得更加清晰，并且增加色彩变化，接着绘制木头裂纹细节和磨损缺口的高光部分，如图 2－12 所示。

图 2－12

13. 为了能使每块木头看起来有明暗关系的变化，接着按住快捷键【Ctrl＋Shift＋Alt＋E】将所有的图层进行合并，生成新的图层 5，如图 2－13 所示。

图 2－13

14. 单击左边工具栏中的“矩形选框”，框选一小块木头，按住快捷键【Ctrl＋M】弹出曲线窗口，调整曲度使木头表面产生明暗变化，再次单击“确定”按钮，如图 2－14 所示。

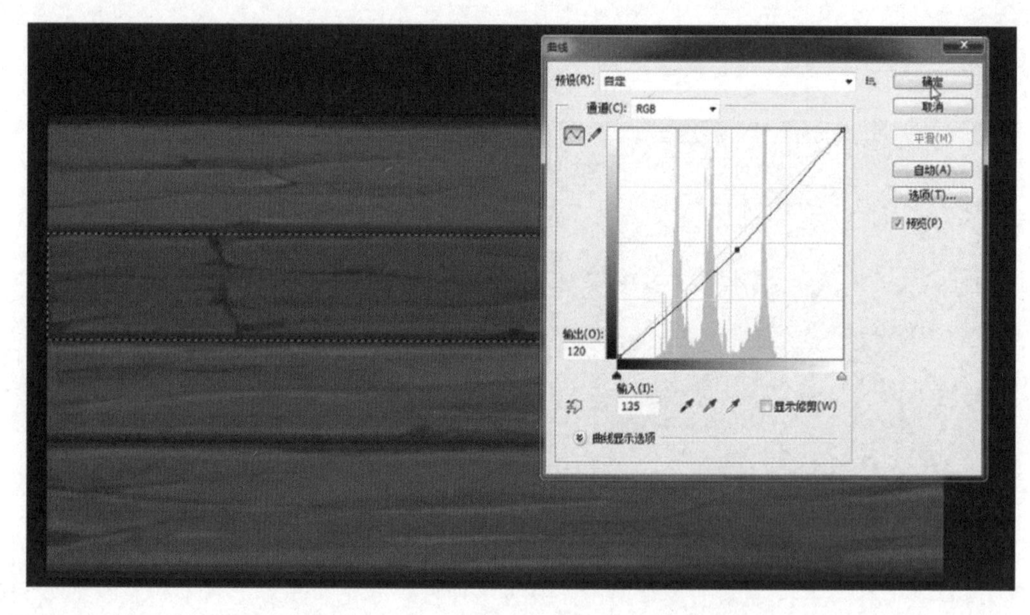

图 2－14

15. 接着使用画笔工具将木头表面的高光和木纹细节进行加强，让木头纹理看起来更加清晰，如图 2 - 15 所示。

图 2 - 15

2.2　石头材质制作

1. 双击桌面上的 Adobe Photoshop CS6 图标启动软件，进入软件界面，如图 2 - 16 所示。

图 2 - 16

2. 单击菜单栏中的“文件”命令按钮 文件(F) ，进入文件命令后，单击新建命令（快捷键 Ctrl＋N）弹出新建窗口，如图 2 - 17 所示。

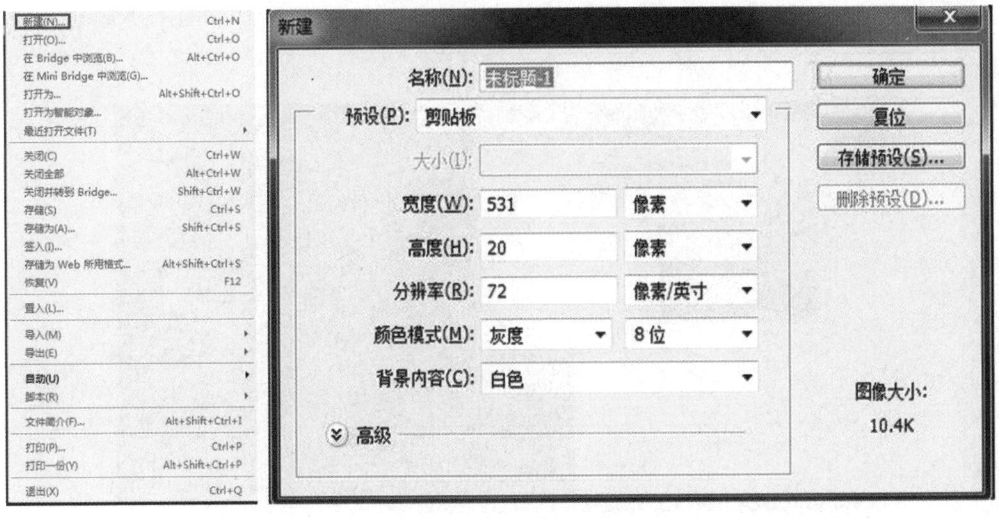

图 2 - 17

3. 新建窗口后设置画布贴图的参数，画布的宽度和高度分别为 512 像素和 512 像素，分辨率为 72 像素/英寸，颜色模式为 RGB 颜色，如图 2－18 所示。

4. 画布贴图参数设置完成后，单击“确定”按钮，新建画布完成，如图 2－19 所示。

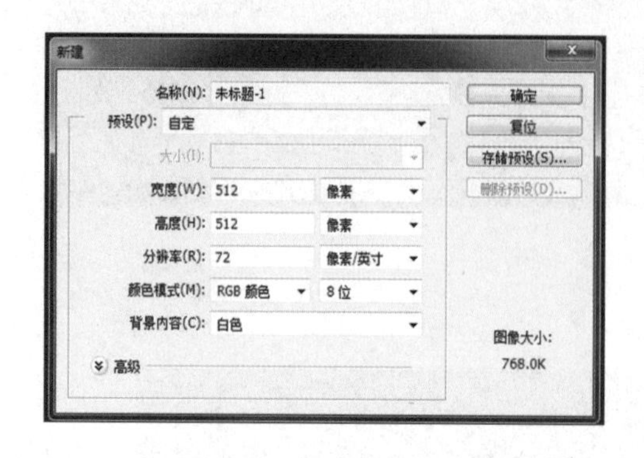

图 2－18

图 2－19

5. 接着进行贴图绘制流程，在右边图层窗口中双击背景图层，弹出新建图层对话框，如图 2－20 所示。

6. 将新建图层里的名称改为图层 0，再单击“确定”按钮，用来作为底层，然后单击右下角的“新建图层”按钮 （快捷键 Ctrl＋Shift＋N），新建图层 1，如图 2－21 所示。

图 2－20　　图 2－21

7. 首先确定石头绘制颜色，在选择图层 1 的情况下，在左边工具栏窗口中单击颜色工具的前景色，弹出拾色器窗口，提取绘制石头所需的基本固有色，然后单击确定按钮填充石头的基本固有色，如图 2－22 所示。

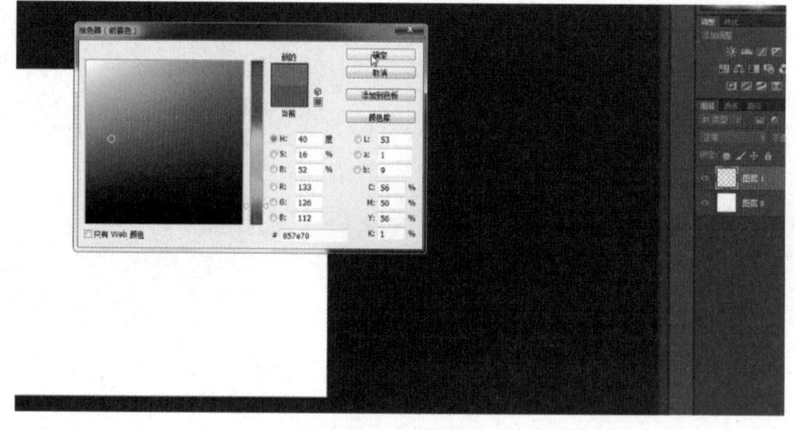

图 2－22

8. 填充固有色后，再单击 Photoshop 软件界面右下角的“创建新建新图层”按钮，新建图层 2，在左边的工具栏中选择“画笔”工具（快捷键 B），在图层 2 中绘制石砖基本形状线条，如图 2－23 所示。

图 2－23

9. 再继续新建图层，然后单击“前景色”按钮 ，弹出拾色器窗口后，用画笔工具选择适当的颜色绘制石砖的基本纹理和明暗关系，如图 2－24 所示。

10. 逐步加入一些色彩，让石块表面的质地产生冷暖变化，如图 2－25 所示。

图 2－24

图 2－25

11. 接着使用画笔工具选择适当的颜色，再仔细绘制每一块石砖缺损和磕碰的细节结构，如图 2－26 所示。

12. 使用画笔工具时，按住快捷键【Alt＋鼠标左键】吸取石砖接缝的颜色后再单击“前景色”按钮，弹出拾色器窗口，接着吸取较深的颜色加深石砖接缝的颜色，如图 2－27 所示。

图 2－26

图 2－27

13. 石砖的细节绘制完成后，为了将所有图层进行合并，并且保留图层的完整性，需复制出一整块石砖，按住快捷键【Ctrl＋Shift＋Alt＋E】复制新图层 6，如图 2－28 所示。

图 2 - 28

14. 接着在工具栏中选择“矩形选框”工具按钮 ⬚（快捷键 M），按住鼠标左键框选绘制好的全部石砖部分，将鼠标光标停留在画布上单击鼠标右键，并选择“通过拷贝的图层”，如图 2 - 29 所示。

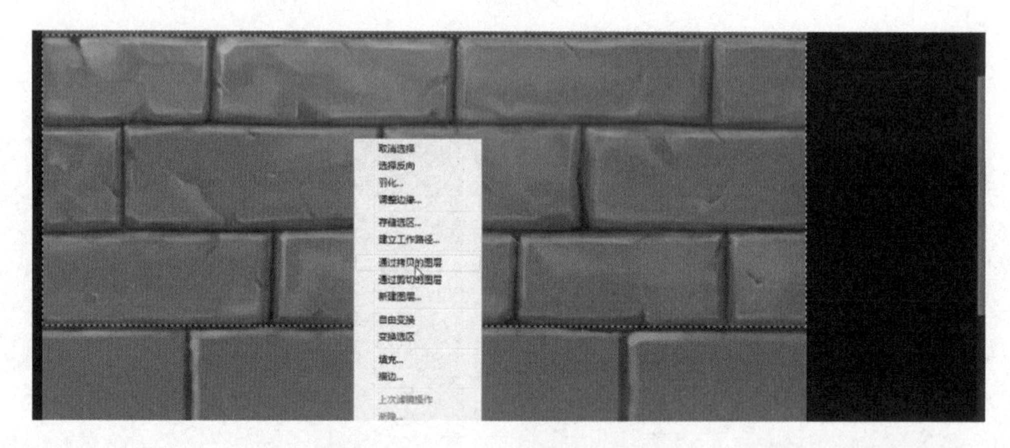

图 2 - 29

15. 拷贝生成图层 7 后，按住快捷键【Shift＋鼠标左键】，平移图层 7 至画布位置，如图 2 - 30 所示。

图 2 - 30

16. 为了让石砖质感表现得更加丰富，继续新建图层 8，将之前找好的贴图材质添加到图层 8 里，如图 2 - 31 所示。

17. 在右边控制面板中单击正常模式按钮右边的三角形按钮，选择“柔光”模式，如图 2 - 32所示。

图 2 - 31

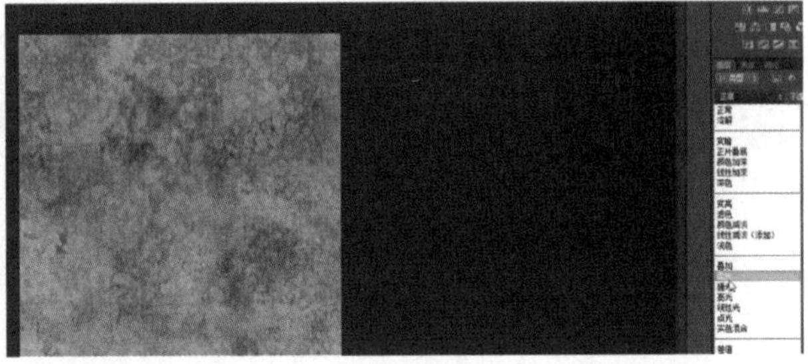
图 2 - 32

18. 接着再新建图层，使用画笔工具继续刻画石砖的纹理，以及高光和暗部关系，如图 2 - 33 所示。

19. 在工具栏中使用“切割”工具（快捷键 C），切割贴图画布不要的部分，从而得到整面石砖，如图 2 - 34所示。

图 2 - 33

图 2 - 34

20. 单击文件按钮，选择“存储为”（快捷键 Shift＋Ctrl＋S），如图 2 - 35 所示。

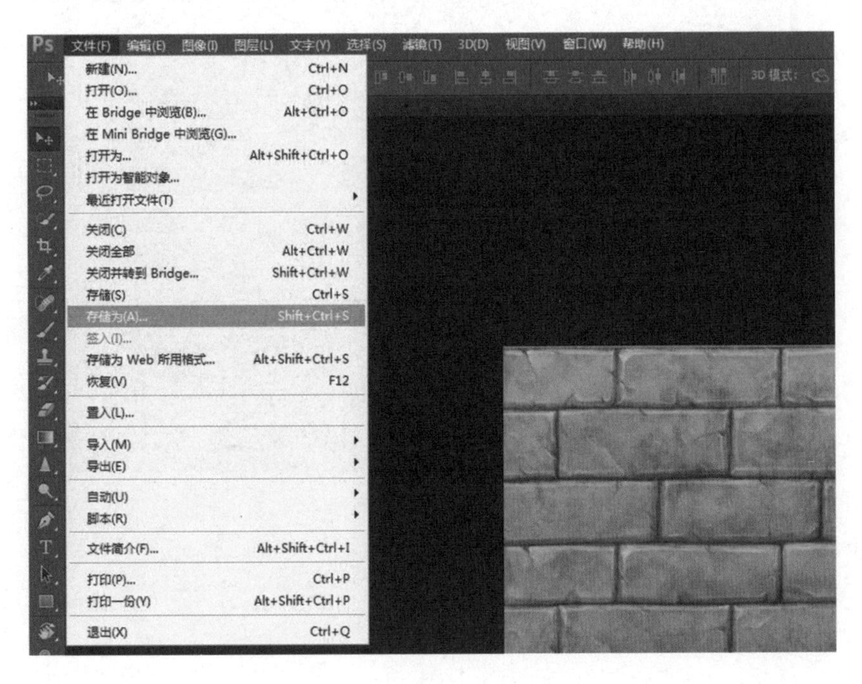

图 2 - 35

21. 进入“存储为”窗口后，修改保存路径（这里可以根据自己需要，设置保存的位置），文件命名为“石头砖”，格式为 PSD，再单击“保存”完成此操作，如图 2 - 36 所示。

图 2 - 36

22. 最终我们得到的效果图，如图 2 - 37 所示。

图 2 - 37

2.3 瓦片材质制作

1. 双击桌面上的 Adobe Photoshop CS6 图标启动软件，如图 2 - 38 所示。

图 2－38

2. 再单击菜单栏中的“文件”命令按钮 文件(F)，进入文件命令后，单击“新建”命令（快捷键Ctrl＋N）弹出新建窗口，如图 2－39 所示。

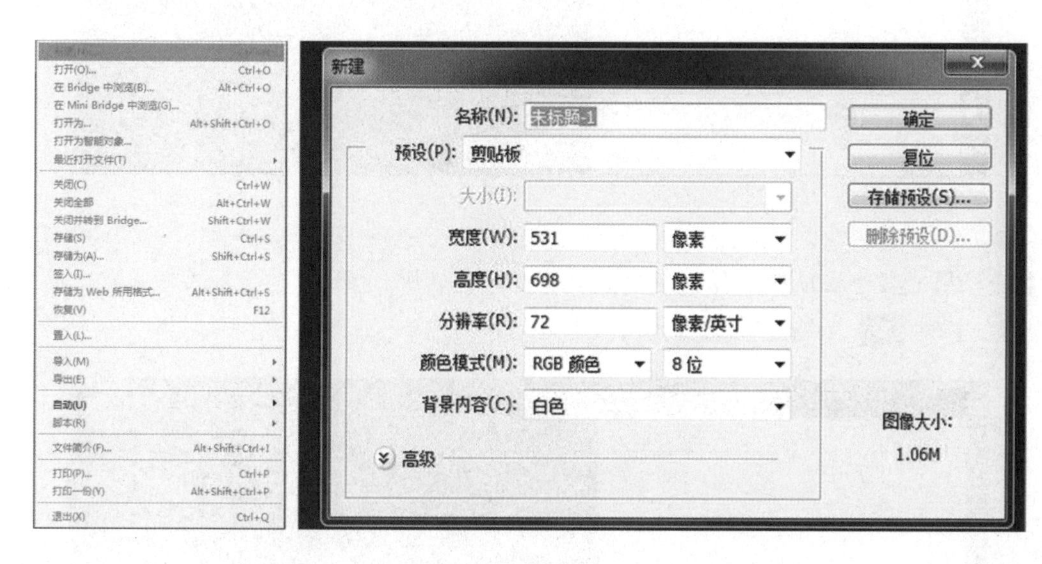

图 2－39

3. 新建窗口后，设置瓦片的画布贴图参数，瓦片画布的宽度和高度分别为 512 像素和 512 像素，分辨率为 72 像素/英寸，颜色模式为 RGB 颜色，如图 2－40 所示。

4. 设置完成后，单击“确定”按钮，新建画布，如图 2－41 所示。

5. 接着绘制贴图流程，在右边图层窗口中双击背景图层，弹出新建图层对话框，如图 2－42 所示。

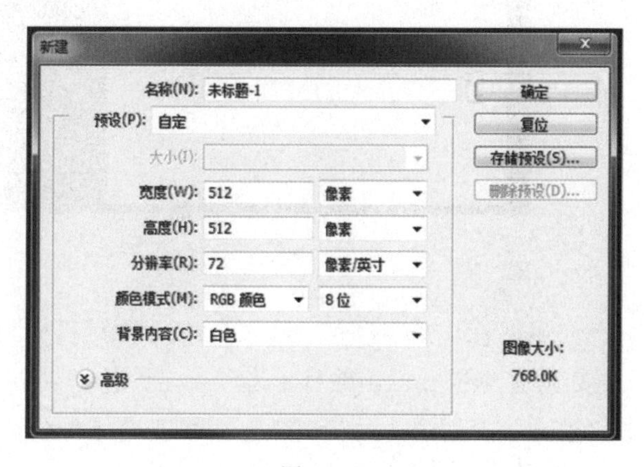

图 2－40

图 2－41

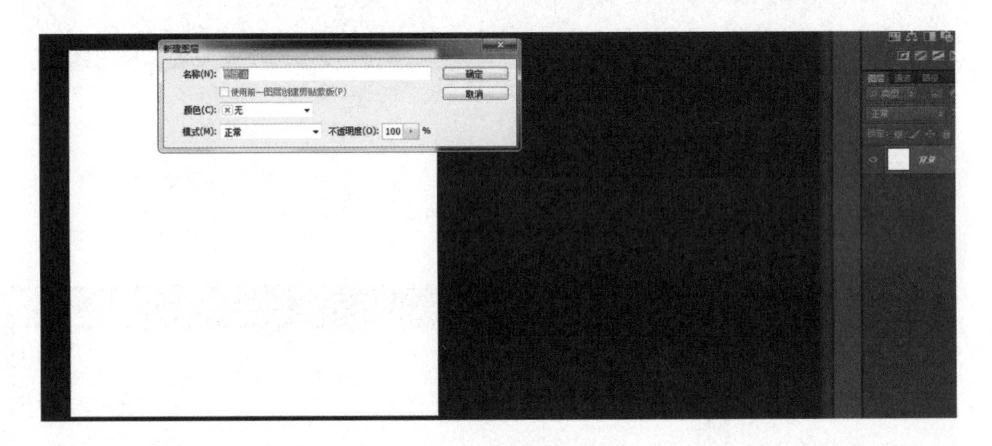

图 2－42

6. 将新建图层的名称改为图层 0，用来作为瓦片画布的底层，单击“确定”按钮，然后再单击右下角的“新建图层”按钮 （快捷键 Ctrl＋Shift＋N）新建图层 1，如图 2－43 所示。

图 2－43

7. 首先确定瓦片基本颜色，在左边工具栏窗口中单击颜色工具的前景色，弹出拾色器窗口，提取绘制瓦片所需的基本固有色，然后单击“确定”按钮，如图 2－44 所示。

8. 接着在选择图层 1 的情况下，按快捷键【Alt＋Delete】填充颜色作为瓦片基本固有色，如图 2－45 所示。

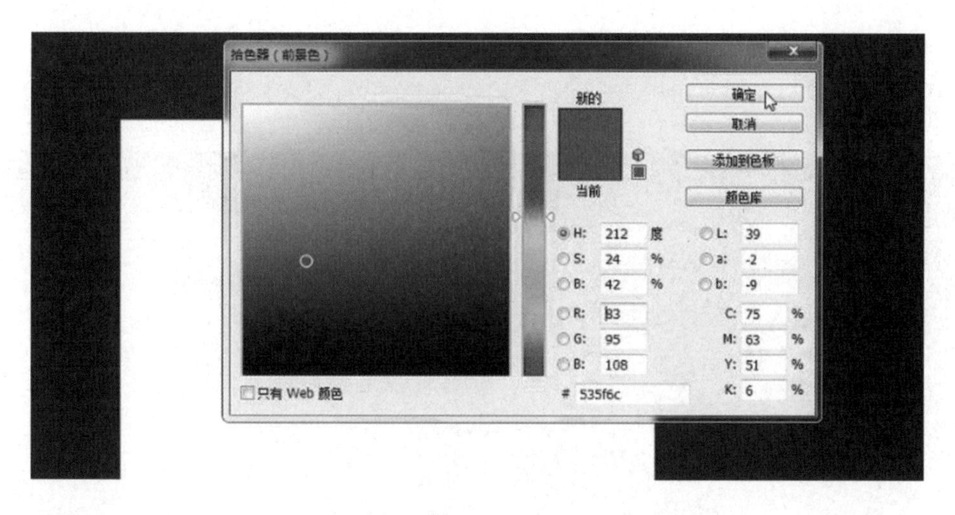

图 2 - 44

图 2 - 45

9. 由于屋顶的倾斜角度问题，其上半部分的瓦片颜色会暗一些，因此在左边工具栏中单击渐变工具（快捷键 G）后进入渐变命令，再次单击菜单栏中的“可编辑渐变”按钮 ，弹出渐变编辑器窗口，如图 2 - 46 所示。

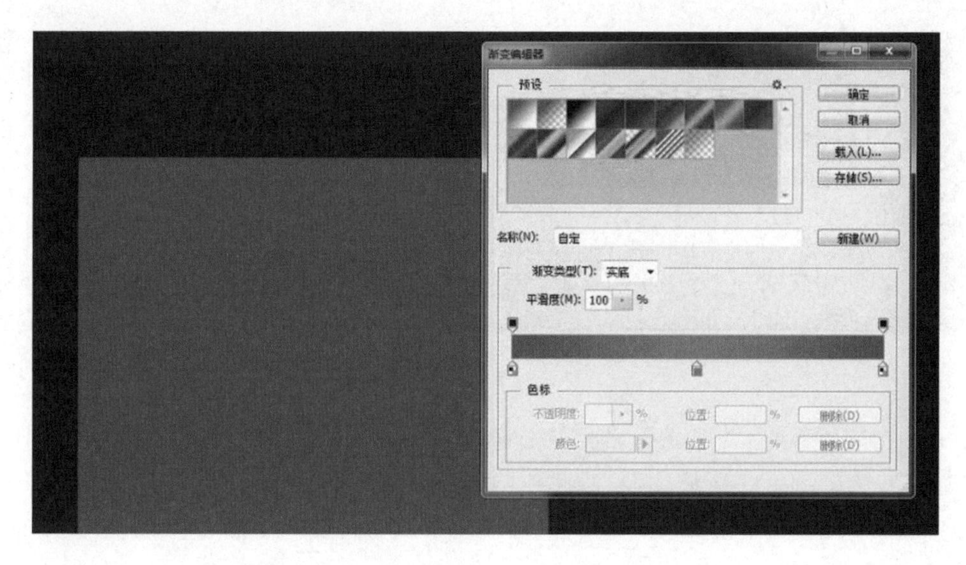

图 2 - 46

10. 在渐变编辑器窗口中单击预设的中灰密度，接着单击色标条左下角的图标，将鼠标移动到画布当中会出现一个吸管，用鼠标左键单击画布吸取颜色作为色标颜色，如图 2－47 所示。

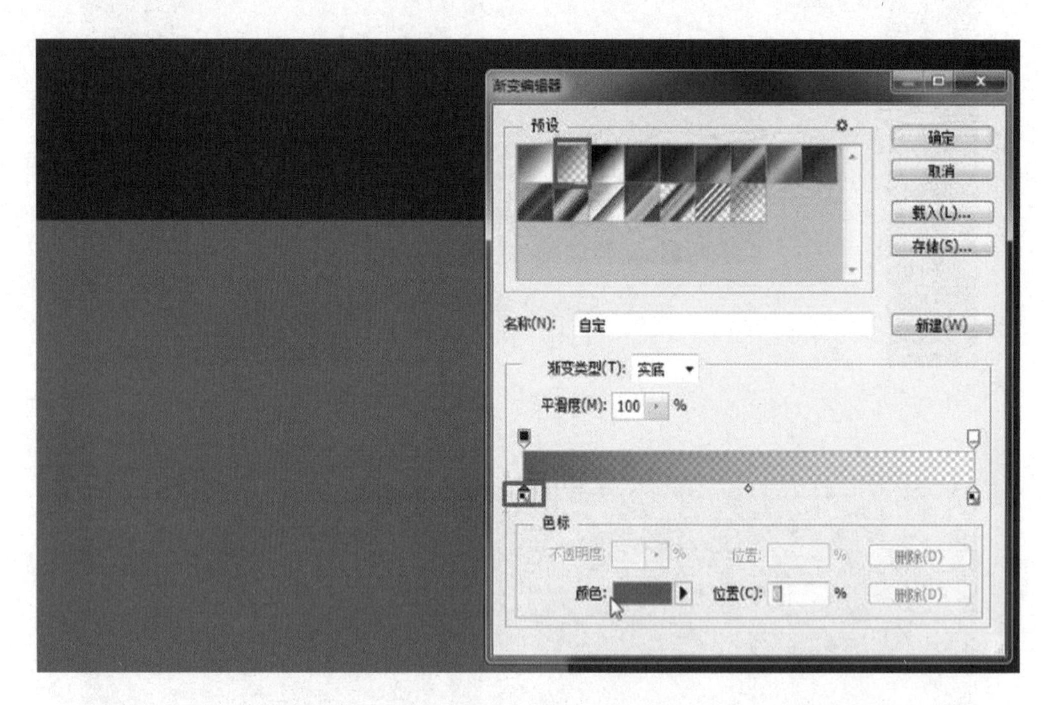

图 2－47

11. 单击色标下的“颜色”按钮，弹出色标颜色的拾色器窗口，使用鼠标在颜色拾色器中移动并吸取适当的颜色，再单击“确定”按钮，如图 2－48 所示。

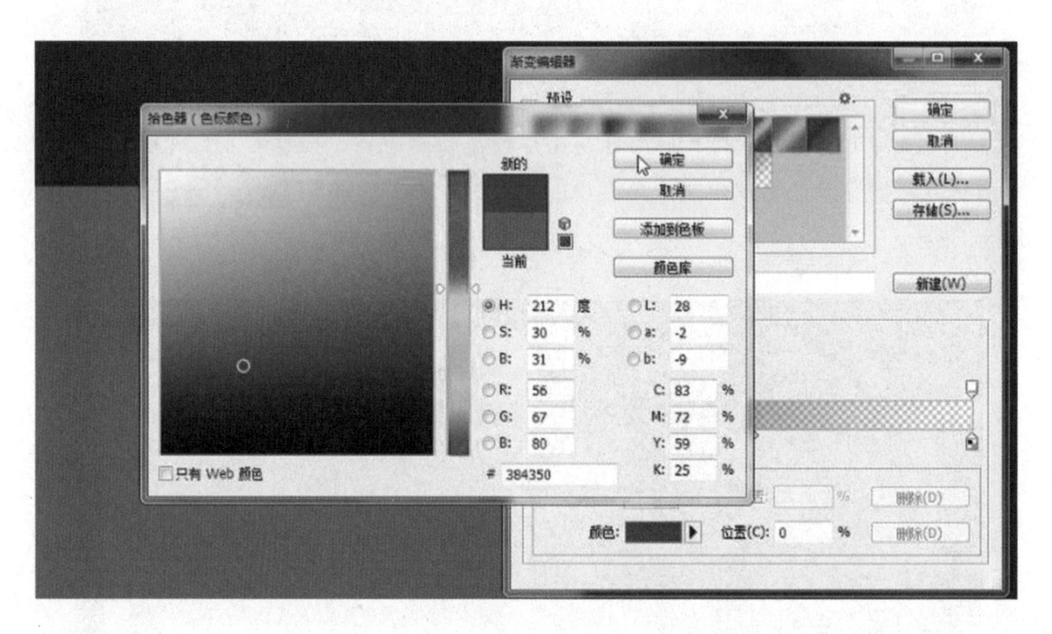

图 2－48

12. 在画布中用渐变工具从上往下拖出画布的渐变颜色，然后使用矩形框选工具进行框选，再单击鼠标右键复制出一段，如图 2－49 所示。

13. 同理使用渐变工具将复制出来的图层拖出框选区，两边的颜色要重、中间的颜色要亮，然后再单击选择“柔光模式下进入融合”，如图 2－50 所示。

图 2－49

图 2－50

14. 接着使用加深减淡工具 （快捷键 O）修理选定区域的亮暗部分，再继续新建图层，然后在选定区域中绘制出瓦片的形状和厚度，在右边控制面板中选择叠加模式进入颜色融合，继续调整它的透明度，如图 2－51 所示。

图 2－51

15. 同理，使用上一步的方法绘制出瓦片的基本结构和厚度暗部，然后再将瓦片平移到左边的边缘处，如图 2－52 所示。

16. 使用圆形框选工具先绘制出最下面一片瓦片的截面结构，再使用画笔工具对瓦片的暗部和亮部及接缝进行绘制，如图 2－53 所示。

图 2 - 52

图 2 - 53

17. 确定好一排瓦片后，按快捷键【Shift＋Ctrl＋Alt＋E】进行合并图层，在截取一排瓦片后，按快捷键【Shift＋Alt】连续复制出其他瓦片，然后再向下合并图层，如图 2 - 54 所示。

图 2 - 54

18. 为了让每一片瓦片都出现变化，可以逐步加入一些色彩。新建图层，使用画笔工具在每一片瓦片中绘制出不同的磨损状态和裂痕，如图 2－55 所示。

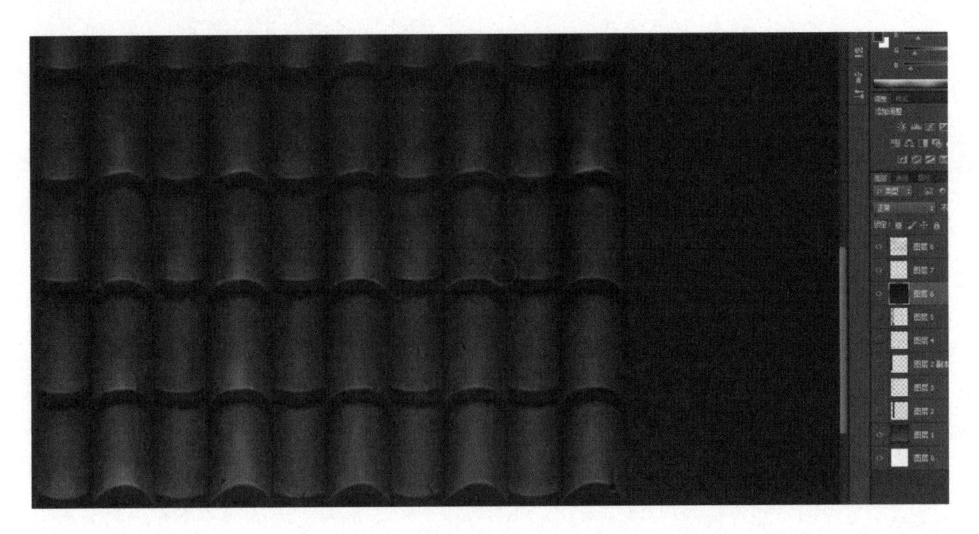

图 2－55

19. 继续深入绘制瓦片的细节，为了使瓦片的饱和度和颜色达到更好的效果，新建图层选择叠加模式，使用画笔工具在瓦片上进行绘制，调整透明度并且加强冷暖色的变化，从而得到最终的瓦片效果，如图 2－56 所示。

图 2－56

第3章 游戏场景道具消防栓模型的制作

3.1 消防栓模型制作

1. 双击桌面上的软件图标打开3ds Max软件，按快捷键【Alt+W】切换到软件透视图界面，如图3-1所示。

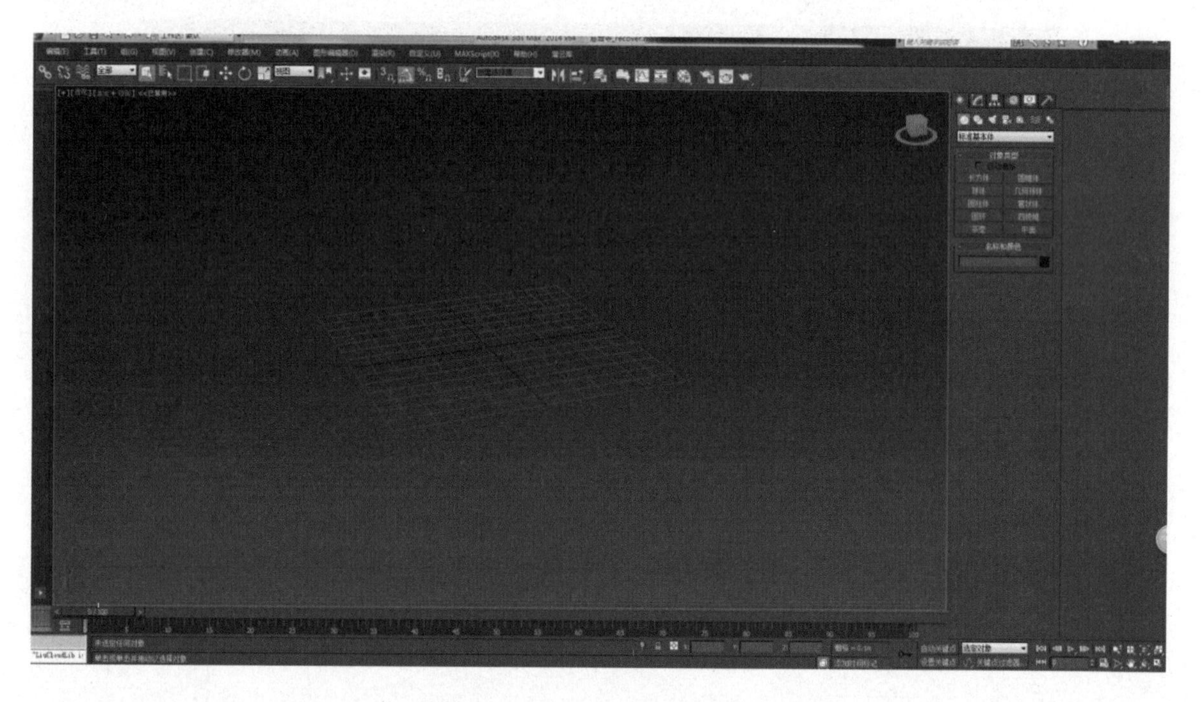

图3-1

2. 单击右边命令面板中的“创建”按钮，在“标准基本体”中单击“圆柱体”命令按钮 圆柱体 ，按住鼠标左键向上移动并创建一个圆柱体，如图3-2所示。

3. 接着在右边的命令面板中的参数命令里将高度分段修改为1，边数修改为12（这两个参数可以根据项目制作的需求而设置），如图3-3所示。

图 3-2

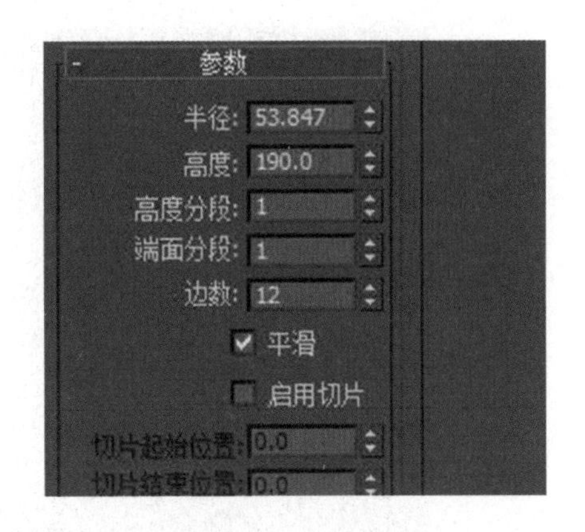

图 3-3

4. 按快捷键【M】打开材质编辑器，在 Blinn 基本参数中单击漫反射长方形边框，弹出颜色选择器，调整材质球灰度条形码，再单击“确定”按钮，接着单击“将材质指定给选定对象”按钮 ，再单击“视口中显示明暗处理材质”按钮 ，将其赋予圆柱体材质球，如图 3-4 所示。

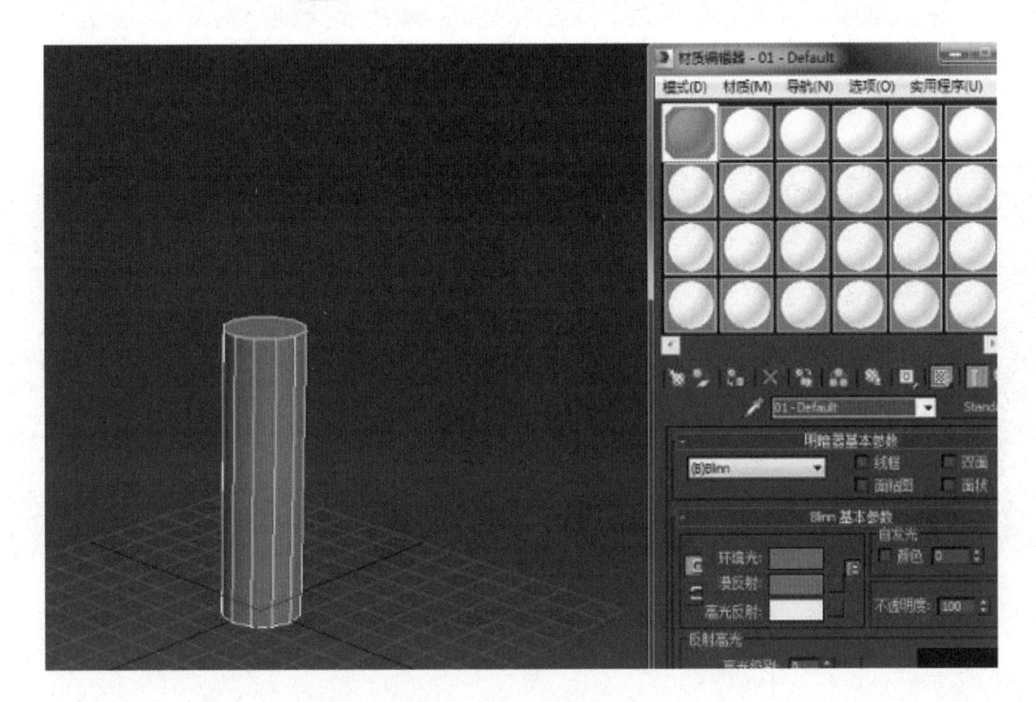

图 3-4

5. 接着在软件界面中使用移动工具 （快捷键 W），将鼠标光标停在界面下边，并单击鼠标右键弹出菜单，再点击 X、Y、Z 轴 右边的三角形按钮，使圆柱体位置归 0，然后单击鼠标右键选择将圆柱体转化为可编辑多边形，作为消防栓的主体部分，如图 3-5 所示。

6. 将圆柱体转化成多边形后，在右边命令面板中单击编辑点层级 （快捷键 1），编辑圆柱体上面的点，选择 Z 坐标轴并使用鼠标左键将其移动拉高，如图 3-6 所示。

7. 编辑线层级 （快捷键 2）上全部选择圆柱体的竖线，单击鼠标右键弹出菜单，再选择“连接”按钮进行连线加线（快捷键 Shift＋Ctrl＋E），也可以单击右边命令面板中的“连接”按钮 连接 进行连线，如图 3-7 所示。

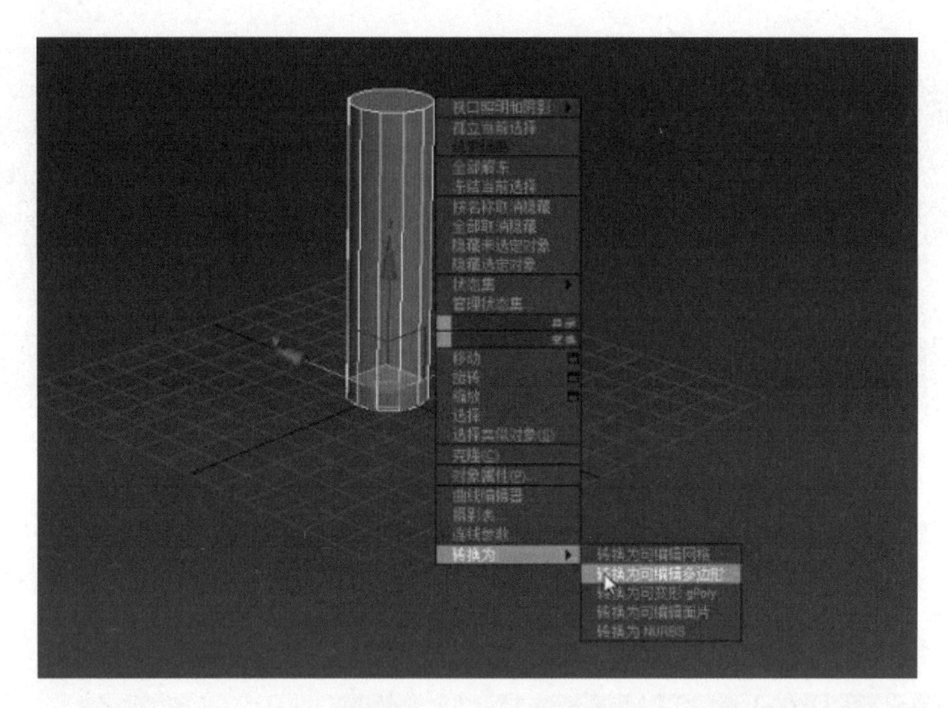

图 3－5

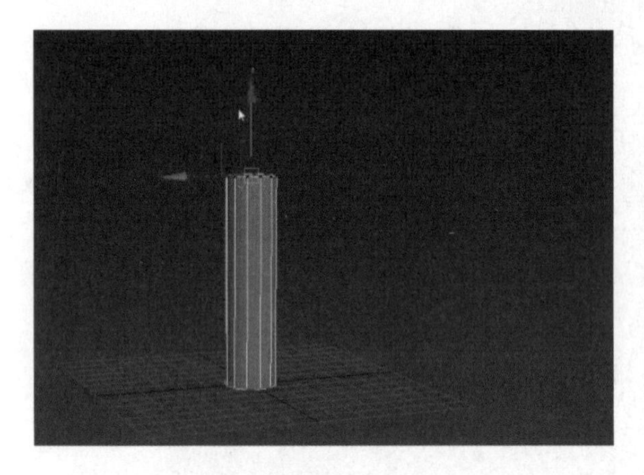

图 3－6

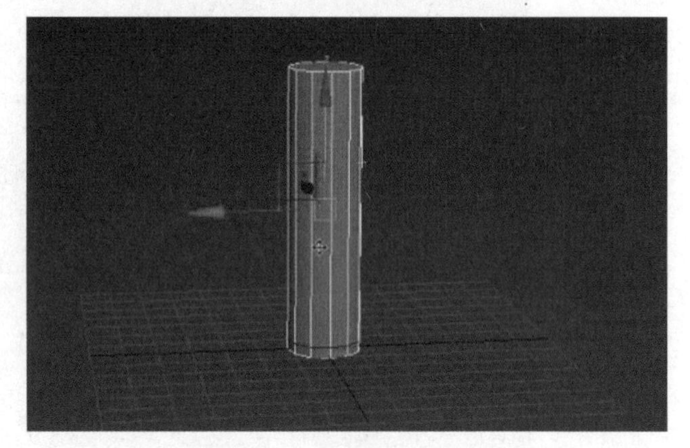

图 3－7

8. 接着制作消防栓底座的结构部分，在编辑点层级上进行编辑，需要移动线条上的所有点，用来制作消防栓底座厚度结构，调整好位置后，继续在线层级上 选择圆柱体上的线条并添加两段线，用来卡出消防栓主体部分结构，如图 3－8 所示。

9. 卡线定好位置后，开始编辑面层级 （快捷键 4），单击选择底座侧面一圈的面，单击鼠标右键选择“挤出”按钮 挤出 ，为了挤压出等比例放大的几何体，单击上面的三角形按钮并选择局部法线，如图 3－9 所示。

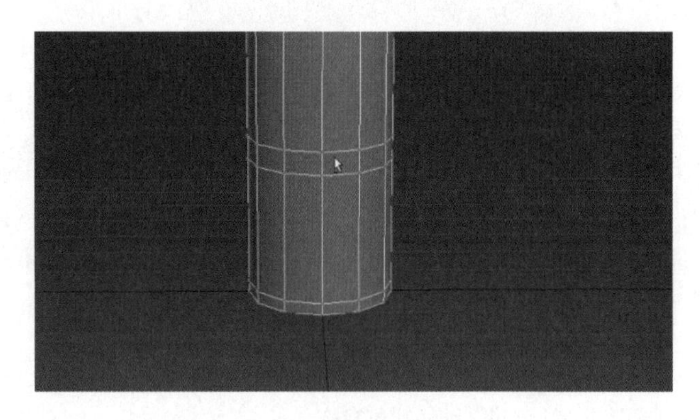

图 3－8

10. 挤压出来后，选择中间按钮调整几何体参数大小，然后单击打钩的按钮，如图 3 - 10 所示。

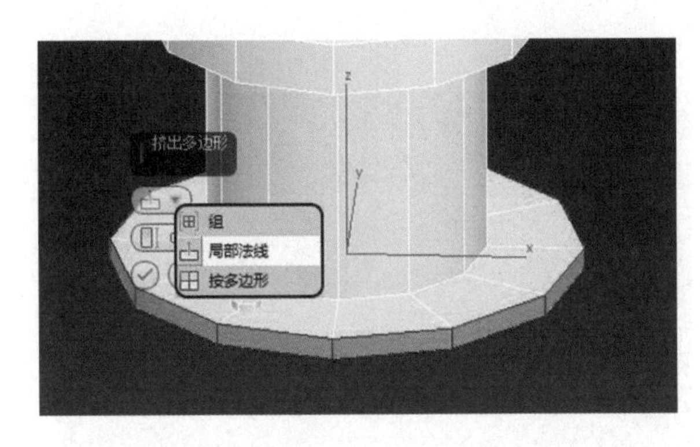

图 3 - 9

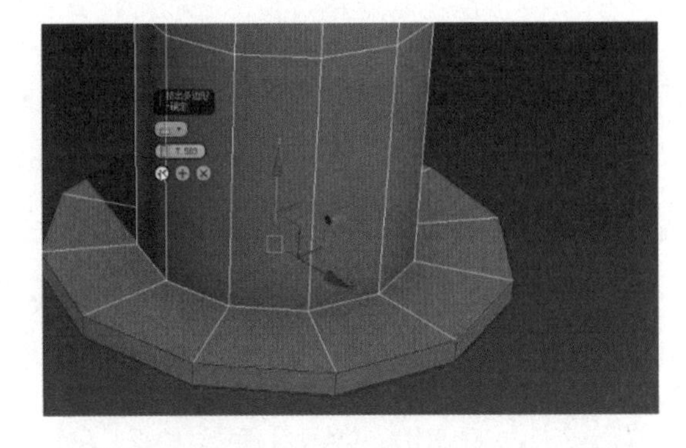

图 3 - 10

11. 中间部分结构同样在面层级上编辑需要挤压结构的面，单击右键并选择“挤压”，然后设置好参数大小后，单击打钩的按钮，如图 3 - 11 所示。

12. 两个部分的结构都挤压出来后，检查模型结构的厚度比例，然后再次进行调整，如图 3 - 12所示。

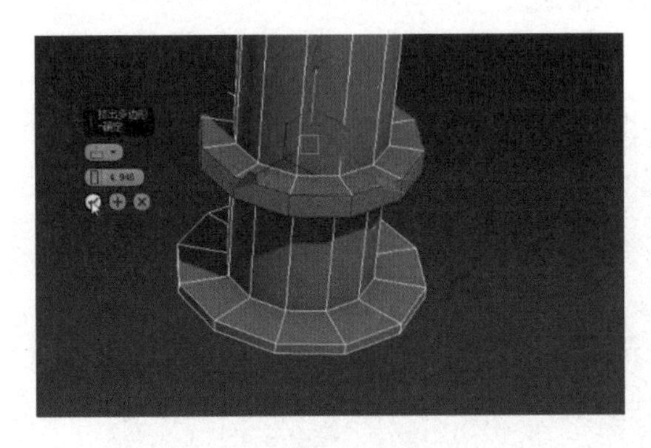

图 3 - 11

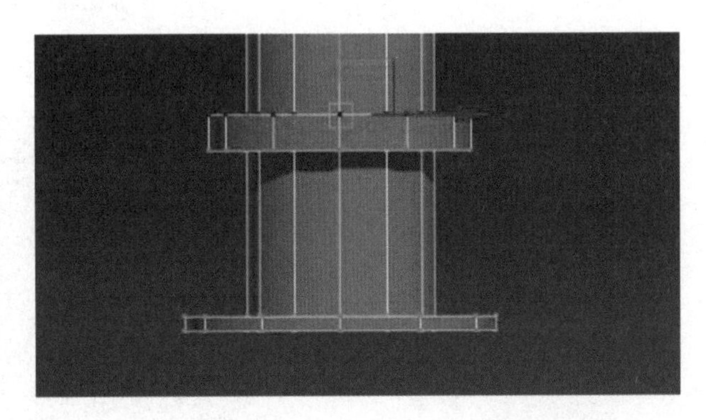

图 3 - 12

13. 接着给圆柱体加线用来制作消防栓盖面部分，同理在面层级上选择面，然后单击右键并选择“挤压”，设置参数大小，调整消防栓盖面外部圆圈的比例，再单击打钩的按钮，如图 3 - 13 所示。

14. 再次编辑点层级，选择点并调整顶部的厚度，接着转换成面层级，选择面后用缩放工具（快捷键 R）将其缩小，如图 3 - 14 所示。

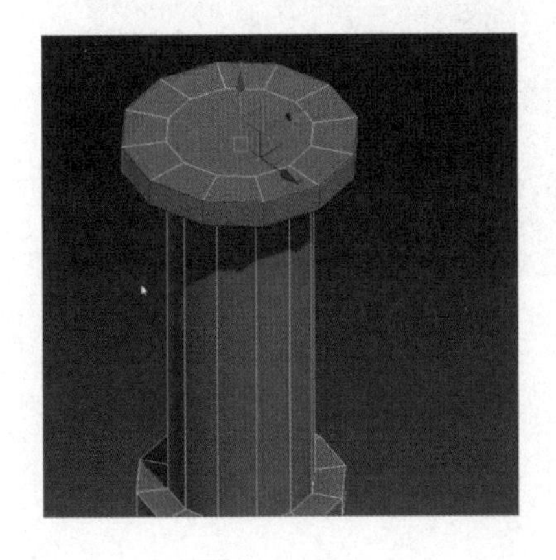

图 3 - 13

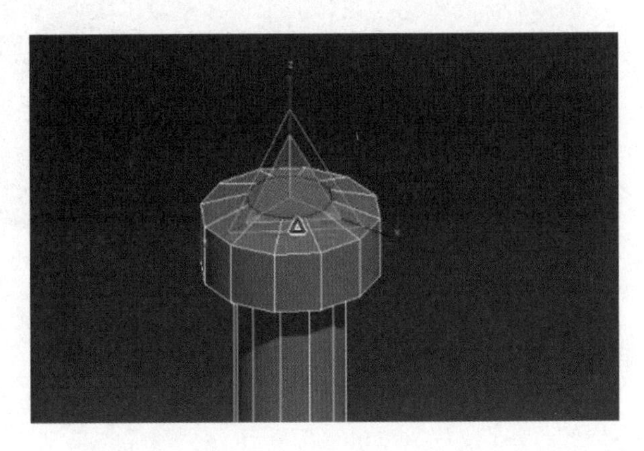

图 3 - 14

15. 接着继续通过加线，在缩放点状态下，调整消防栓顶部圆弧结构，如图 3－15 所示。

16. 再次编辑面层级，选择顶部中间的面，挤压后调整高度参数，如图 3－16 所示。

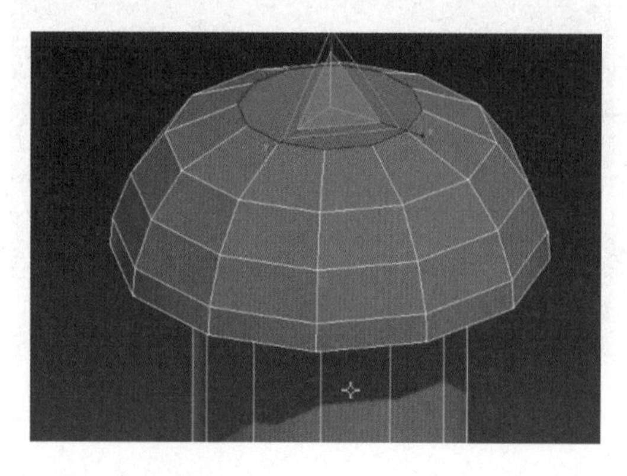

图 3－15

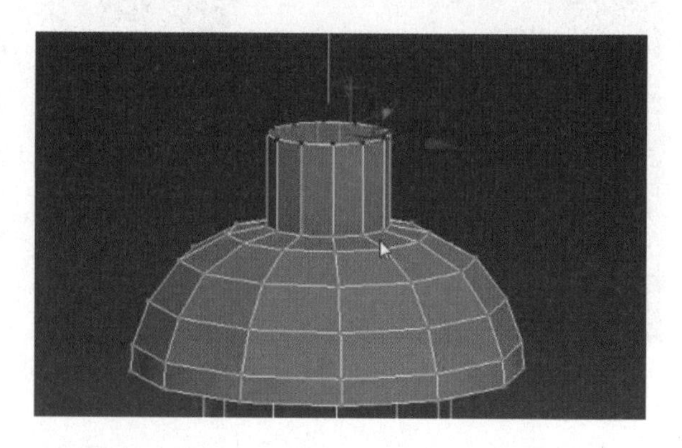

图 3－16

17. 在制作消防栓模型时，会出现一些投影和模型本身被环境光阻挡的情况，为了不影响制作模型的视觉效果，在界面左上角单击“真实＋边面”  [+] [正交] [真实+边面]，在里面选择照明和阴影命令的三角形按钮，分别去掉阴影和环境光阻挡的勾选，如图 3－17 所示。

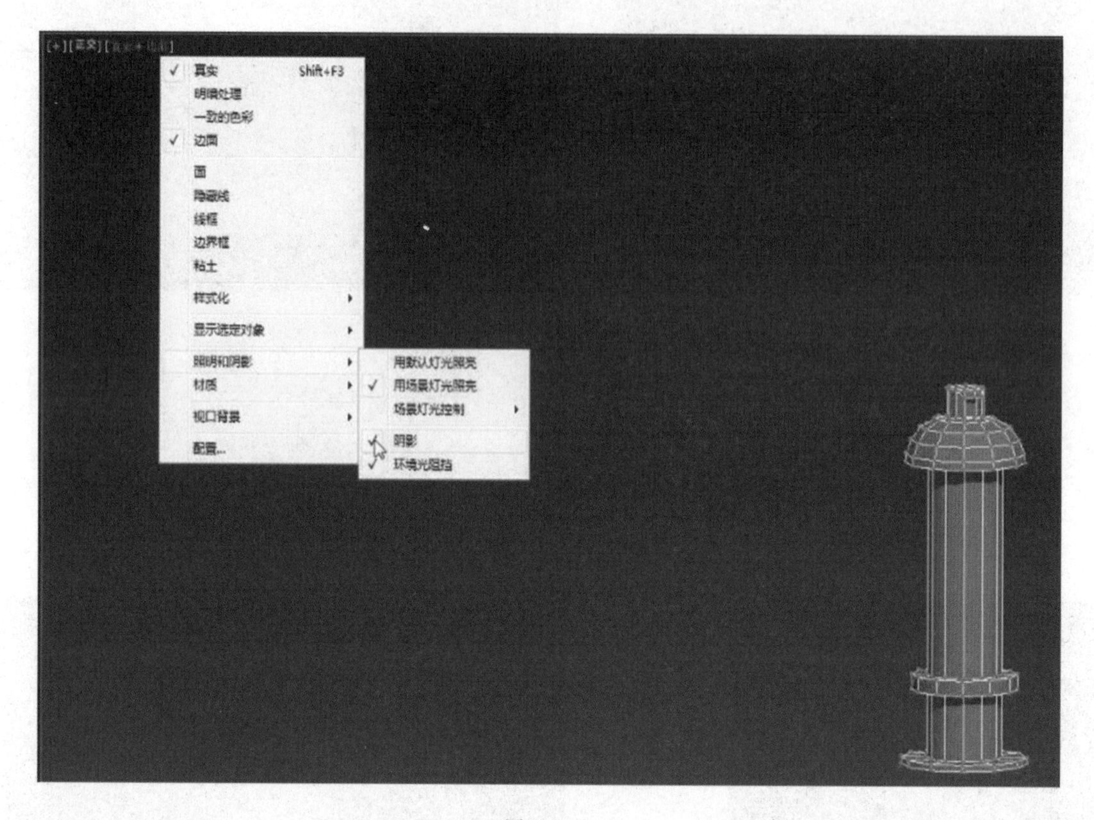

图 3－17

18. 接着制作消防栓模型的两个侧面部分，在编辑线或编辑面层级上选择中间部分模型，在旋转命令 （快捷键 E）状态下单击工具栏中的角度捕捉 ，这样每旋转一次是 5 度，按住 Shift 键将选择部分的模型旋转 90 度（注：这里可以新建一个圆柱体来制作），如图 3－18 所示。

19. 旋转完成后单击缩放命令将其缩放变小至适当位置，然后再次调整位置，如图 3－19 所示。

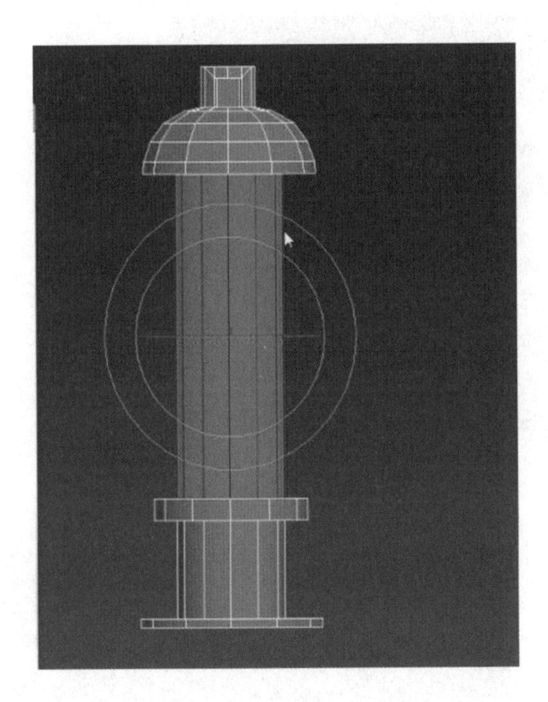

图 3 - 18

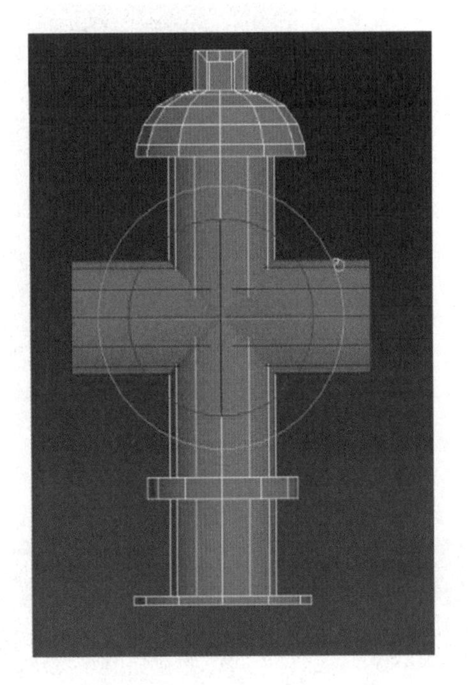

图 3 - 19

20. 消防栓两边模型结构是相同的，只要制作出一半，通过镜像复制到另一半即可，所以为避免将消防栓主体复制，这时在右边单击分离命令将部分模型进行分离，弹出分离窗口后，单击确定按钮进行分离，如图 3 - 20 所示。

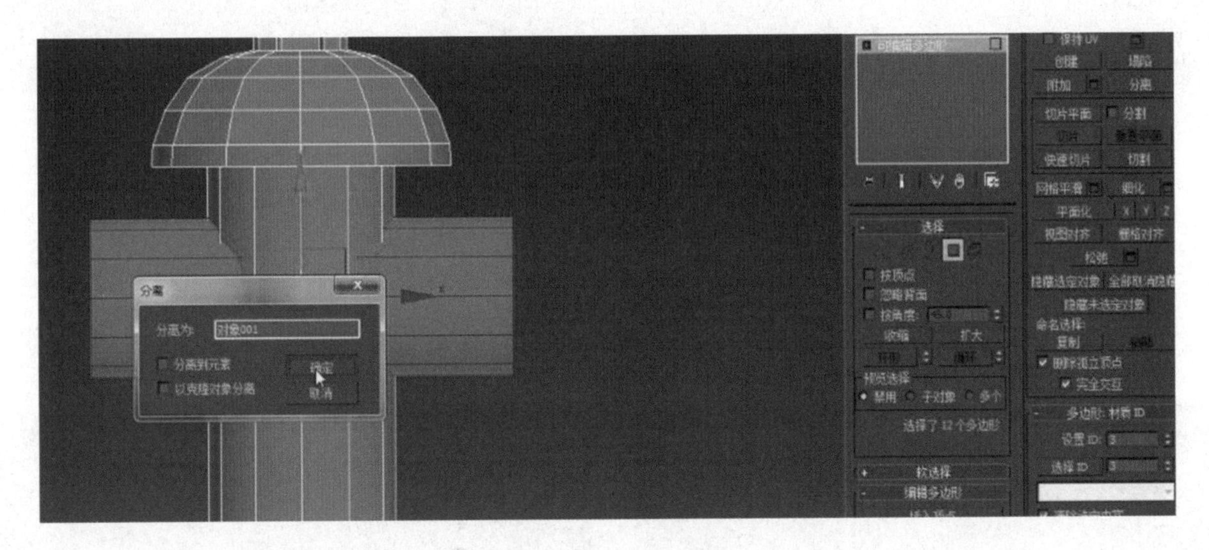

图 3 - 20

21. 消防栓两侧模型结构是相同的，可以通过选择镜像的方式制作，首先单击右边命令面板中分离按钮将其与主体进行分离，然后在几何体中间加一段线，再选择删除部分模型的面，如图 3 - 21 所示。

22. 单击 Delete 键将其删除，再编辑点层级上调整结构的位置和比例形状，如图 3 - 22 所示。

23. 单击“编辑补面层级”按钮（快捷键 3）选择补面的线条，在缩放命令状态下按住 Shift 键，鼠标放在缩放工具图标中间部分，这样 Z、X、Y 坐标轴可以等比例放大。如果只是选择其中一个坐标轴缩放的话，那么只能向一个方向缩放，单击左键进行缩放复制出结构部分，如图 3 - 23 所示。

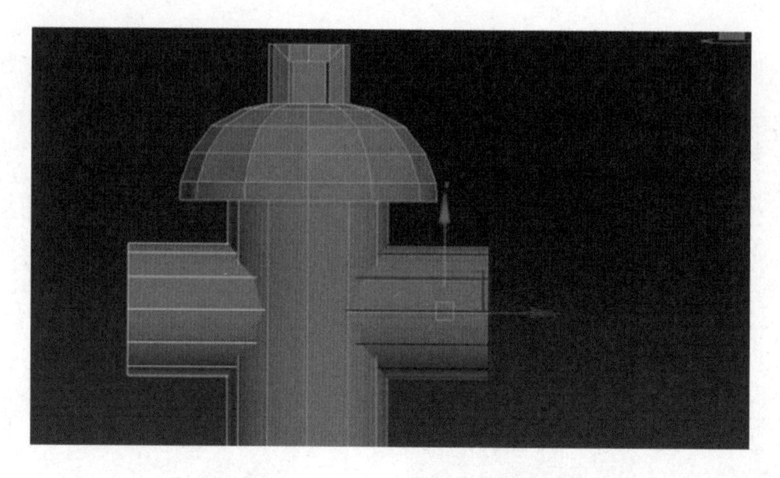

图 3 - 21

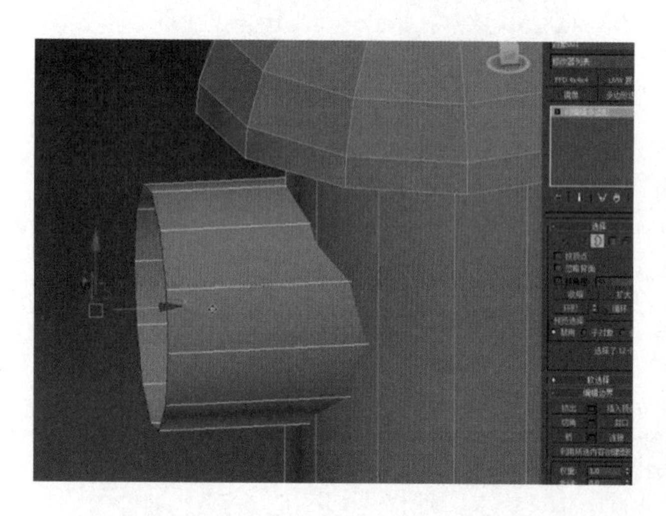

图 3 - 22

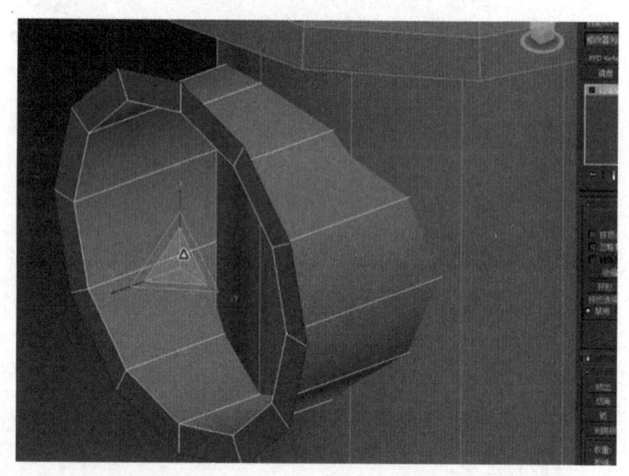

图 3 - 23

24. 将缩放工具转换成移动工具命令，按住 Shift 键，用鼠标左键选择 X 坐标轴，向左边移动复制出其结构，如图 3 - 24 所示。

25. 同理，在编辑补面层级上使用缩放和移动工具来回切换，并制作其他部分结构模型，如图 3 - 25 所示。

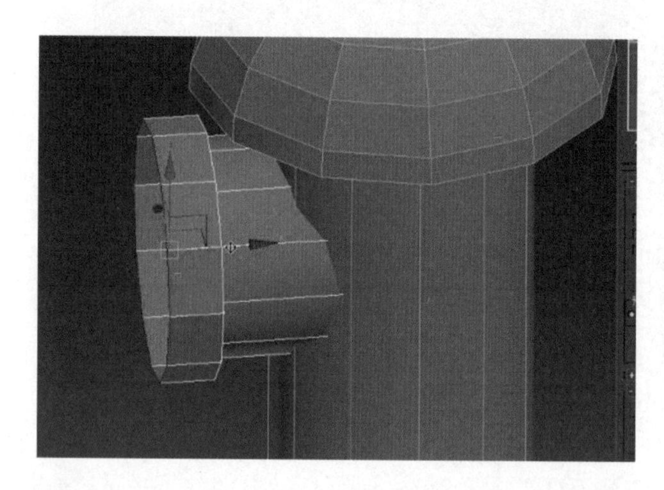

图 3 - 24

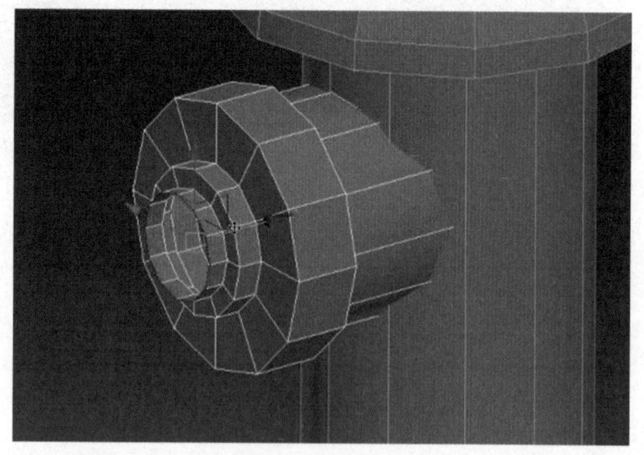

图 3 - 25

26. 完成其他部分模型制作后，在编辑补面层级上单击鼠标右键，并选择 封口 命令进行补面，如图 3 - 26所示。

27. 为了节省面数或根据原画结构的需求将模型两个小圆圈的 12 个面修改编辑成 8 个面，通过编辑线层级选择需要合并的线条，然后单击右边面板中塌陷按钮进行合并，如图 3 - 27 所示。

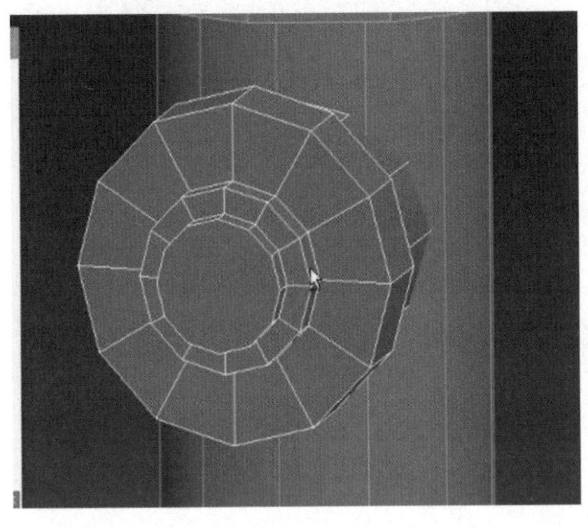

图 3 - 26

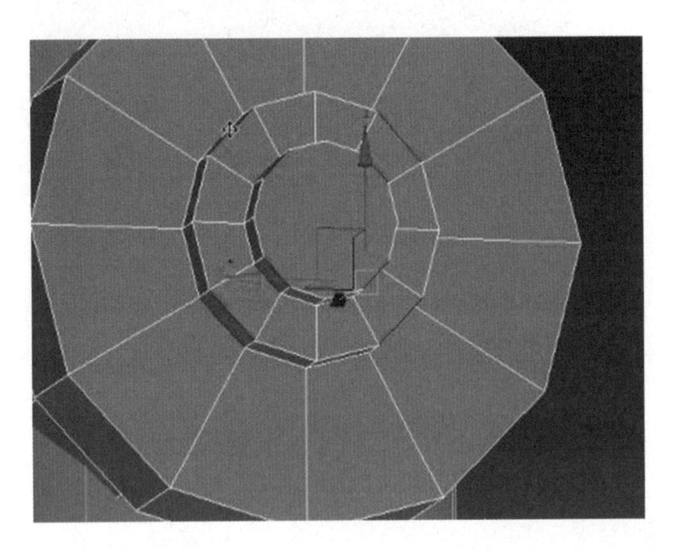

图 3 - 27

28. 同理，选择其他还没有合并塌陷的部分进行合并，然后再将八边形线连接成三角形或四边形，如图 3 - 28 所示。

29. 接着单击界面工具栏中的镜像命令按钮 ，弹出镜像坐标窗口后，单击克隆当前并选择实例镜像，再单击“确定”按钮复制出另一半模型，如图 3 - 29 所示。

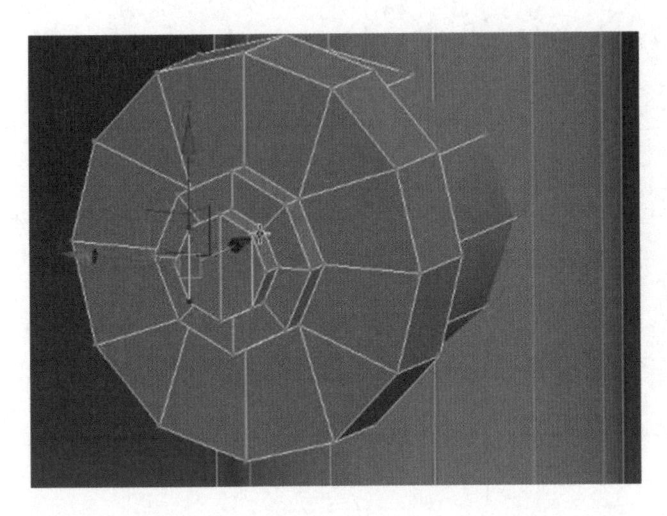

图 3 - 28

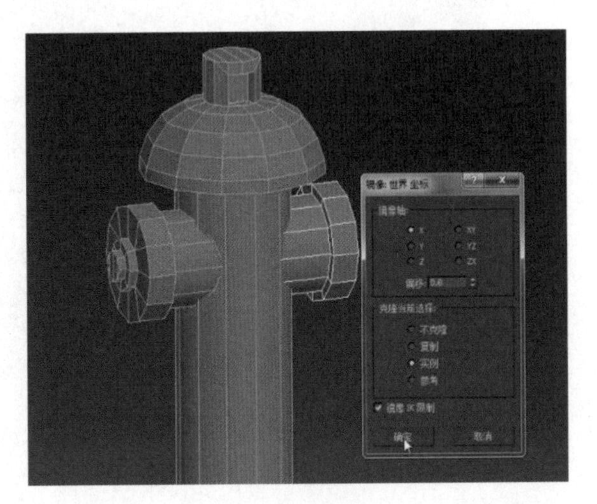

图 3 - 29

30. 在编辑点层级上编辑一边模型所有的点，单击旋转命令（快捷键 E），再按快捷键【Shift＋鼠标左键】进行旋转，如图 3 - 30 所示。

31. 接着调整其结构的大小比例，然后再将模型移动到适当的位置，如图 3 - 31 所示。

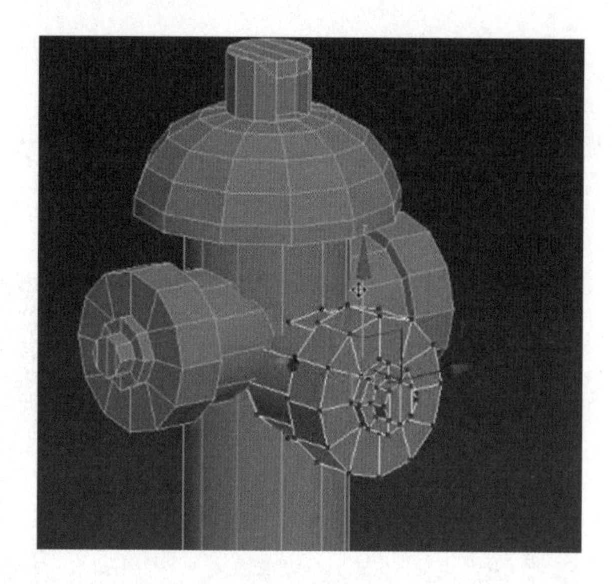

图 3 - 30

图 3 - 31

32. 在制作模型时，一些面是通过移动复制出来的，如果模型圆柱体没有光滑的面，这时选择消防栓主体模型，在编辑面层级上选择需要变得光滑的面，然后在控制面板的平滑组中单击一个光滑组，如图 3 - 32 所示。

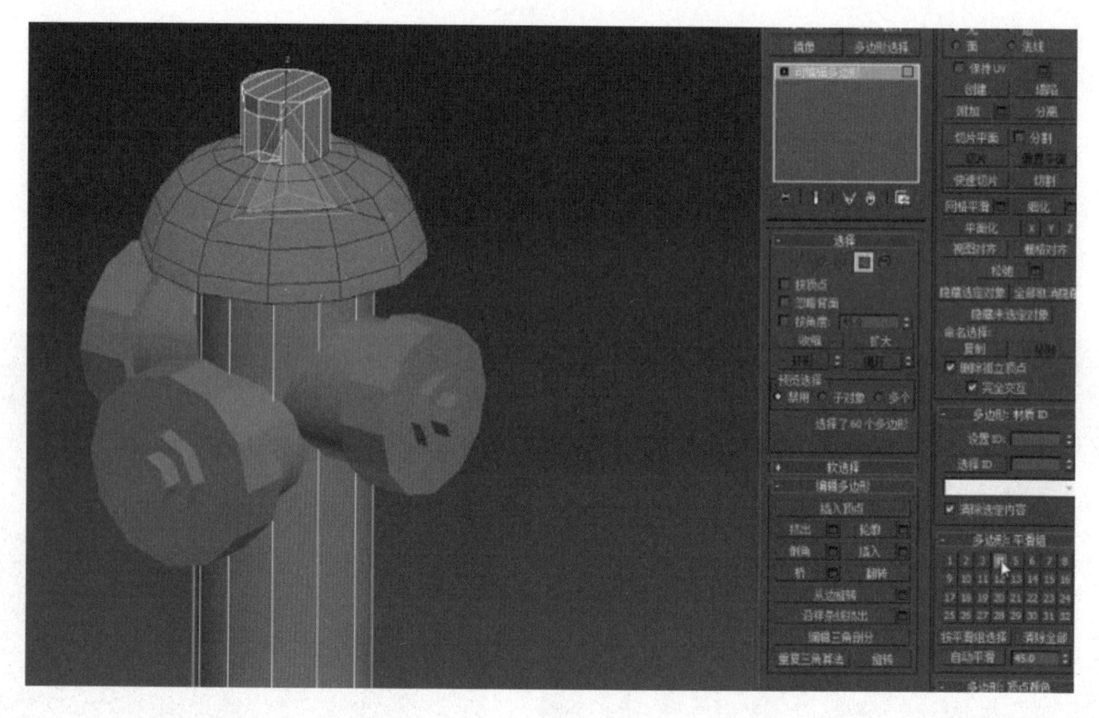

图 3 - 32

33. 同理，对模型需要变得光滑的部分逐一进行编辑，依次打上光滑组，如图 3 - 33 所示。

34. 接着制作消防栓上的螺丝，在控制面板中新建一个六边形的圆柱体，然后将其坐标轴归 0，接着将圆柱体转化成可编辑的多边形，然后在编辑点层级上使用移动工具将其移动到适当的位置，如图 3 - 34 所示。

35. 按快捷键【M】弹出材质球编辑器窗口后，给它赋予一个灰色材质球，在编辑点层级上调整消防栓螺丝的大小和厚度，如图 3 - 35 所示。

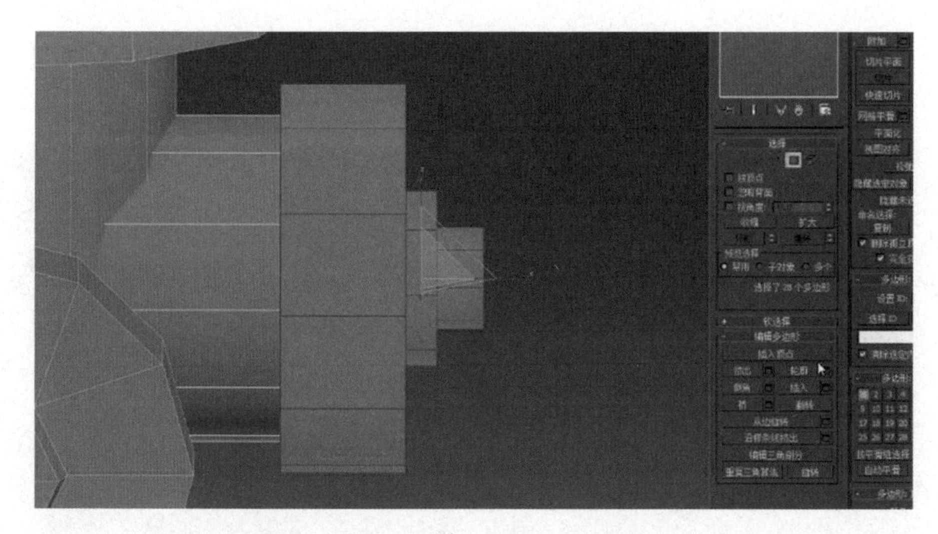

图 3 - 33

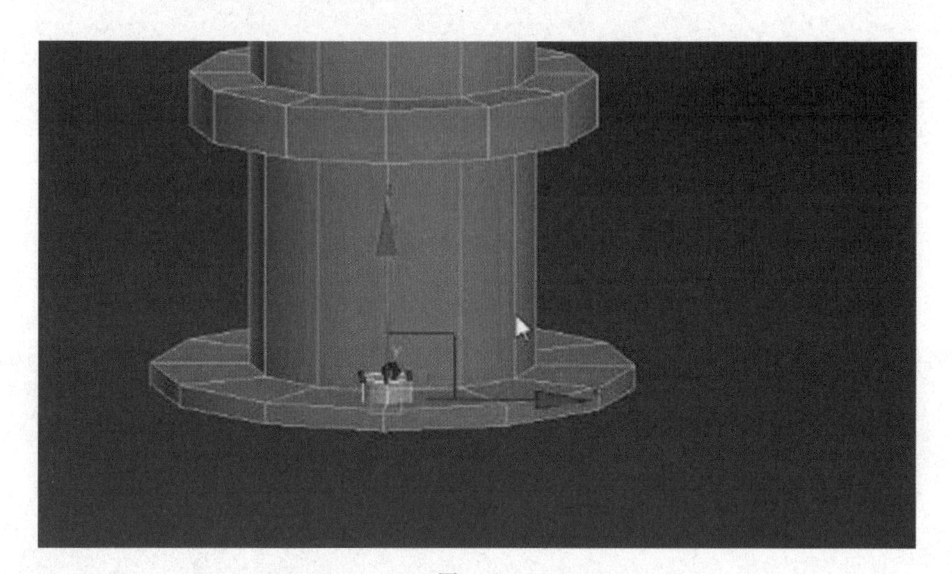

图 3 - 34

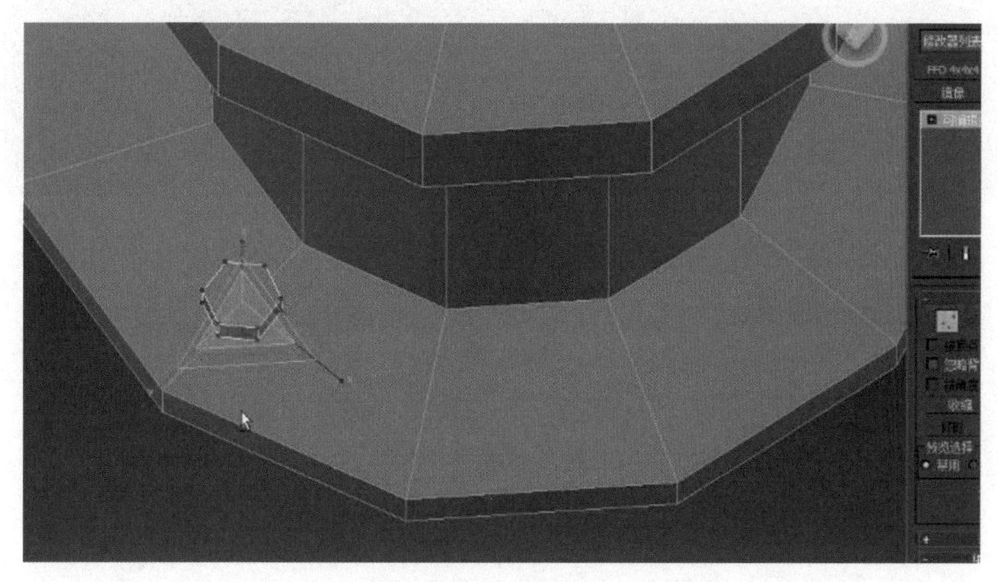

图 3 - 35

36. 接着按快捷键【M】弹出材质球编辑器窗口后，给它赋予一个灰色材质球，然后在编辑面层级上选择圆柱体的底面，再按键盘上的 Delete 键将底面删除，如图 3 - 36 所示。

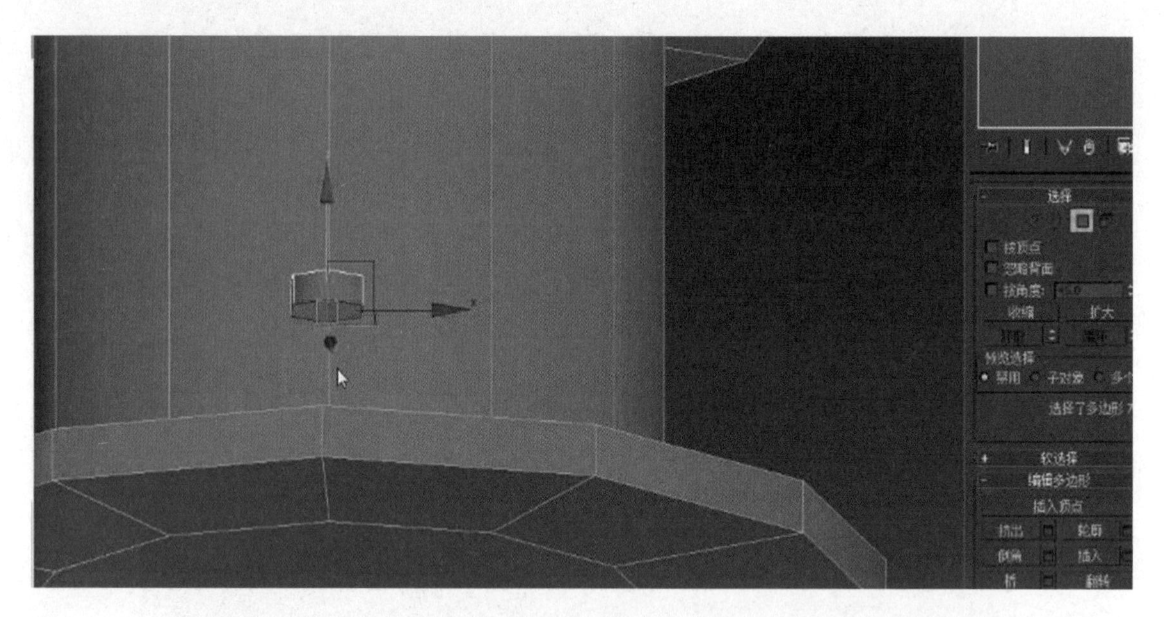

图 3 - 36

37. 编辑消防栓螺丝模型的点，再使用移动工具将其移动到消防栓主体圆圈部分的位置上，如图 3 - 37所示。

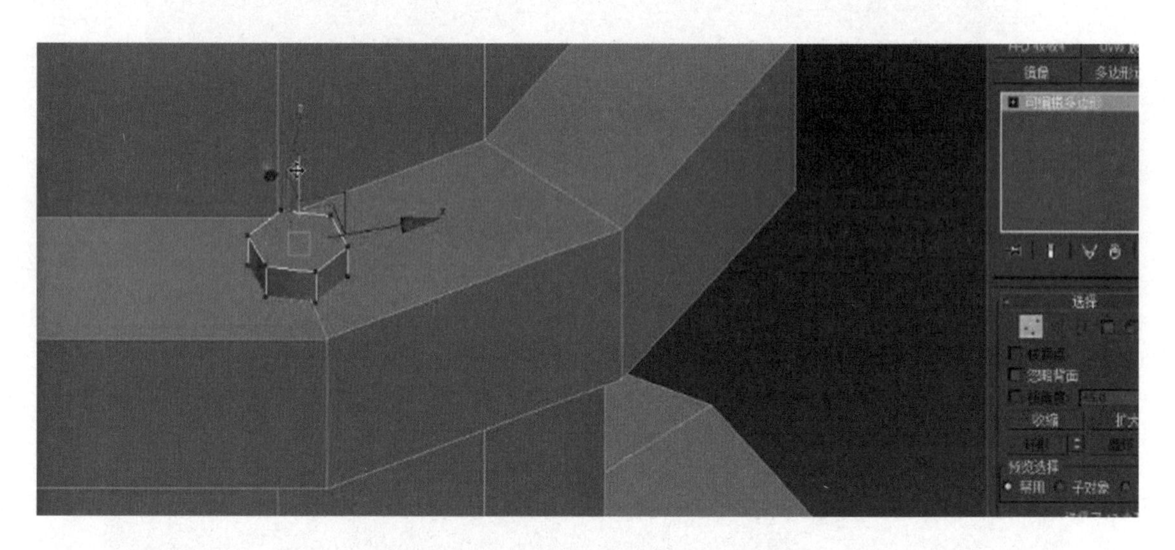

图 3 - 37

38. 消防栓只要制作 6 个螺丝就可以了，关掉编辑点层级，单击工具栏中的角度捕捉切换 命令，选择旋转命令并按住 Shift 键，点击鼠标左键选择黄色旋转轴并把模型旋转 60 度，然后弹出克隆选项窗口，因为原来已经有了一个螺丝，所以在副本数中输入参数 5 即可，如图 3 - 38 所示。

39. 再单击“确定”按钮就会得到 6 个螺丝，如图 3 - 39 所示。

40. 接着在编辑几何体层级上 ，选择移动复制一个螺丝用作底座，如图 3 - 40 所示。

41. 为了让消防栓主体的两层螺丝位置有错位感，在旋转底座螺丝前，先将其进行分离，单击控制面板选择“分离”按钮，弹出分离窗口后，再单击“确定”按钮进行分离，如图 3 - 41 所示。

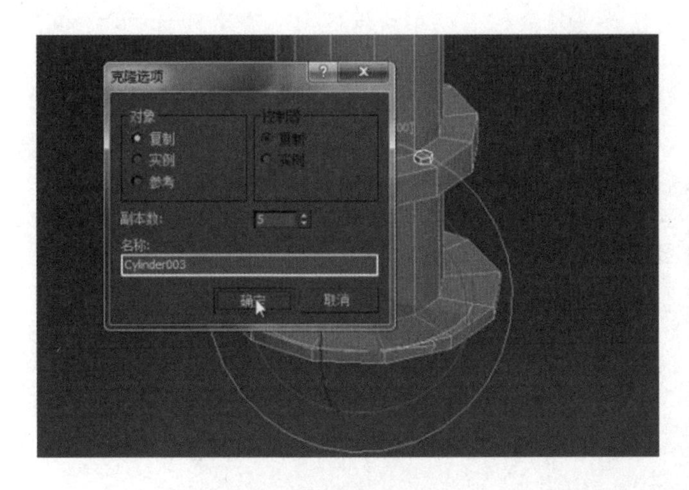

图 3－38

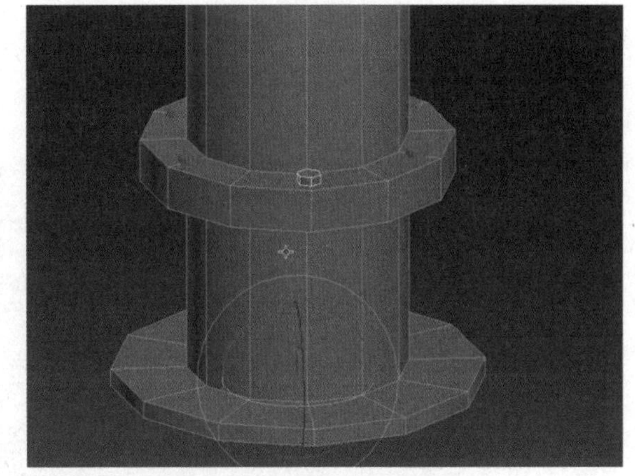

图 3－39

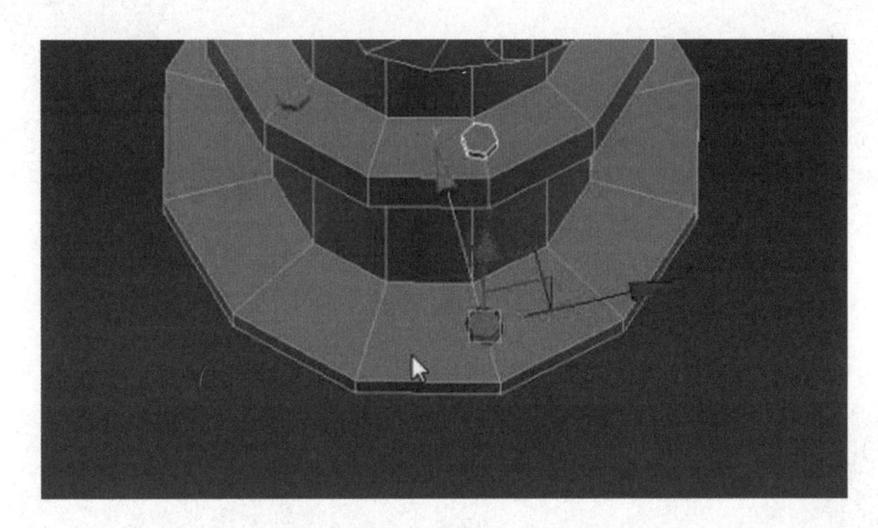

图 3－40

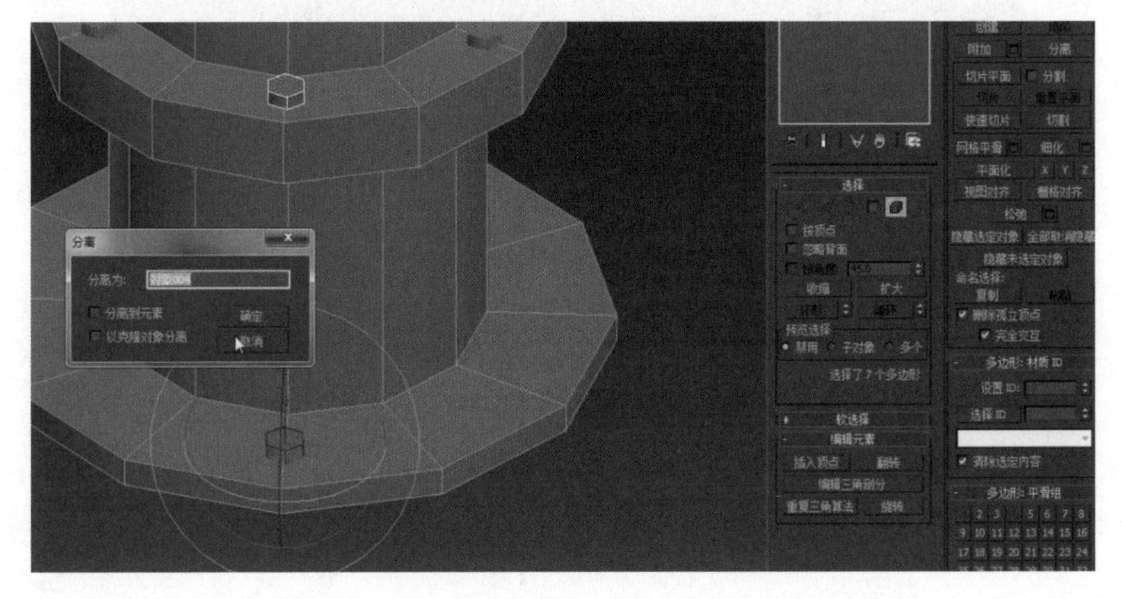

图 3－41

42. 然后选择编辑底座的螺丝模型，在角度捕捉切换 命令下使用旋转工具，先旋转 30 度，然后再按住 Shift 键，点击鼠标左键选择黄色坐标轴再次旋转 60 度，复制时使用同样的操作在副本数中输入参数 5，再单击“确定”按钮复制出其他 5 个螺丝模型，如图 3－42 所示。

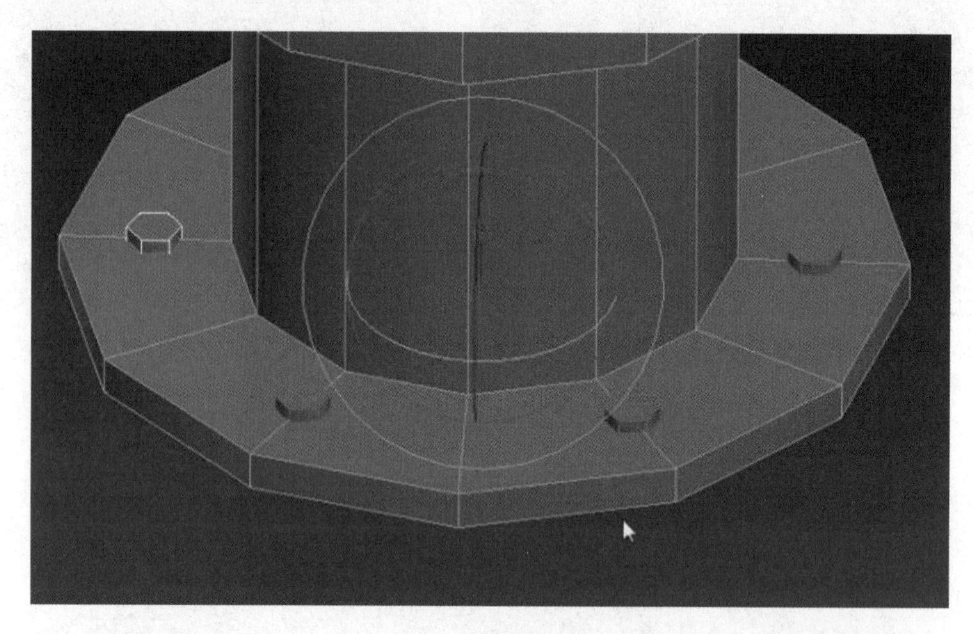

图 3－42

43. 接着将消防栓螺丝六边形之前没有连线成的三角面或四边面，在编辑点层级上进行连接，然后在编辑面层级上选择消防栓底座的所有面，再按 Delete 键进行删除，如图 3－43 所示。

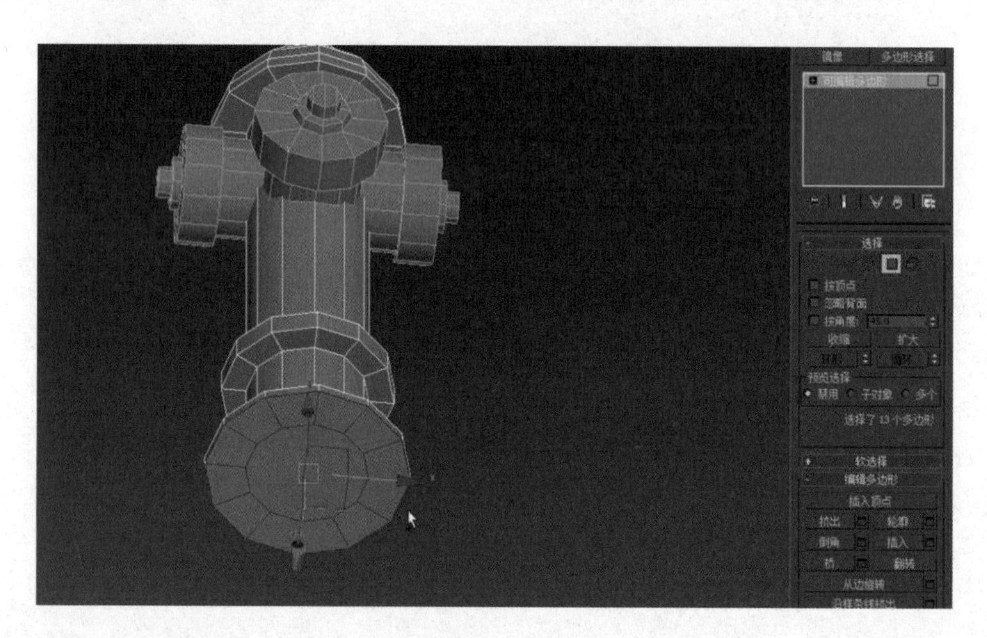

图 3－43

44. 删除底面后继续检查消防栓模型上有没有隐藏的面，再次进行删除，接着为了统一模型线的颜色，选择所有模型，单击控制面板中的颜色框 ，弹出对象颜色框后单击黑色卡，再次单击“确定”按钮，如图 3－44 所示。

45. 做完模型后可以进行保存，在界面左上角单击三角形按钮，选择另存为命令，如图 3－45所示。

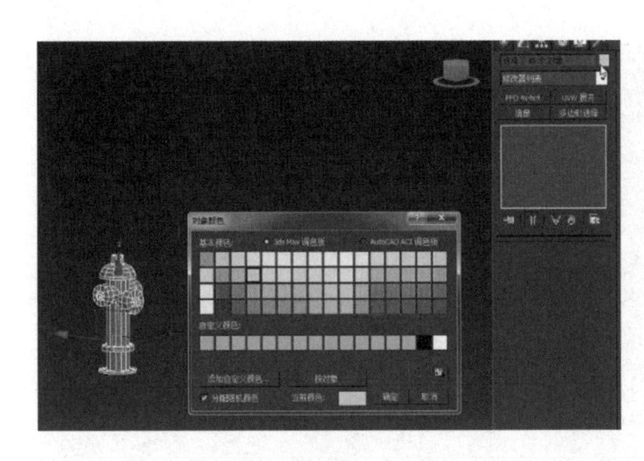

图 3－44

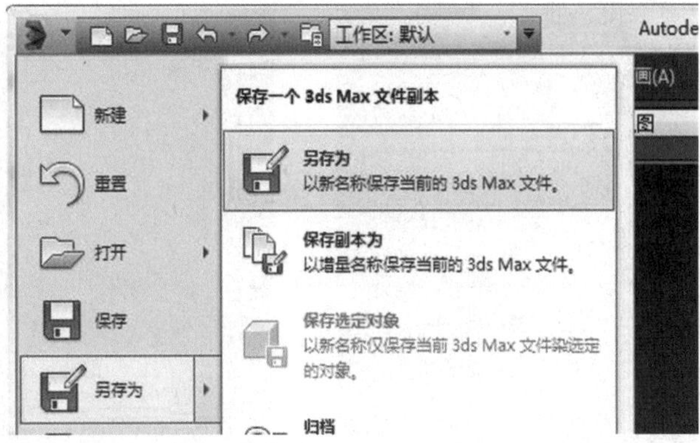

图 3－45

46. 接着弹出文件的另存为窗口后，可以选择修改文件保存路径位置，然后单击“新建文件夹”按钮 （可以先在外面新建消防栓文件夹，在保存模型文件的时候再找到此文件夹进行保存），并且将文件夹重命名为“消防栓”，文件命名为“消防栓”，最后单击“保存”按钮，如图 3－46 所示。

47. 消防栓模型制作完成最终的效果，如图 3－47 所示。

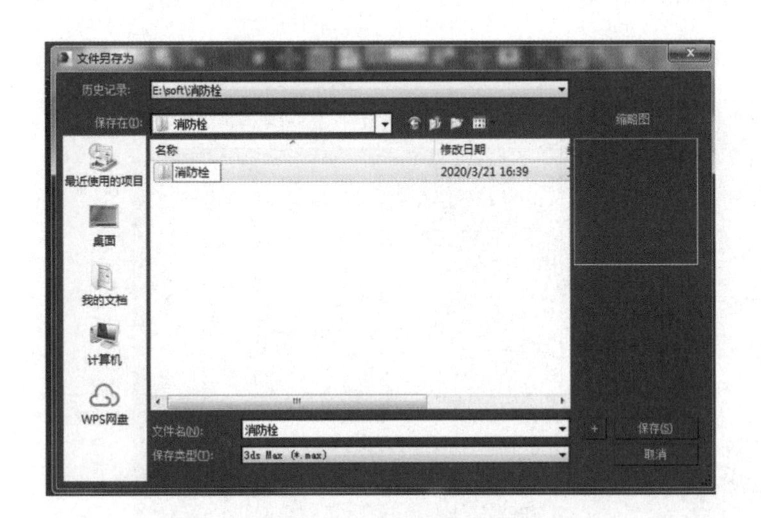

图 3－46

图 3－47

3.2　消防栓模型 UV 拆分

1. 在对消防栓模型拆分 UV 之前，首先我们先分析考虑模型哪些部分可以公用 UV，哪些部分可以单用 UV，消防栓的两个侧面模型部分可以拆分一半 UV，螺丝可以拆分六分之一 UV，主体模型部分中间有字体的需要全部展开。

2. 接着将消防栓模型不需要拆分 UV 的部分进行删除，编辑选择需要删除的模型，按住 Ctrl 键可以连续选择多个模型，如图 3－48 所示。

3. 选择模型后按 Delete 键将其删除，然后单击控制面板编辑几何体中的附加工具，将模型部分全部附加到一起，如图 3－49 所示。

图 3 - 48

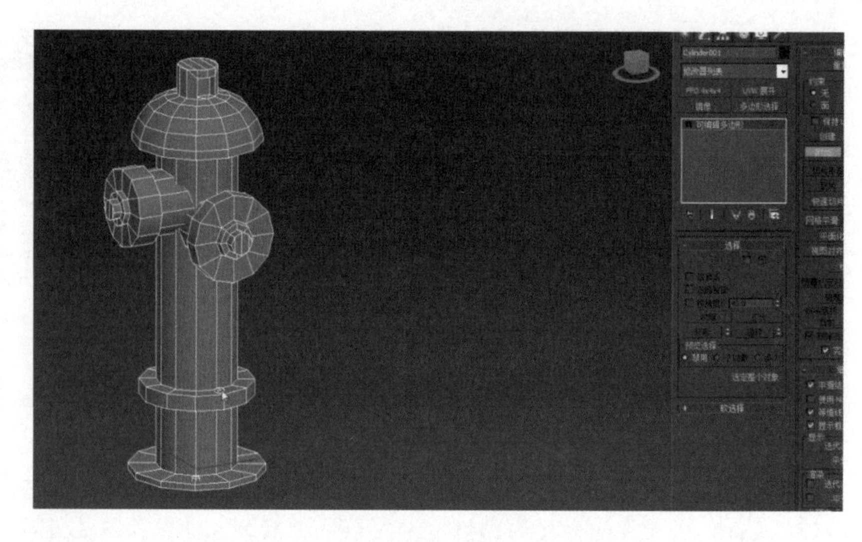

图 3 - 49

4. 先给模型赋予一个带有棋盘格的材质球。按快捷键【M】弹出材质编辑器窗口，单击选择一个默认的空白材质球，单击漫反射右边方块按钮 漫反射: ，弹出材质/贴图浏览器窗口，然后在窗口中单击"棋盘格"按钮 棋盘格，再次单击"确定"按钮，如图 3 - 50 所示。

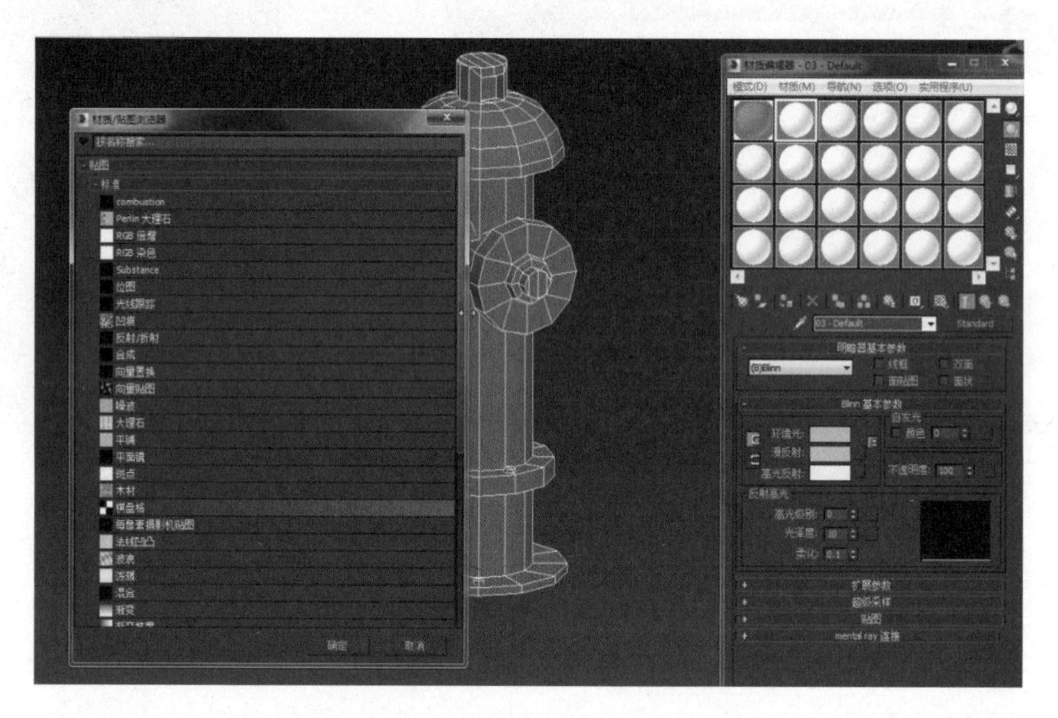

图 3 - 50

5. 在材质编辑器窗口中，设置瓷砖部分 U 和 V 边框里的参数，如 30∶30，然后单击"将材质指定给选定对象"按钮 ，再单击窗口中"显示明暗处理材质"按钮 ，将材质球赋予模型上，如图 3 - 51 所示。

6. 在模型拆分 UV 前，首先查看"UVW 展开按钮" UVW展开 是否从修改器列表里设置到外面的命令面板中，如果设置完成就单击命令面板中"UVW 展开按钮" UVW展开 进入编辑 UV 命令，单击打开编辑器按钮进入编辑 UVW 窗口，如图 3 - 52 所示。

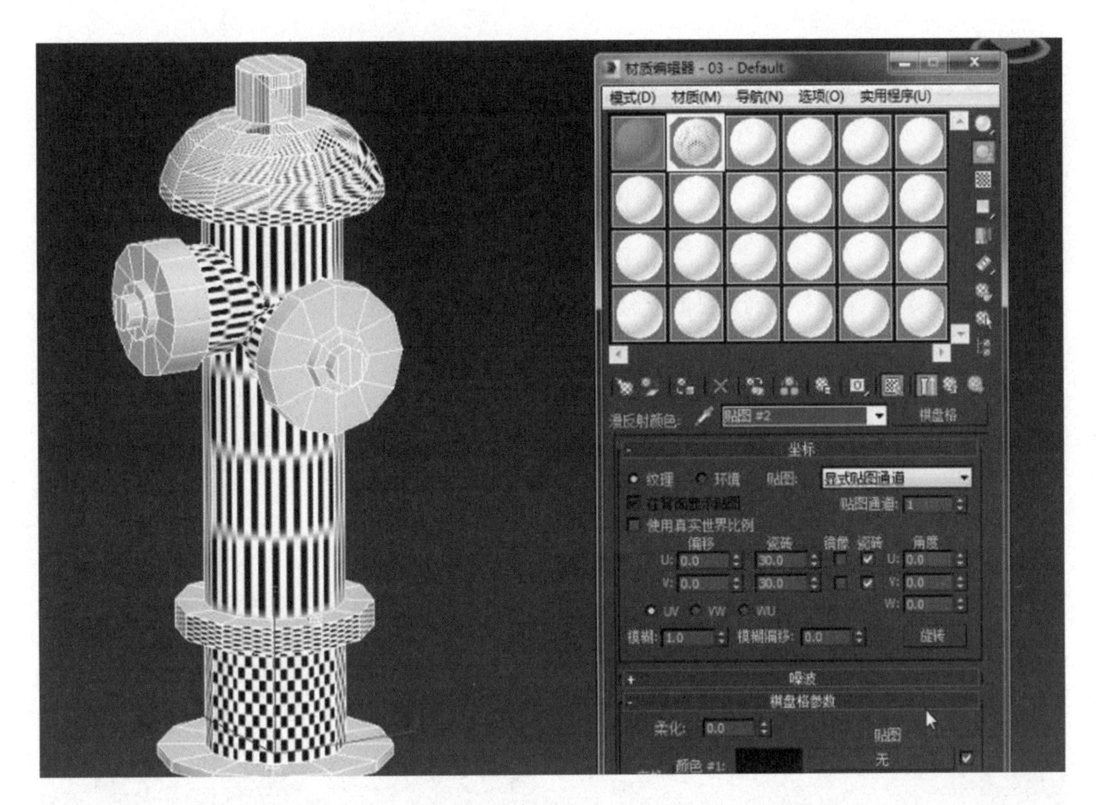

图 3 - 51

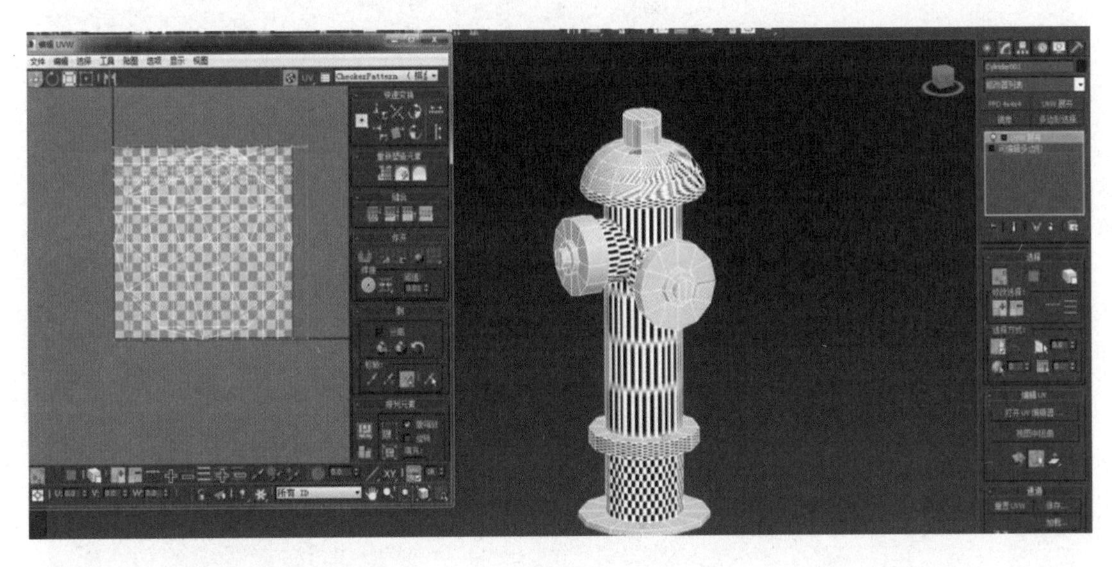

图 3 - 52

7. 在编辑 UVW 窗口中选择面层级（快捷键 3），选择消防栓模型的所有 UV 线，在右边控制面板的投影命令中单击“平面贴图”按钮，然后单击 Y 坐标轴按钮，展开消防栓模型基本 UV 线结构，方便选择展开 UV 线，如图 3 - 53 所示。

8. 在拆分 UV 时，要考虑模型哪些部分 UV 是需要断开展开的，哪些部分 UV 是需要连接展开的，接着在编辑面层级（快捷键 3）上选择消防栓模型主体竖面部分 UV，按住快捷键【Ctrl＋鼠标左键】可以连续单击选择 UV，单击“平面贴图”按钮后，再单击 Y 坐标轴进行展开 UV，如图 3 - 54 所示。

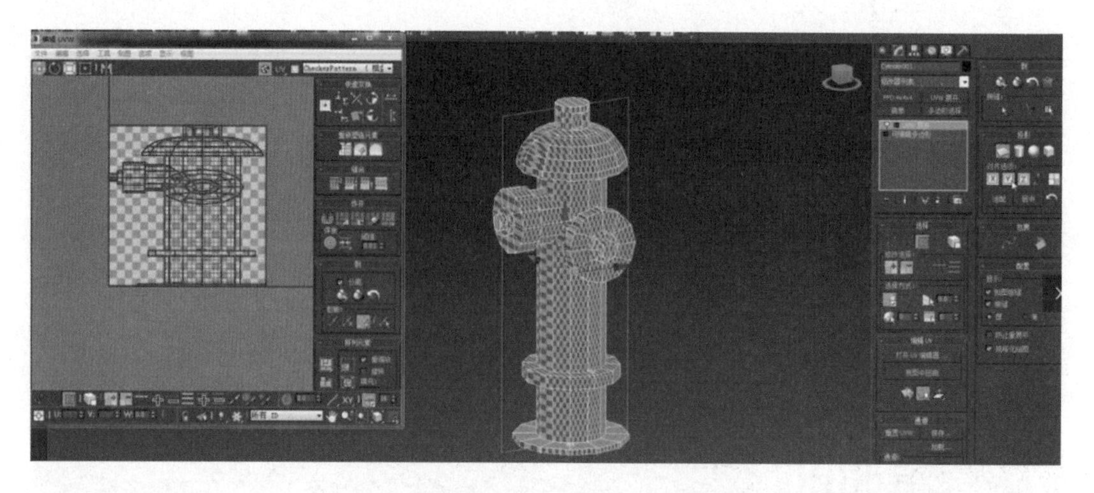

图 3－53

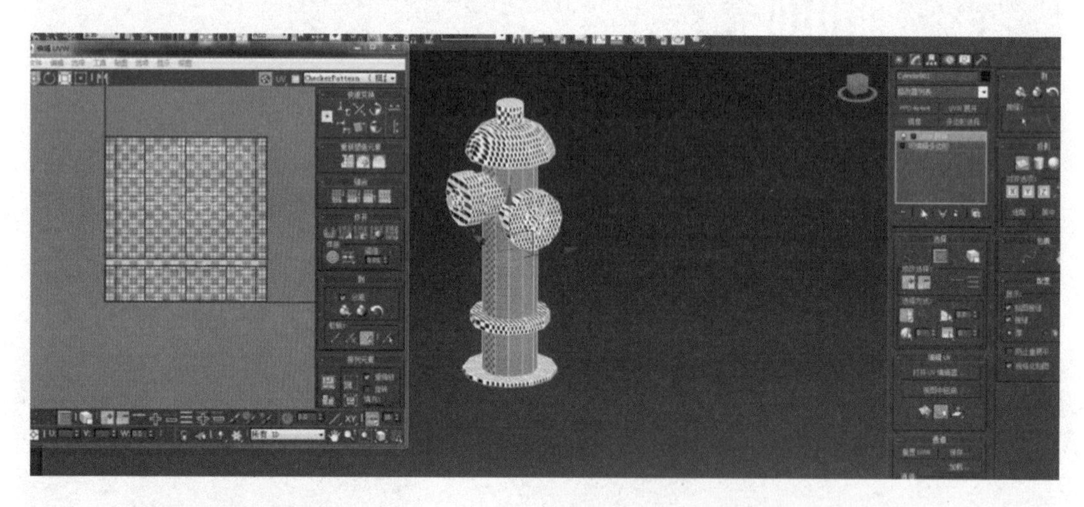

图 3－54

9．接着单击平面贴图按钮 将其关掉，在自由形式模式 下按住 Shift 键，按鼠标左键将 UV 平移出 UV 工作区域，然后在编辑点线面层级调整 UV，使其 UV 在模型上展现出的 UV 棋盘格为正方形，然后再压缩 UV 线的大小比例，如图 3－55 所示。

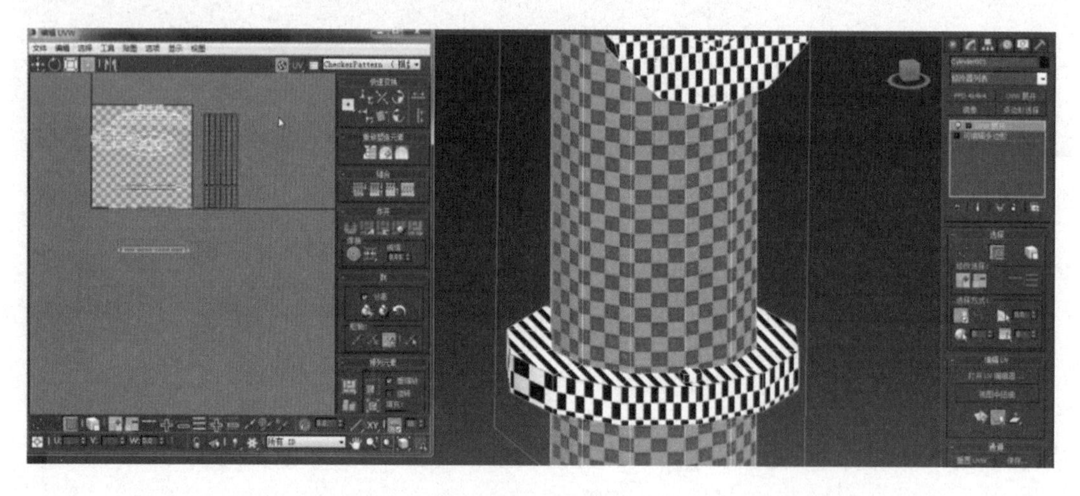

图 3－55

10. 继续在面层级上选择消防栓主体中间凸起部分结构的模型 UV，按住 Ctrl 键继续选择 UV，单击“断开”按钮，将其与上下面的 UV 断开，使用移动工具将其移动到工作区域的外面，接着在编辑线层级上先选择左右两边的 UV 线，再次单击“断开”按钮将其断开，形成前后对半拆分形式，如图 3－56 所示。

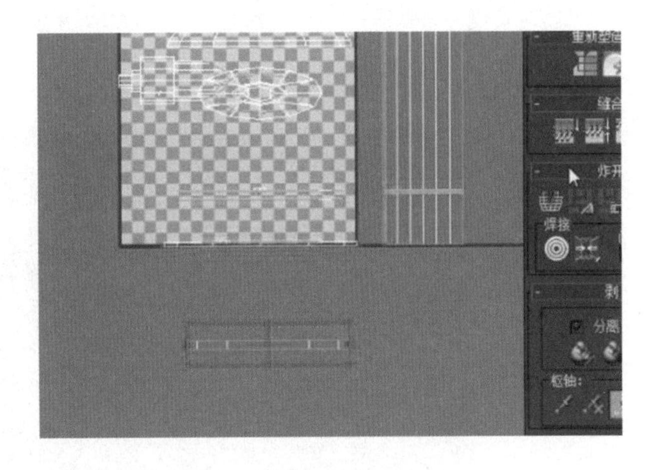

图 3－56

11. 然后在面层级上先选择前面部分的 UV，再单击“放松直到展平”按钮，将 UV 进行等比例展开，单击“放松直到展平”按钮展开后面部分的 UV，然后再把两者的 UV 根据断开衔接的 UV 线的对接位置进行重合，点也要互相对接，如图 3－57 所示。

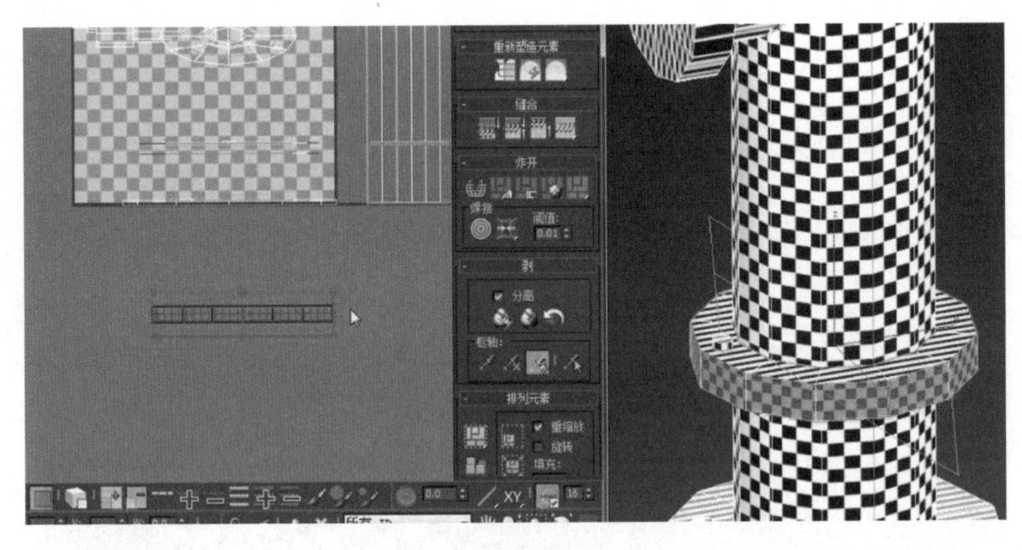

图 3－57

12. 接着单击模型上面的 UV，在右边控制面板的投影命令中单击平面贴图的 Z 坐标轴并展开，如图 3－58所示。

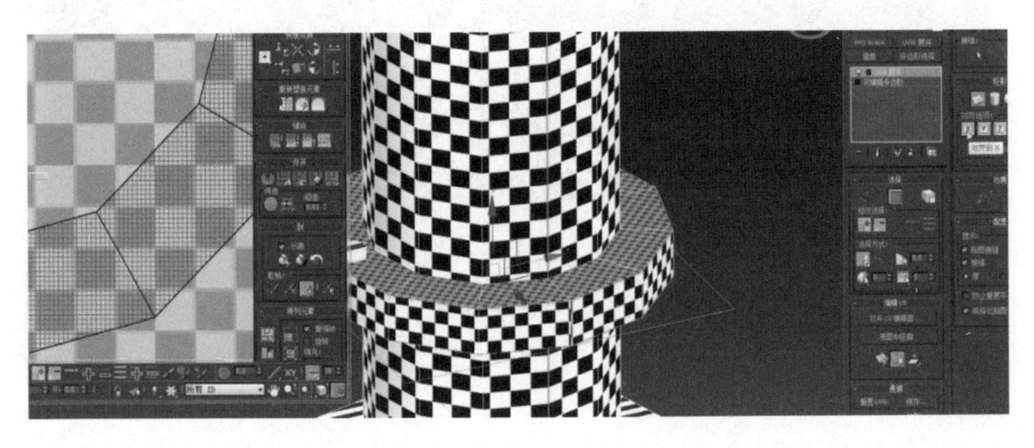

图 3－58

13. 使用移动工具将编辑的 UV 移出工作区域，单独编辑一半 UV 并点击“断开”按钮 进行断开，然后再向上平移，如图 3－59 所示。

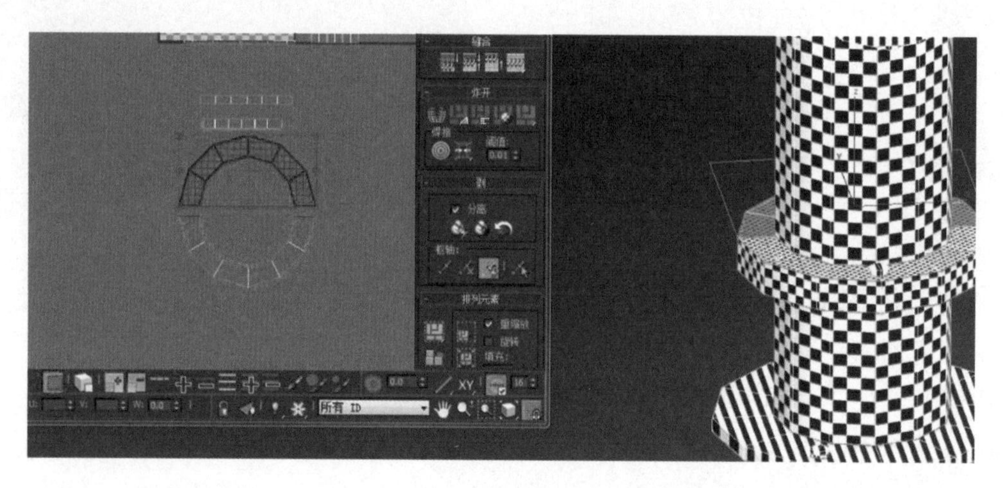

图 3－59

14. 在不影响贴图效果的情况下，单击“放松直到展平”按钮 将其展开，另一半也使用同样的方式展开，使点对点重合在一个公用空间里，如图 3－60 所示。

15. 接着使用同样的方法拆分底面和消防栓底座的 UV，然后将两者之间的接缝线衔接合并起来，这样便于绘制贴图接缝，如图 3－61 所示。

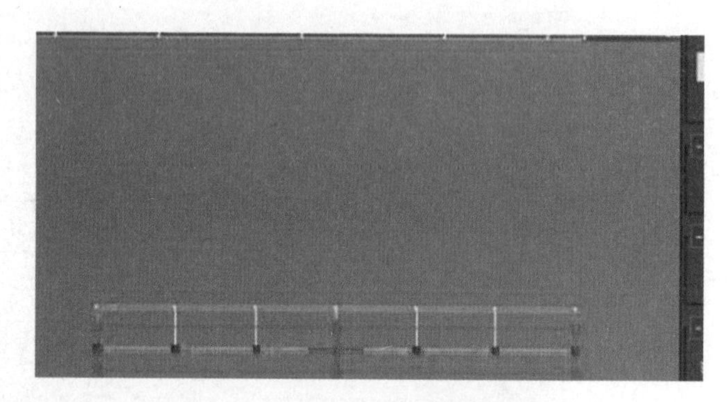

图 3－60

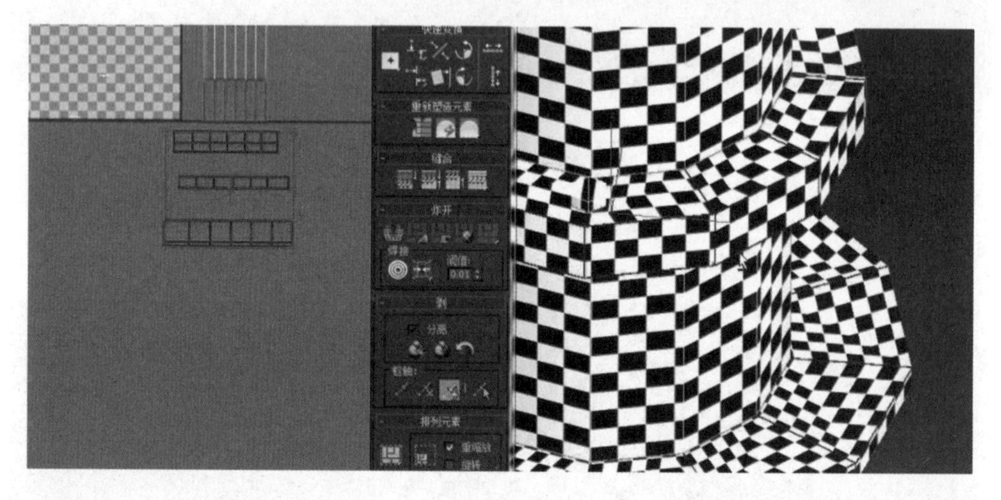

图 3－61

16. 消防栓顶部的位置有个结构是凹陷进去的，先在编辑面层级上编辑顶部凹陷的面，单击平面贴图里的 Y 坐标轴并展开，然后平移出来，选择正面的面向下平移展现出隐藏在里面的面，如图 3－62 所示。

17. 接着在编辑线层级上选择两个边角的线条，单击“断开”按钮将 UV 线断开，如图 3－63 所示。

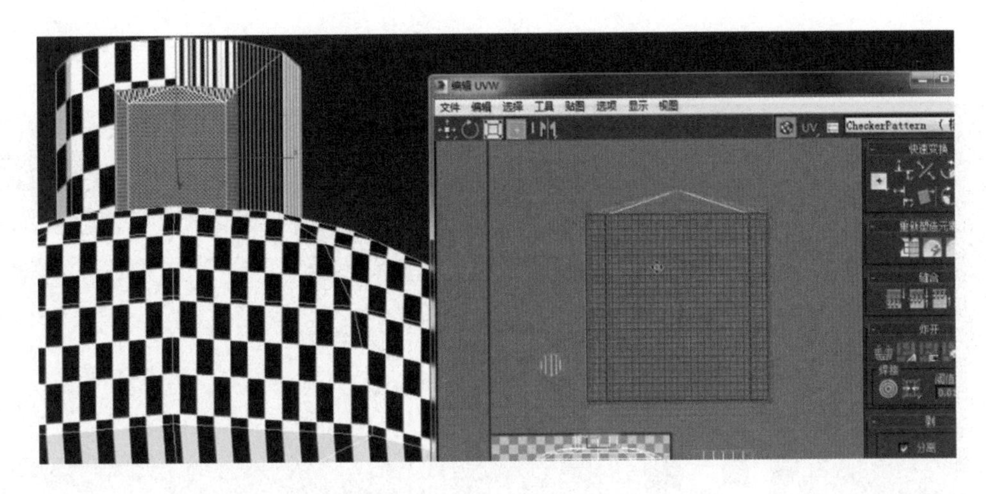

图 3 - 62

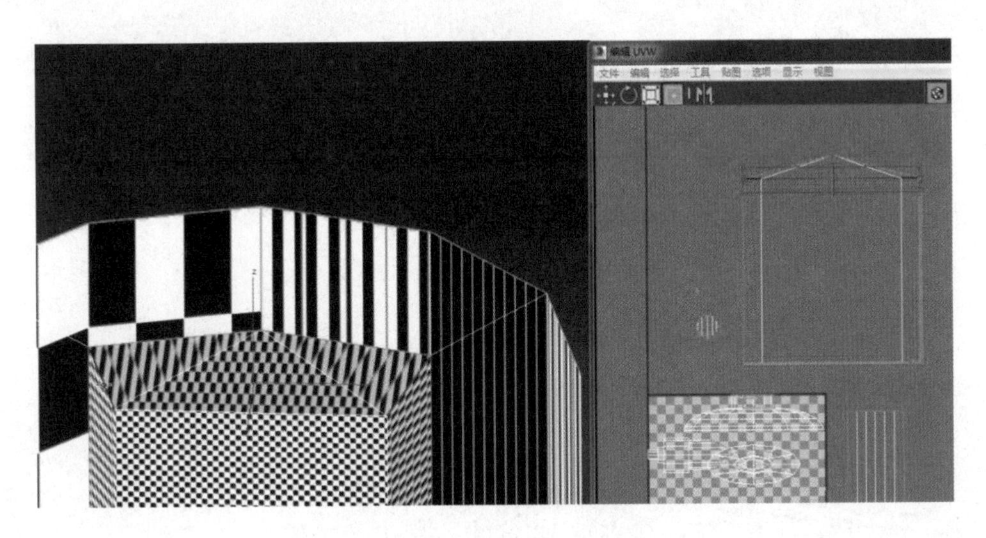

图 3 - 63

18. 再选择需要展开的 UV，单击编辑 UVW 窗口中的“工具”按钮选择松弛命令，弹出松弛工具窗口后，在“由边角松弛”中单击“开始松弛”，如图 3 - 64 所示。

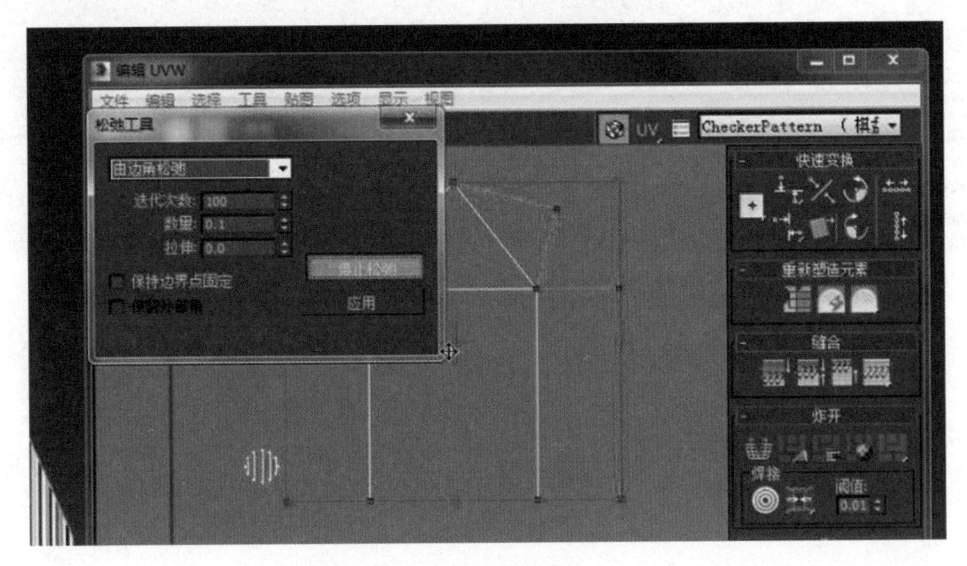

图 3 - 64

19. 松弛完成后，在编辑点层级上将其进行缩放，并调整棋盘格大小，如图 3 - 65 所示。

图 3 - 65

20. 然后拆分消防栓顶部的 UV，根据 UV 与坐标轴的垂直方向坐标或 UV 最大面积坐标轴进行展开，先使用之前的方法展开 UV，然后再调整 UV 棋盘格的大小比例，如图 3 - 66 所示。

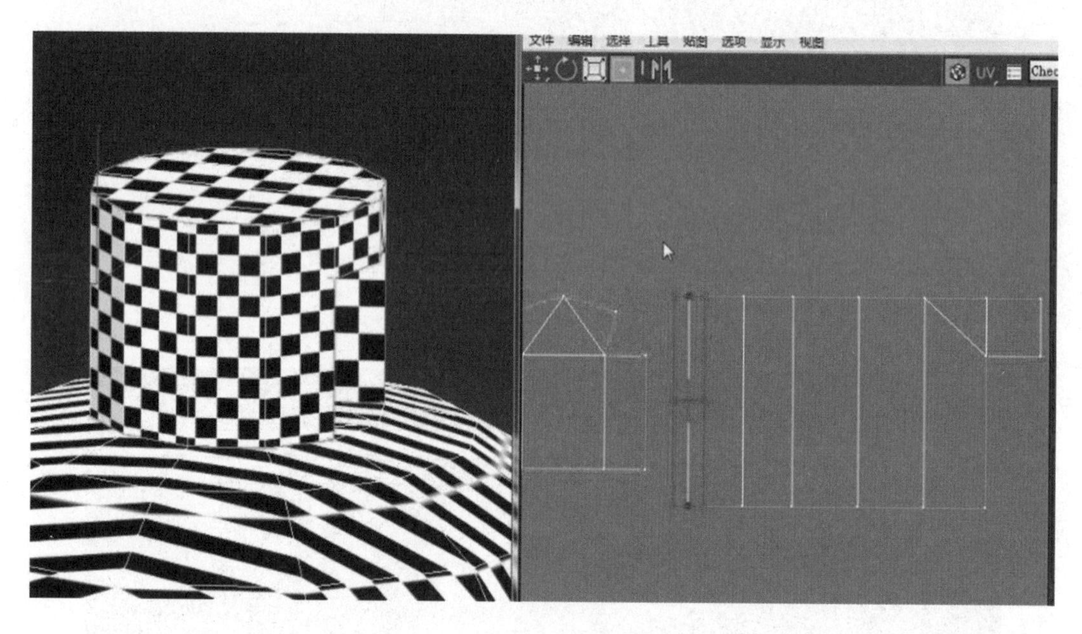

图 3 - 66

21. 接着编辑消防栓盖部所有的底面，单击平面贴图命令的 Z 坐标轴，然后按住 Ctrl 键同比例缩小 UV，如图 3 - 67 所示。

22. 在编辑线层级（快捷键 2）上双击选择一圈 UV 线，单击缩放选定的“子对象”按钮，鼠标移动到 UV 线上会出现一个三角形符号，按住鼠标左键缩放 UV 线，并调整消防栓顶盖的 UV 棋盘格，如图 3 - 68 所示。

23. 同理，依次选择 UV 线条缩放，并统一调整棋盘格大小，如图 3 - 69 所示。

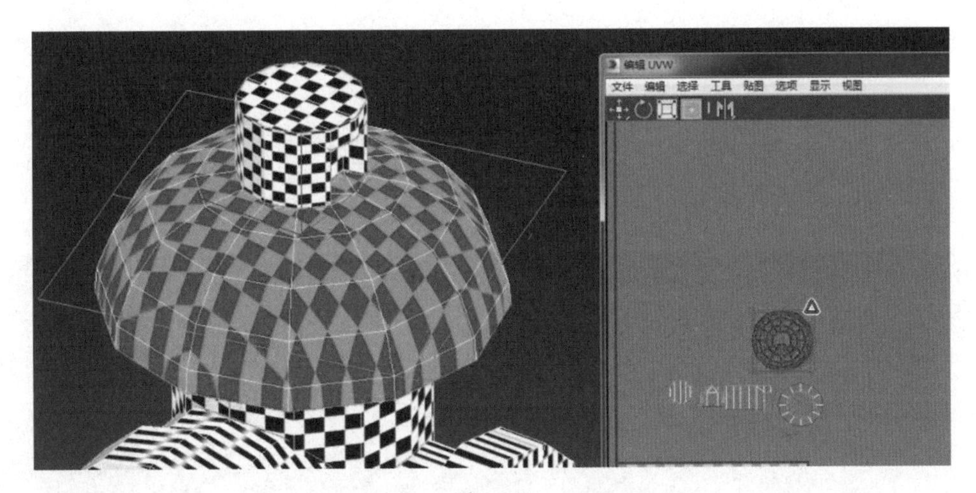

图 3－67

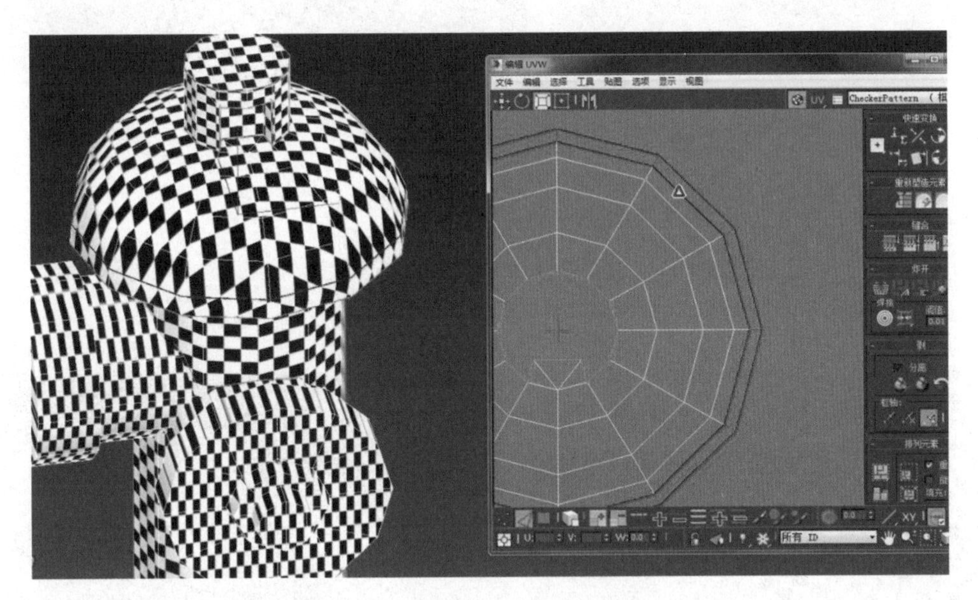

图 3－68

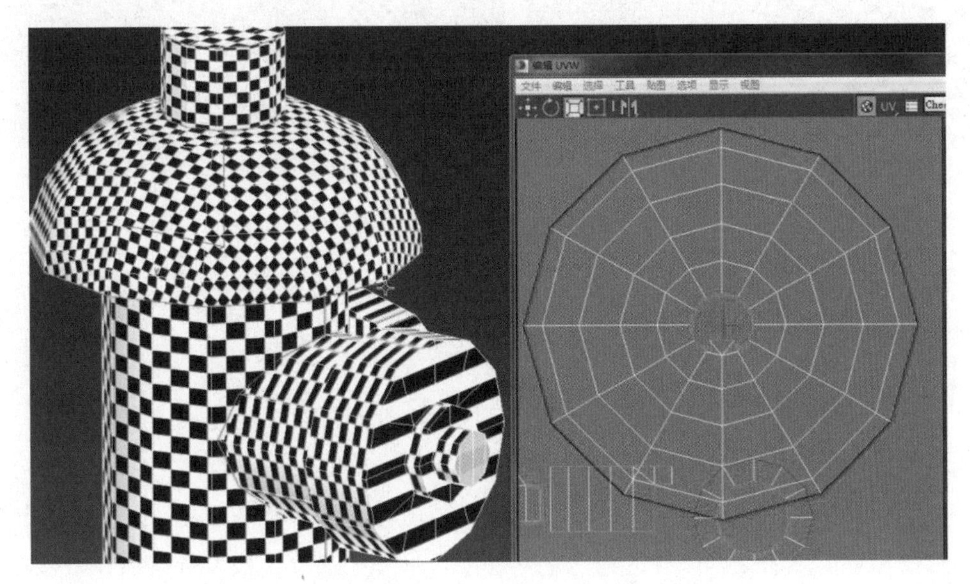

图 3－69

24. 在编辑面层级上选择消防栓顶盖的一半 UV，单击“断开”按钮断开 UV，然后再单击垂直镜像选定的“子对象”按钮 进行平行翻转，再平移将其与其他部分进行合并 UV，如图 3－70 所示。

25. 编辑选择侧面模型 UV，单击平面贴图里的 Y 坐标轴进行展开，然后再移动出工作区域，如图 3－71所示。

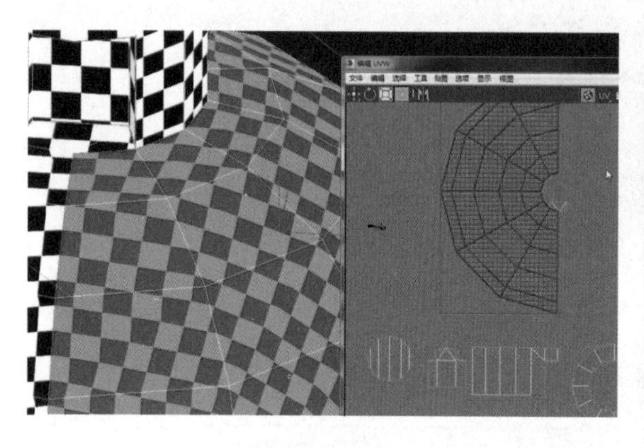

图 3－70

图 3－71

26. 在编辑点层级上调整 UV 棋盘格为正方形，如图 3－72 所示。

27. 对于剩下没有展开模型的 UV，可使用前面的方法继续进行拆分，当全部拆分完后，接着在编辑点线面层面上缩放调整 UV，并统一棋盘格大小，如图 3－73 所示。

图 3－72

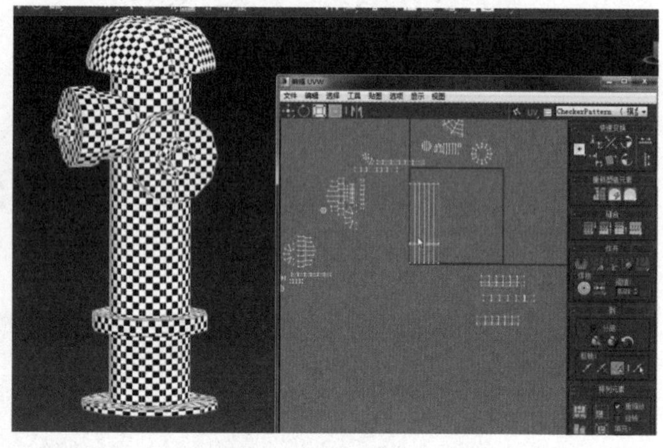

图 3－73

28. 接着将消防栓模型所有拆分好的 UV 线依次有条理地摆放到工作区域里，如图 3－74 所示。

29. 模型 UV 线摆放完成后，单击编辑 UVW 窗口菜单栏中的“工具”按钮，再单击“渲染 UVW 模版”按钮，如图 3－75 所示。

30. 单击“渲染 UVW 模版”按钮后进入渲染 UVs 窗口，分别设置高度和宽度参数为 1024（注：这里可以根据项目要求设置参数），再单击“渲染 UVW 模版”，如图 3－76 所示。

31. 在渲染贴图窗口中单击“保存图像”按钮 ，弹出保存图像窗口后设置保存类型为 BMP，将文件命名为“消防栓 UV”，打开之前新建的消防栓文件夹，单击“保存”按钮进行保存（保存路径位置可以根据自己的需求来设定），如图 3－77 所示。

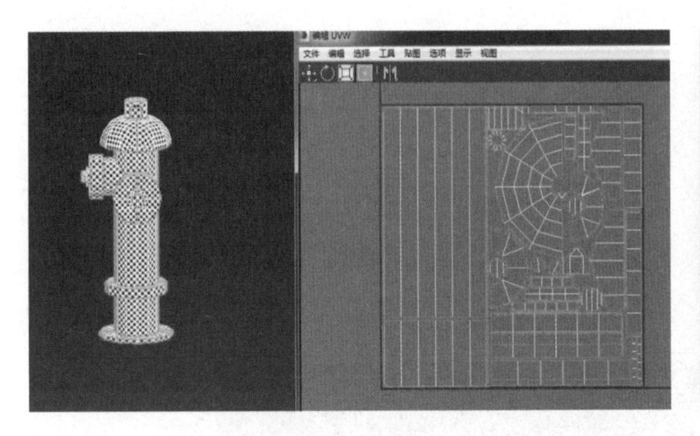

图 3－74

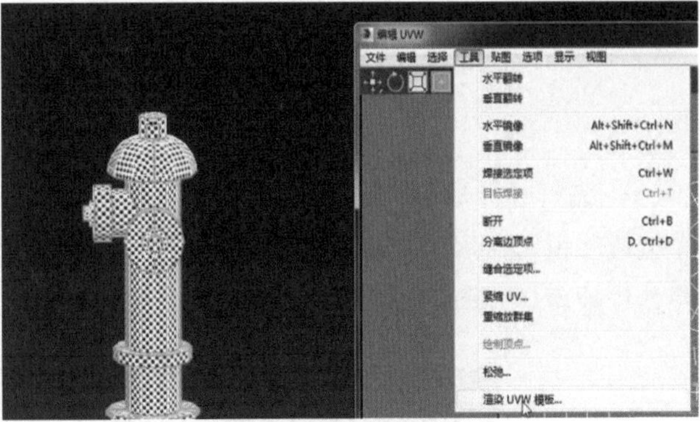

图 3－75

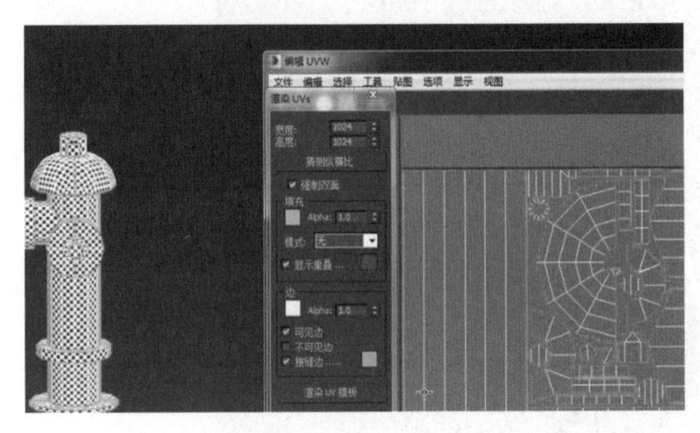

图 3－76

图 3－77

32. 保存好 UV 后，单击鼠标右键选择“UVW 展开”按钮 UVW展开 ，单击“塌陷全部”按钮，再单击“是”按钮关闭编辑 UV 窗口，如图 3－78 所示。

33. 塌陷完成后，保存消防栓 UV 模型文件或直接按快捷键【Ctrl＋S】就可以覆盖之前保存过的消防栓模型文件，从而得到拆分好的 UV 模型，如图 3－79 所示。

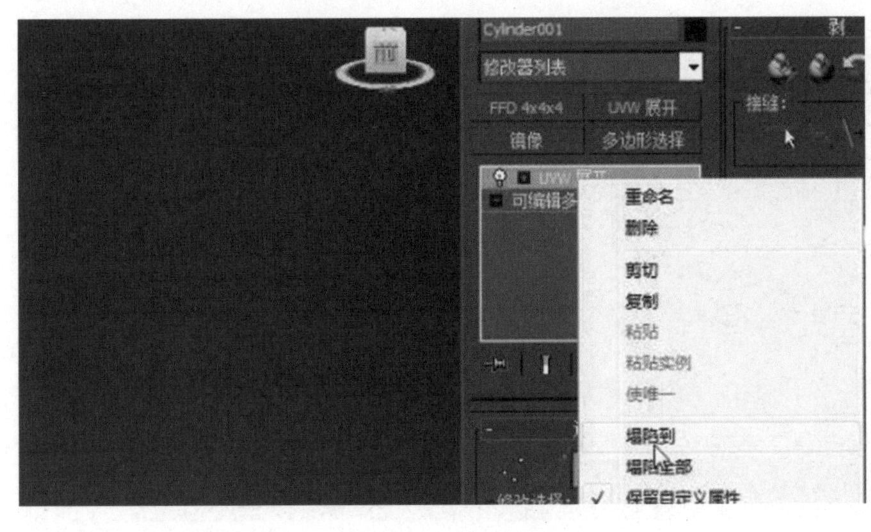

图 3－78

图 3－79

3.3 消防栓模型贴图绘制

1. 先打开拆好UV线的消防栓模型文件，并启动Photoshop和BodyPaint 3D软件，单击快捷键【M】弹出材质编辑器窗口，给模型赋予一个空白的材质球，以方便查看模型，接着把消防栓左边的模型和螺丝进行分离，如图3-80所示。

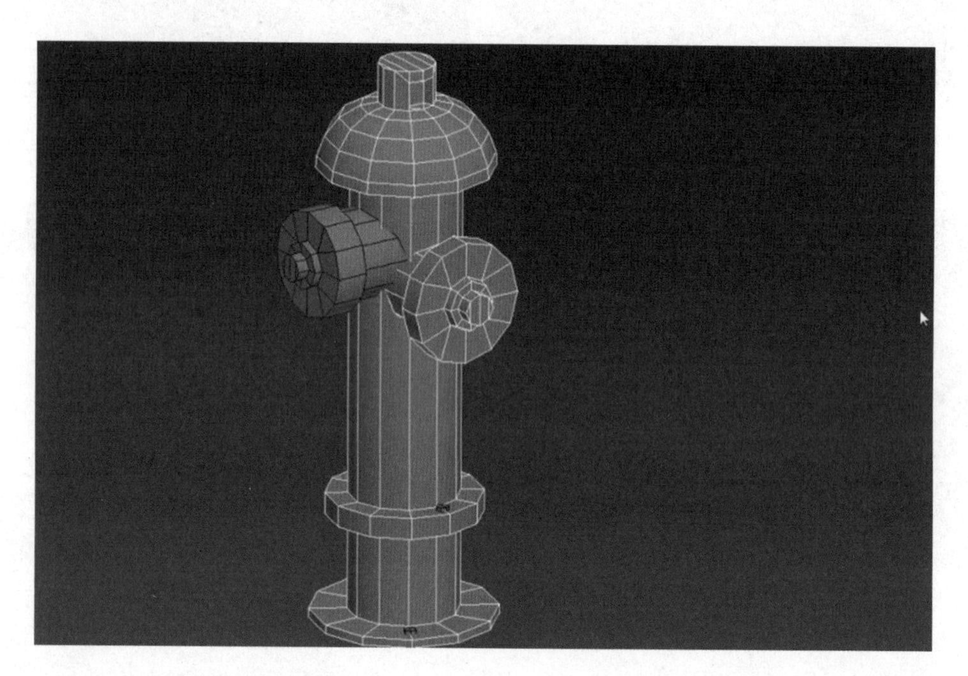

图3-80

2. 接着编辑侧面模型，通过镜像命令复制出另一边模型，再编辑螺丝模型，使用旋转工具（快捷键E），按住快捷键【Shift+鼠标左键】旋转60度后弹出克隆选项窗口，在副本数中输入参数5，再单击“确定”按钮复制出螺丝模型，如图3-81所示。

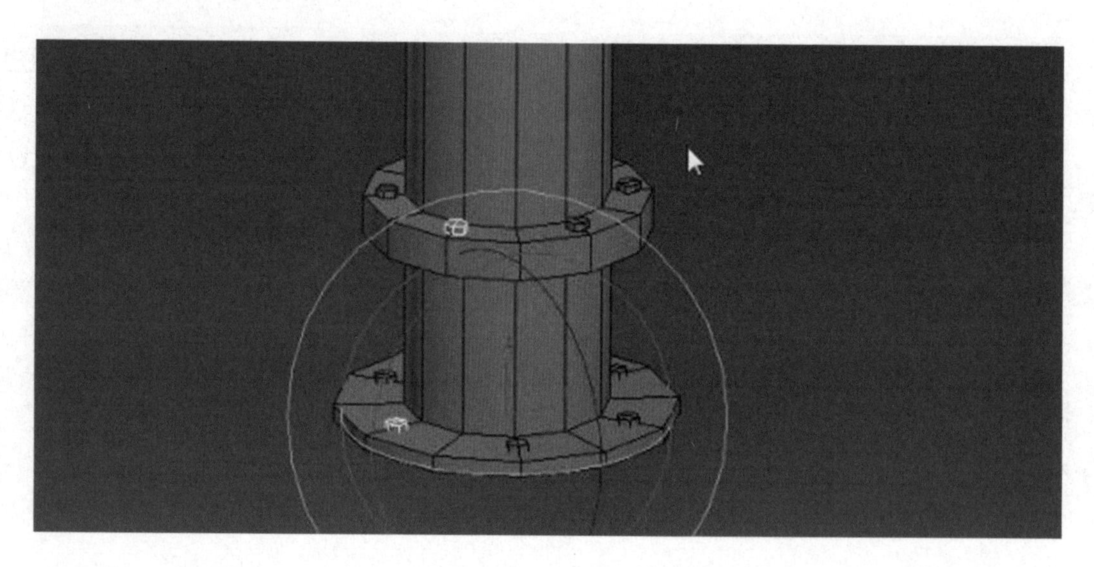

图3-81

3. 单击右上角的三角形按钮，选择从 3ds Max 软件中导出文件，弹出“选择要导出的文件”窗口后修改保存位置，输入文件名和保存类型为 OBJ 格式，最后单击“保存”按钮，如图 3－82 所示。

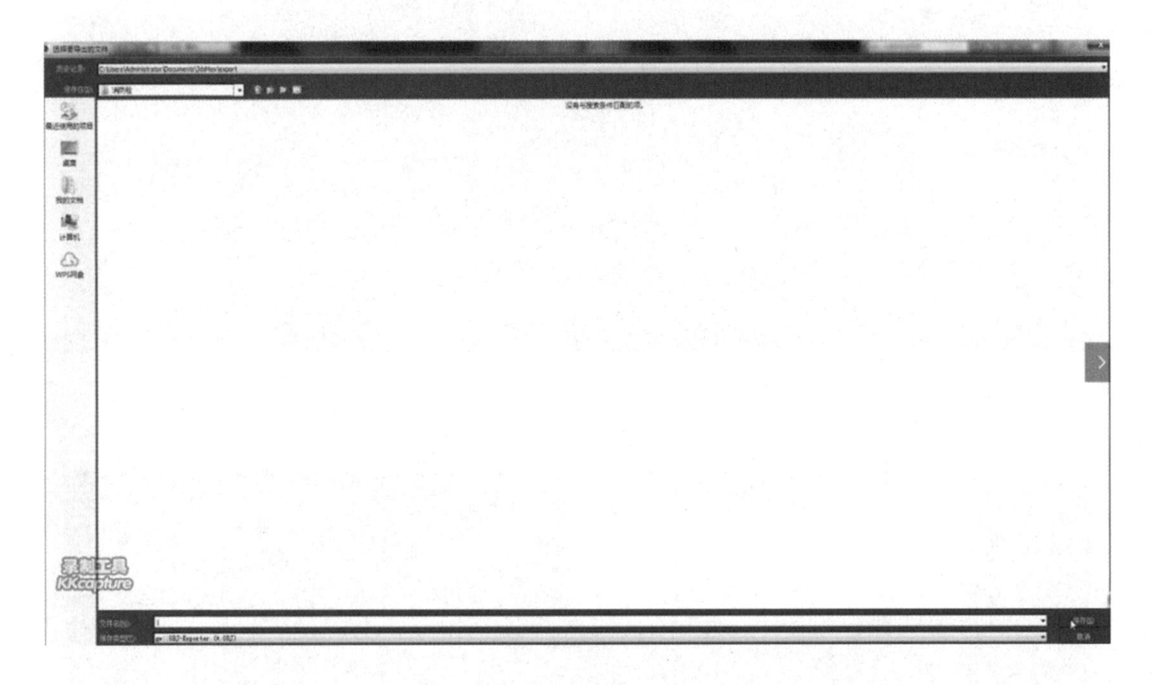

图 3－82

4. 接着又弹出“OBJ 导出选项”窗口，再单击导出“命令”导出 OBJ 文件，如图 3－83 所示。

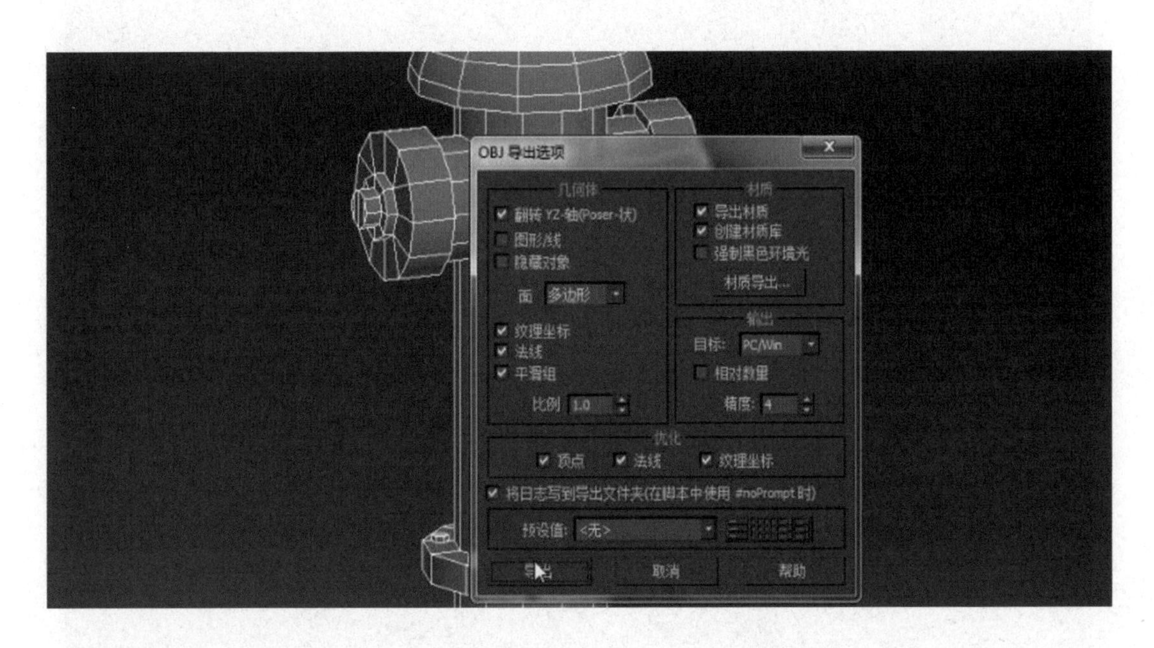

图 3－83

5. 在 Photoshop 软件界面里点击工具栏“文件”按钮 文件(F)，弹出对话框，打开消防栓文件夹找到消防栓原画和“桌子 UV”画布，然后在软件中调整原画的画布大小，如图 3－84 所示。

6. 在右边图层对话框中用鼠标左键双击背景图层，弹出新建图层对话框，新建图层名称改为“图层 0”，单击“确定”按钮，如图 3－85 所示。

图 3 - 84

图 3 - 85

7. 接着在图层命令窗口中选择“正常”模式右边的三角形按钮 正常 ，然后进入“滤色”模式，单击新建图层按钮 生成图层 1，再单击图层 1 后按住鼠标左键，将图层 1 拖放到图层 0 下面作为背景图层，如图 3 - 86 所示。

图 3 - 86

8. 将消防栓文件夹中的原画移到 Photoshop 软件中打开或者使用其他看图软件打开，方便后续绘制贴图的时候参考，在选择图层 1 的情况下单击设置前景色中的“提取颜色”按钮，再按快捷键【Alt+Delete】进行填充背景颜色，如图 3－87 所示。

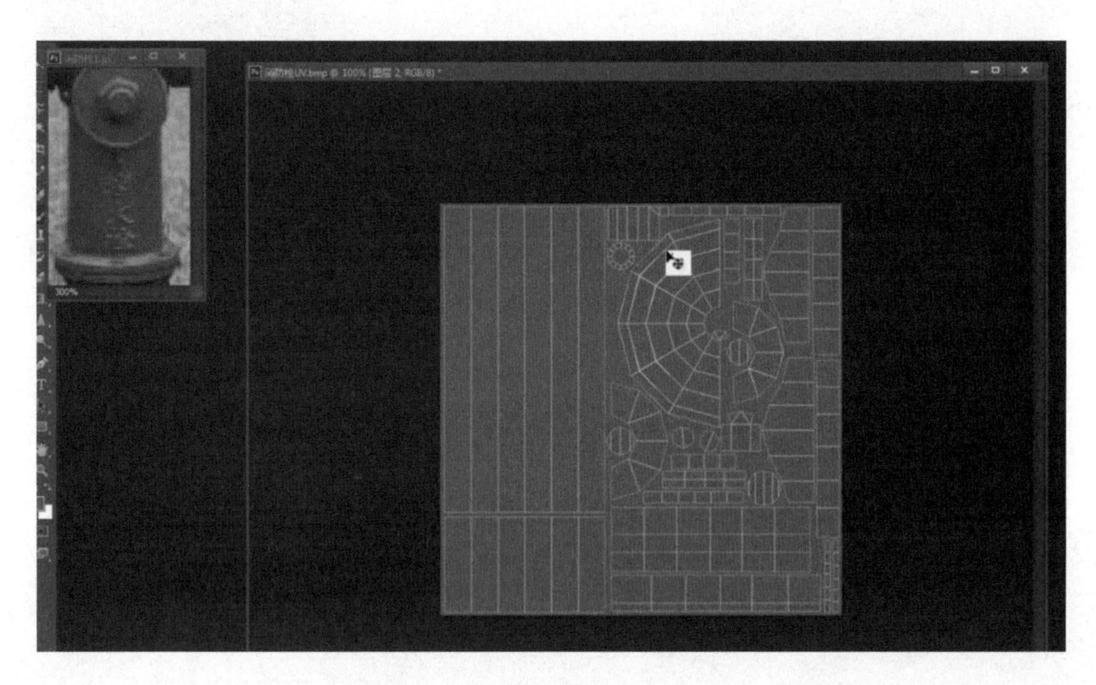

图 3－87

9. 再新建图层 2，单击左边工具栏中的画笔工具（快捷键 B），用鼠标左键单击消防栓原画画布。将鼠标移放到原画画布的位置上，在选择画笔的状态下按住 Alt 键，鼠标的箭头变成吸管形状，再单击鼠标左键吸取原画上适当的色块或者在设置前景色中提取颜色，再按快捷键【Alt+Delete】进行填充，形成消防栓的固有色，如图 3－88 所示。

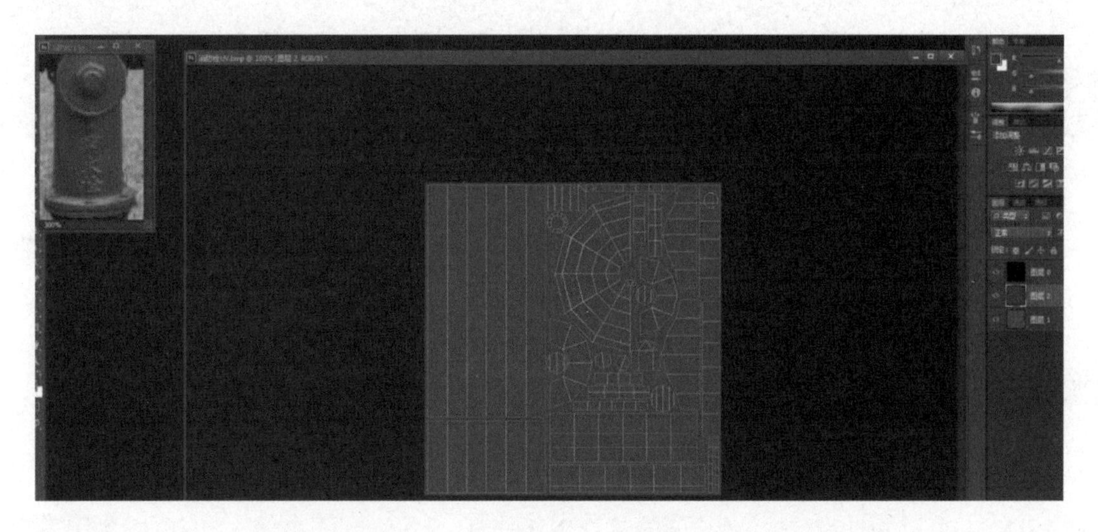

图 3－88

10. 先将消防栓的贴图进行保存，按快捷键【Ctrl+S】，弹出“存储为”窗口，看画布所保存到的文件夹位置，然后点击“保存”按钮，再次单击“确定”按钮（注：如是第一次保存贴图画布，按快捷键【Ctrl+S】保存时所弹出的窗口为“存储为”，之后再按快捷键【Ctrl+S】可直接保存画布），如图 3－89 所示。

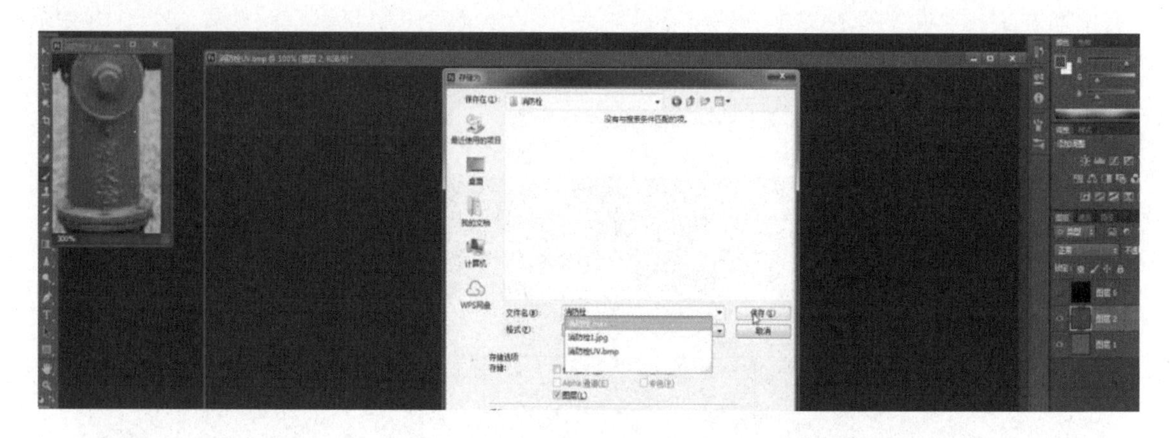

图 3-89

11. 接着在 3ds Max 软件中打开材质编辑器窗口，将消防栓文件里的贴图拖拽赋予至一个空白的材质球上，再将带有贴图的材质球赋予到模型上，后面就不要再赋予贴图了；在 Photoshop 软件中，直接保存贴图就会赋予到模型上，如图 3-90 所示。

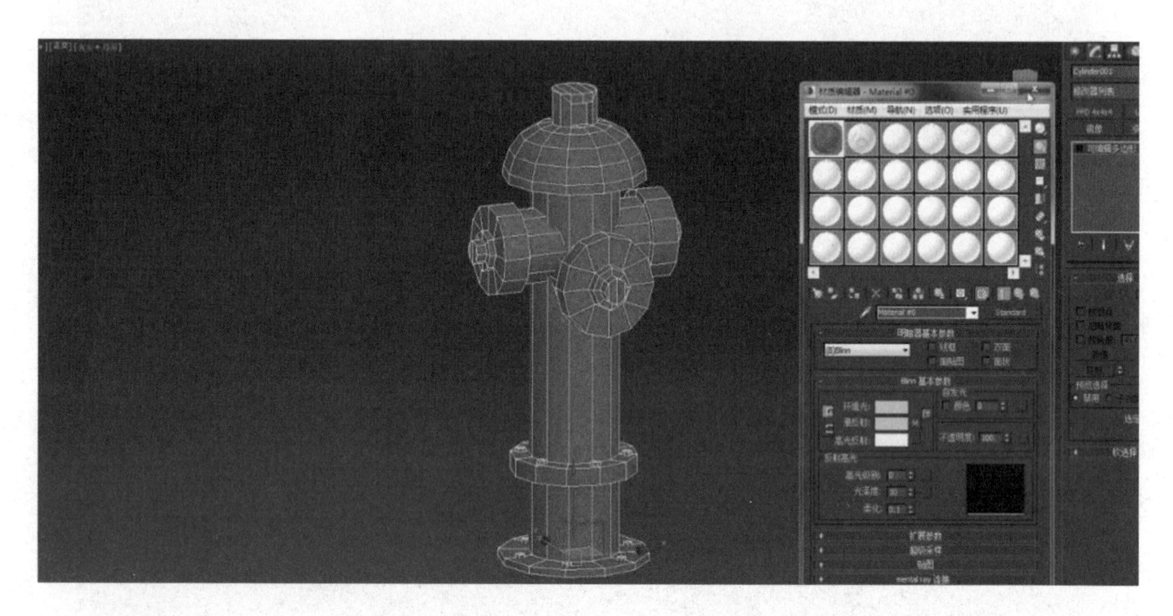

图 3-90

12. 在 Photoshop 软件的图层窗口中再新建一个图层 3，单击左边工具栏选择矩形框选工具 （快捷键 M），根据 UV 贴图的 UV 线位置和明暗关系不同，使用框选工具进行框选。然后按键盘上的快捷键【Alt+Delete】填充不同的固有颜色，填充完固有颜色后，单击关闭图层 0 左边的“指示可见图层性”按钮 图层0 隐藏 UV 线，再按快捷键【Ctrl+S】保存，接着切换到 Max 模型查看贴图，如图 3-91 所示。

13. 在消防栓文件中单击 OBJ 文件后，按住鼠标左键将其拖拽到 BodyPaint 3D 软件界面里，接着单击左边的工具栏，单击“启动界面”按钮 后，再次选择“BodyPaint 3D 绘制”按钮 BP 3D Paint 将视图切换到透视图，如图 3-92 所示。

14. 双击 BodyPaint 3D 软件界面右边控制面板材质窗口的材质球，弹出“材质编辑器” 材质编辑器 窗口，单击“纹理贴图”按钮，如图 3-93 所示。

图 3 - 91

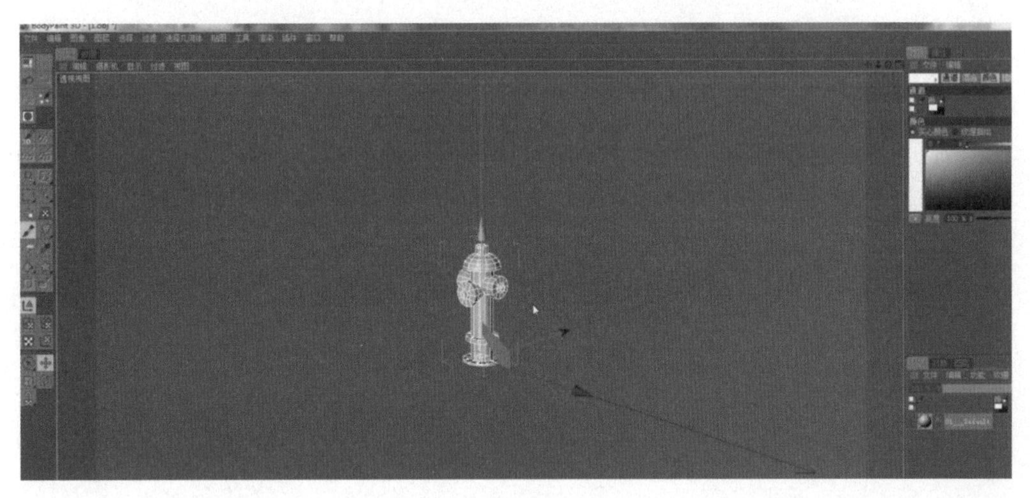

图 3 - 92

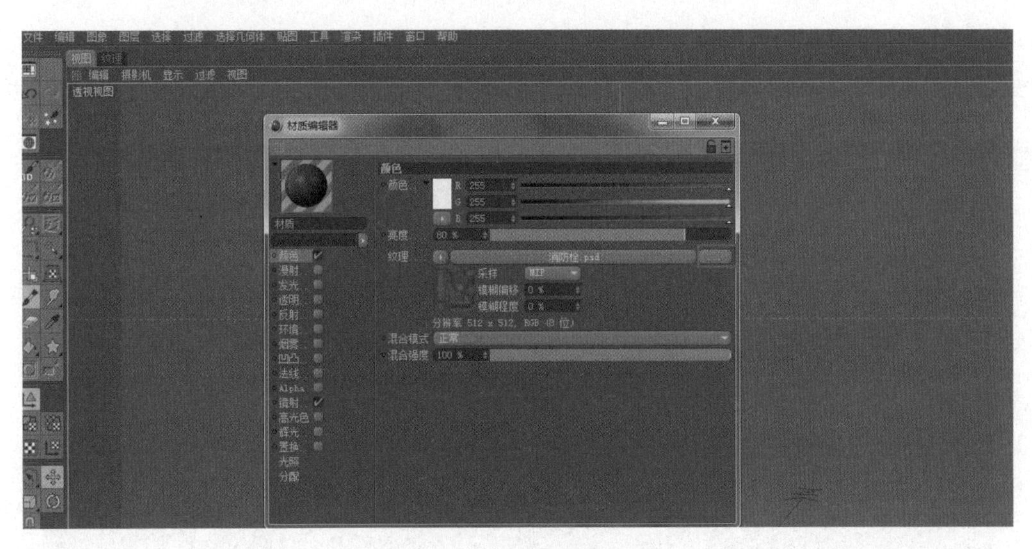

图 3 - 93

15. 接着继续弹出文件夹窗口，会出现消防栓文件夹的贴图文件，再单击打开赋予到模型上，如图 3 - 94所示。

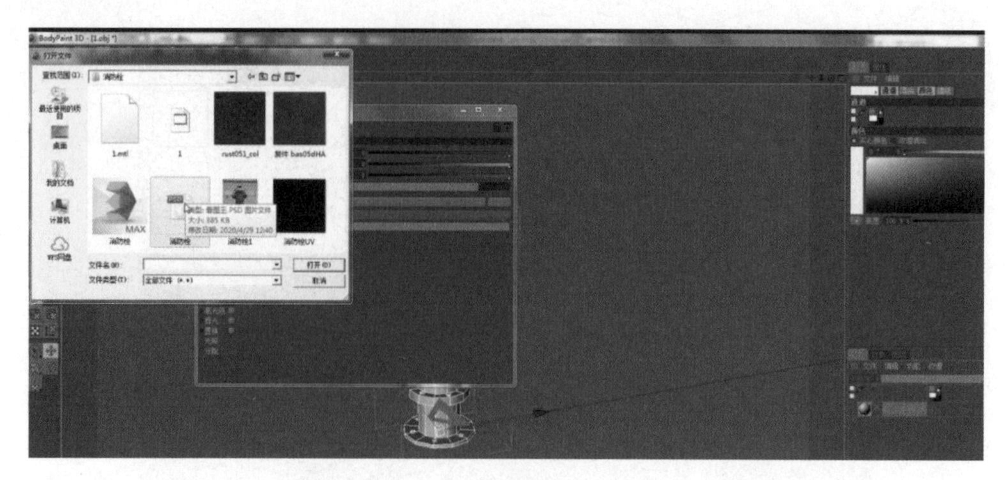

图 3 - 94

16. 单击材质球旁边的交叉号，再单击材质球右边的三角形按钮，并打开图层，如图 3 - 95 所示。

图 3 - 95

17. 打开模型时，模型是附带有光影着色关系的，如果其不符合我们绘制的要求，可单击上面视图窗口的“显示”按钮，进入命令后单击“常量着色”，如图 3 - 96 所示。

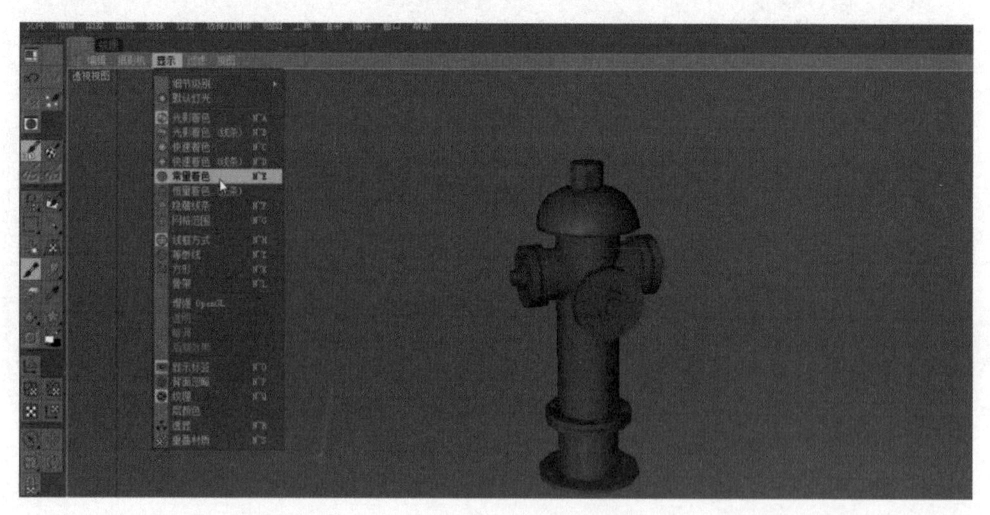

图 3 - 96

18. 接着单击左边工具栏中的画笔工具（快捷键 B），再单击控制面板中的属性窗口，选择需要绘制的笔刷，如图 3－97 所示。

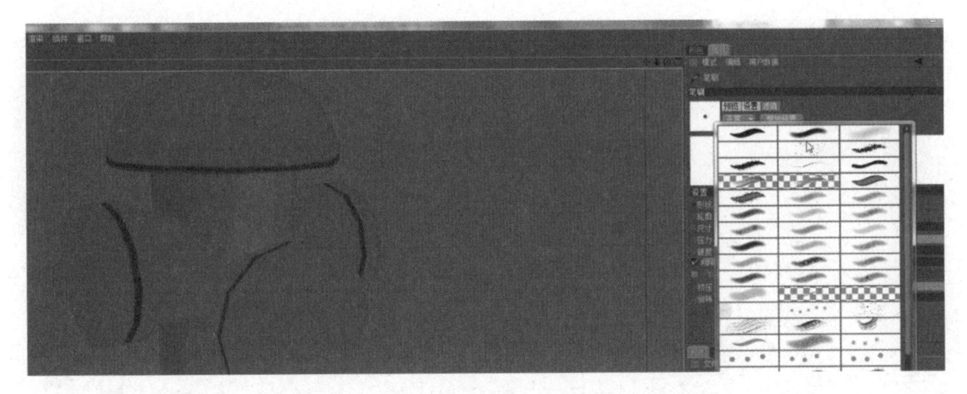

图 3－97

19. 这里先设置笔刷的尺寸、压力和硬度，再选择一个图层，并右键单击选择新建图层，在新建的图层上进行绘制，方便后续修改贴图，如图 3－98 所示。

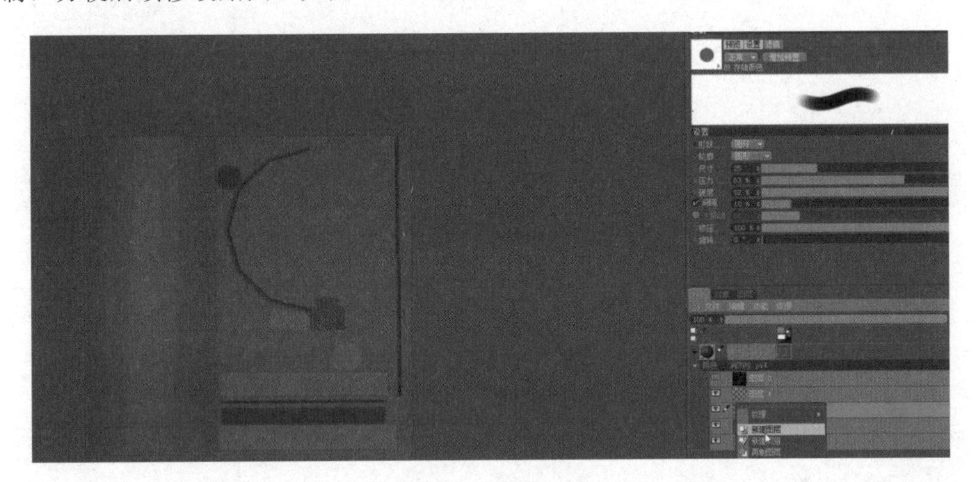

图 3－98

20. 单击菜单栏的窗口命令进入选择新建纹理视图，弹出纹理窗口，将消防栓原画拖拽到纹理视图窗口中，以方便查看绘制贴图，如图 3－99 所示。

图 3－99

21. 在纹理窗口中的纹理命令里有贴图和原画选项，我们在绘制模型部分的贴图位置时，可以使用框选工具去框选绘画。单击画笔工具（快捷键 B）对消防栓整体明暗关系进行绘制，如图 3 - 100 所示。

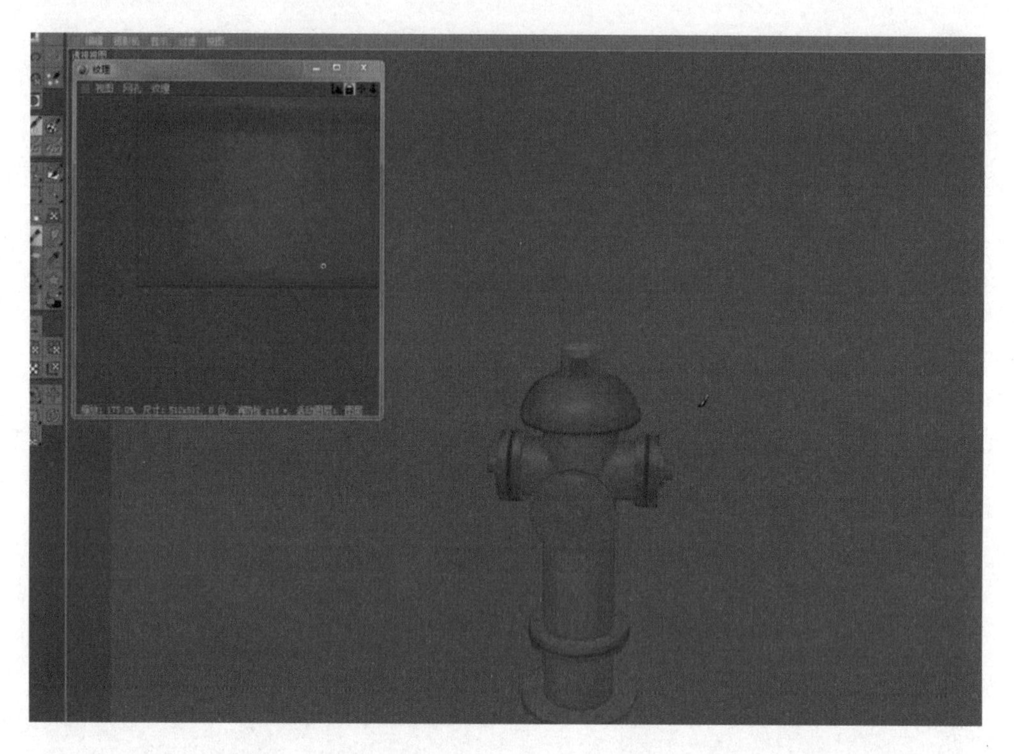

图 3 - 100

22. 接着对消防栓贴图进行更加深入的明暗光影、体积大小关系绘制，在基本线条和明暗区绘制金属块边缘磨损位置的高光，如图 3 - 101 所示。

图 3 - 101

23. 再选择一个图层，用右键单击纹理命令中的“另存纹理为”，弹出“保存为”窗口，选择消防栓贴图，并且单击“是”进行贴图切换，从而将贴图切换到 Photoshop 软件中，如图 3 - 102 所示。

24. 在 BodyPaint 软件中另存画布贴图后，在 Photoshop 软件中使用画笔工具在画布图层中随意绘画一笔，按快捷键【F12】或【Fn+F12】，将在 BodyPaint 软件中绘制的贴图赋予 Photoshop 软件中，并且把 Photoshop 软件之前绘制的贴图覆盖，如图 3 - 103所示。

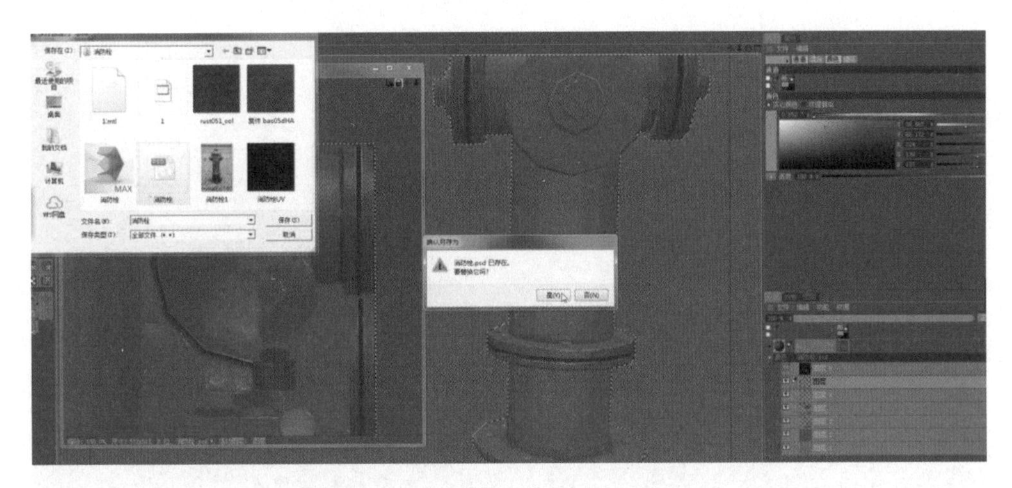

图 3 - 102

图 3 - 103

25. 这里采用叠加金属材质的方法来达到增强质感的效果，接着将之前准备好的金属材质拖拽到消防栓画布贴图上，添加的金属材质必须放置在 UV 贴图层下边的位置，再单击控制面板图层窗口中的正片叠底模式，并调整金属材质图层的不透明度，如图 3 - 104 所示。

图 3 - 104

26. 单击图层窗口中的创建新的填充或调整图层按钮，选择曲线工具调整金属材质的亮度，如图 3 - 105所示。

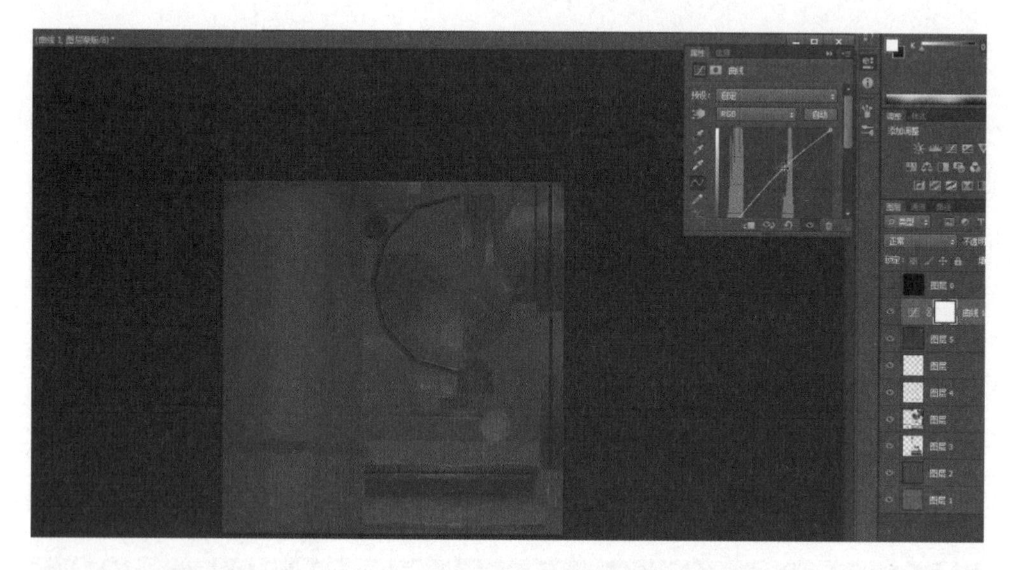

图 3－105

27. 使用画笔工具在 Photoshop 软件中绘制消防栓上的接缝和金属质感的光影关系，如图 3－106 所示。

图 3－106

28. 先单击工具栏的横排文字工具按钮 T，再单击修改字体 方正粗黑宋... 和字体大小 36点 ，在画布中输入汉字“消防栓”，并且调整字体的颜色 ，如图 3－107 所示。

图 3－107

29. 选择文字图层 T 消火栓，右键单击选择混合选项进入图层样式窗口，接着调整设置斜面和浮雕的纹理参数，以及描边和投影的常规混合参数，最后单击“确定”按钮，如图 3－108 所示。

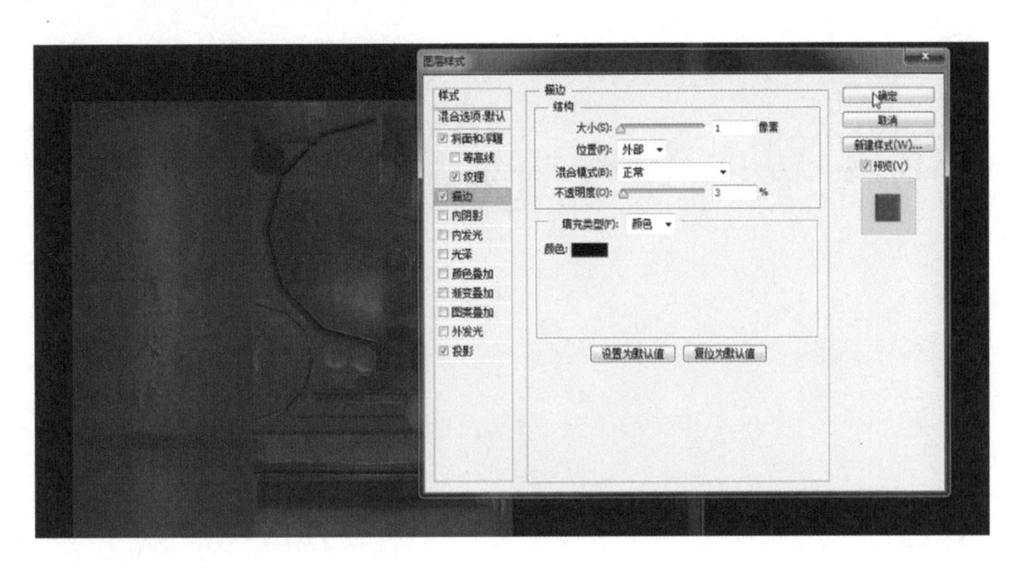

图 3－108

30. 接着继续对消防栓模型贴图进行细化，按快捷键【Ctrl＋S】保存消防栓模型贴图，然后在软件中检查消防栓模型贴图，再按快捷键【Ctrl＋S】保存 3ds Max 软件中的模型文件，如图 3－109 所示。

图 3－109

第4章　游戏场景石柱实例的制作

4.1　石柱模型制作

1. 双击电脑桌面上的软件图标打开 3ds Max 软件，按快捷键【Alt+W】切换到激活透视图界面，如图 4－1 所示。

图 4－1

2. 在控制面板的标准基本体中单击“长方体”按钮 长方体 ，按住鼠标左键在界面里移动创建一个几何体，如图 4－2 所示。

3. 创建完几何体后，按住移动工具 （快捷键 W）的情况下，用鼠标左键单击界面下的 X、Y、Z 轴 X 0.0 Y 0.0 Z 0.0 旁边的三角形图标，使 Box 位置归 0，如图 4－3 所示。

4. 在编辑选择几何体的情况下，点击鼠标右键将 Box 转为可编辑多边形，如图 4－4 所示。

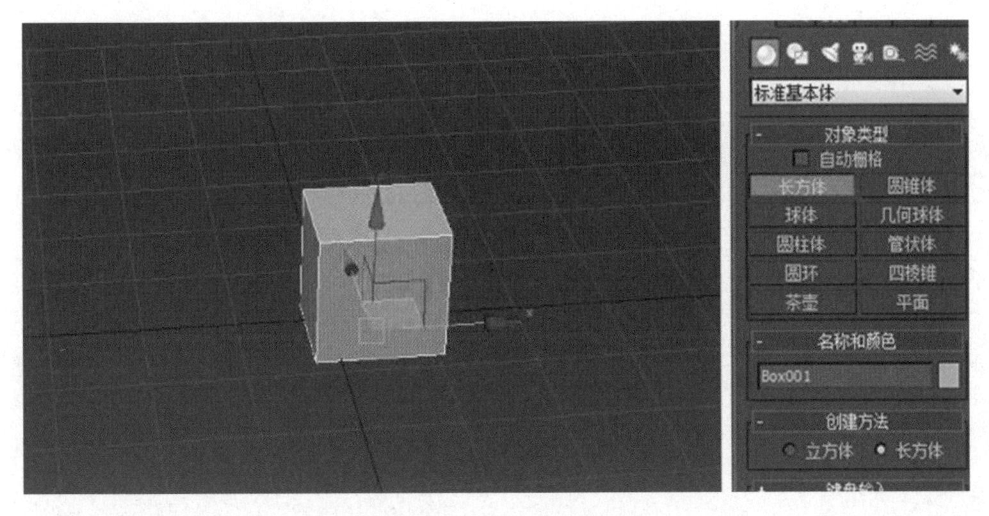

图 4－2

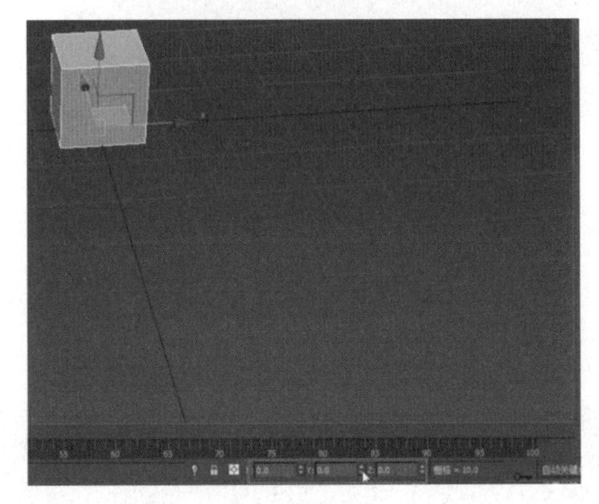

图 4－3

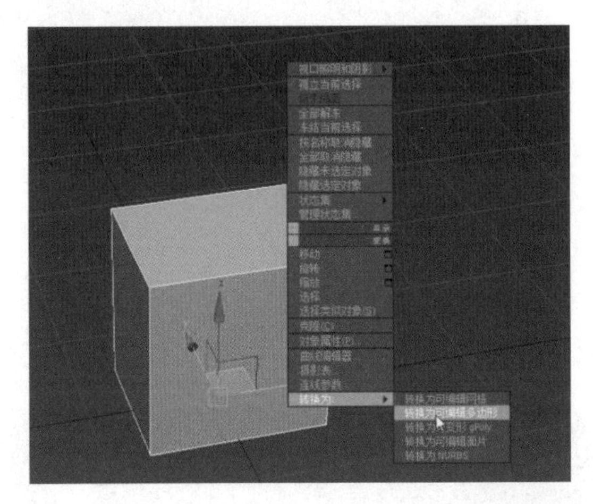

图 4－4

5. 按快捷键【M】打开材质编辑器，再单击一个材质球后，单击“漫反射”按钮 漫反射: 弹出颜色选择器，如图 4－5 所示。

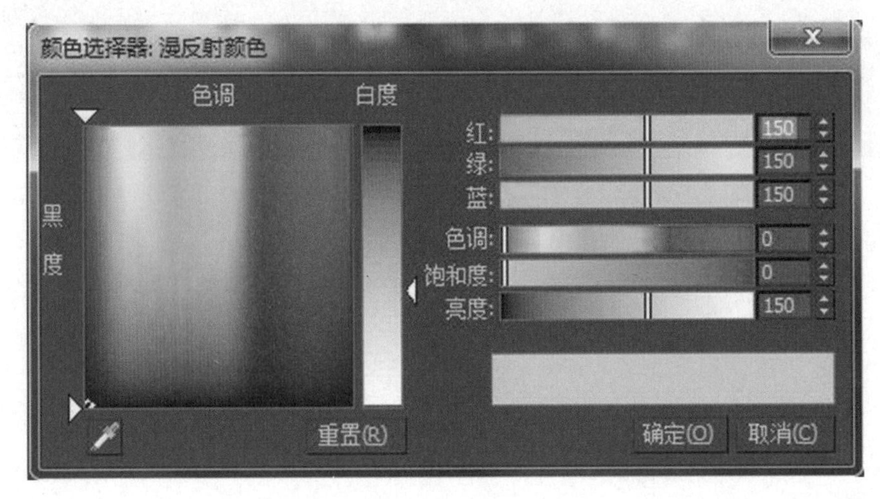

图 4－5

6. 调整颜色选择器白灰条，将选择的材质调制到一个适当的灰色材质球上，然后单击颜色选择器中的“确定”按钮，再单击材质编辑器将材质赋予到几何体上，如图 4－6 所示。

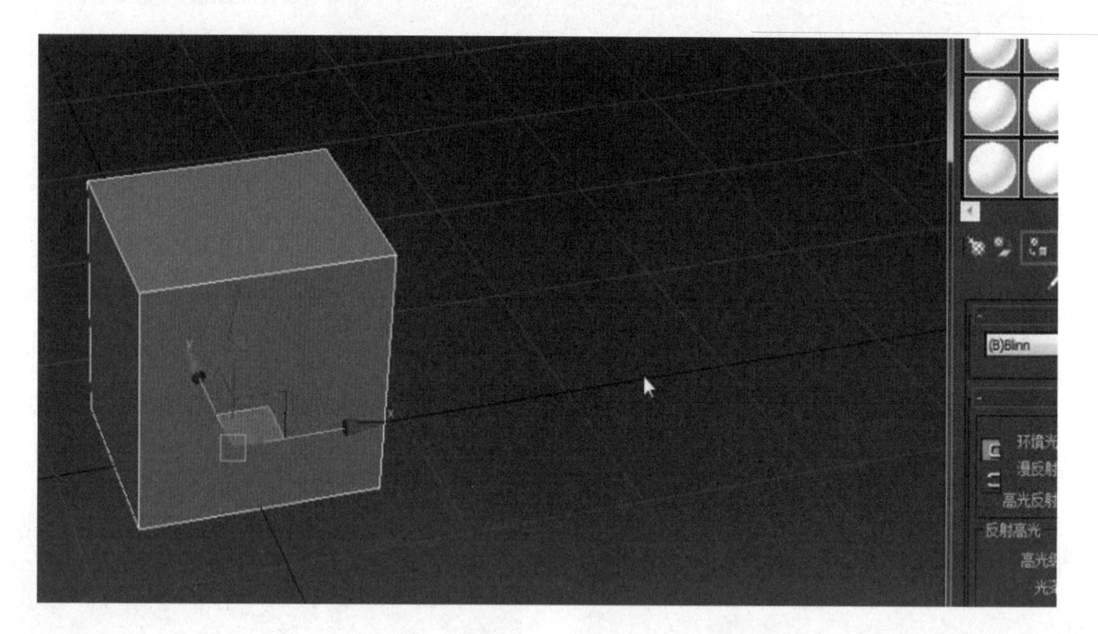

图 4－6

7. 接着制作石柱的底座，在选择缩放命令（快捷键 R）的均匀缩放选项的情况下调整石柱的底座，如图 4－7所示。

8. 在编辑面层级（快捷键 4）的情况下，编辑需要制作的面，如图 4－8 所示。

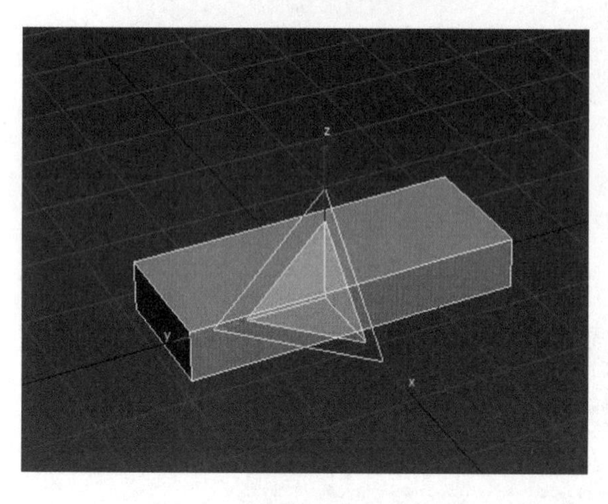

图 4－7

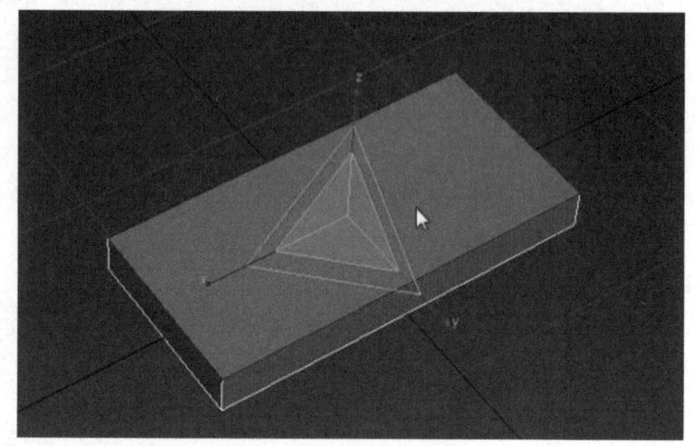

图 4－8

9. 将鼠标光标停在编辑面上，并按鼠标右键选择“插入”按钮，移动鼠标对面进行缩放，如图 4－9 所示。

10. 调整石柱底座下层结构后，单击右键选择“挤出”按钮，将底座的第二层挤压出来，如图 4－10 所示。

11. 接着在编辑点层级（快捷键 1）的情况下，将底座的比例结构进行调整，然后在编辑面层级上，单击“移动”工具，按住 Shift 键移动鼠标左键，复制出另一个面，如图 4－11 所示。

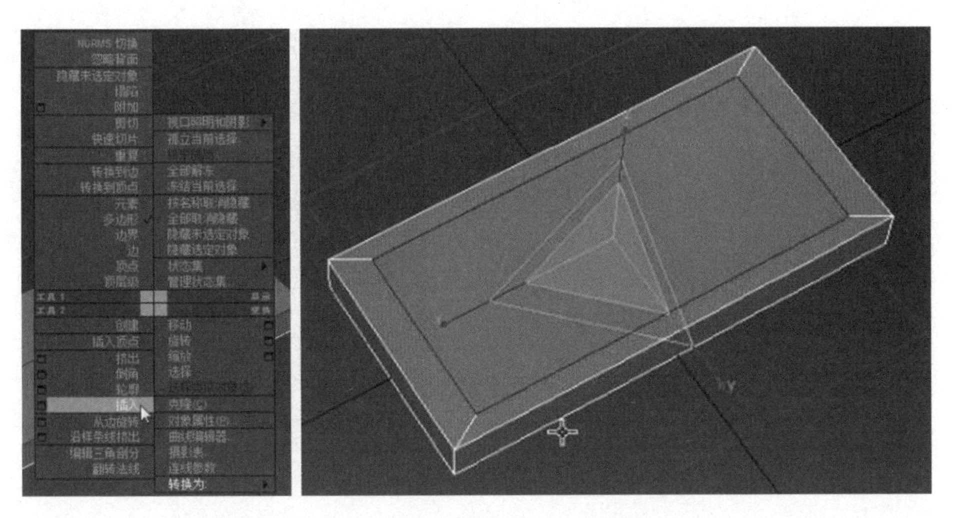

图 4－9

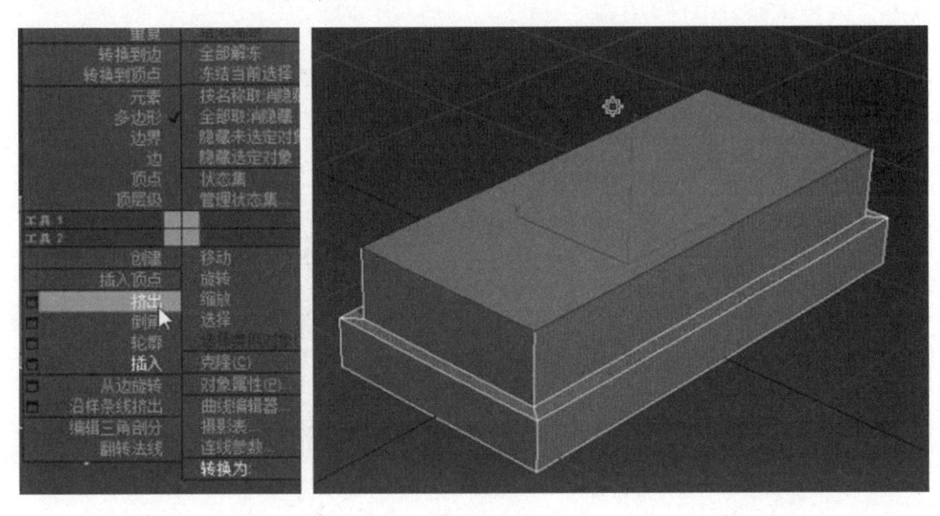

图 4－10

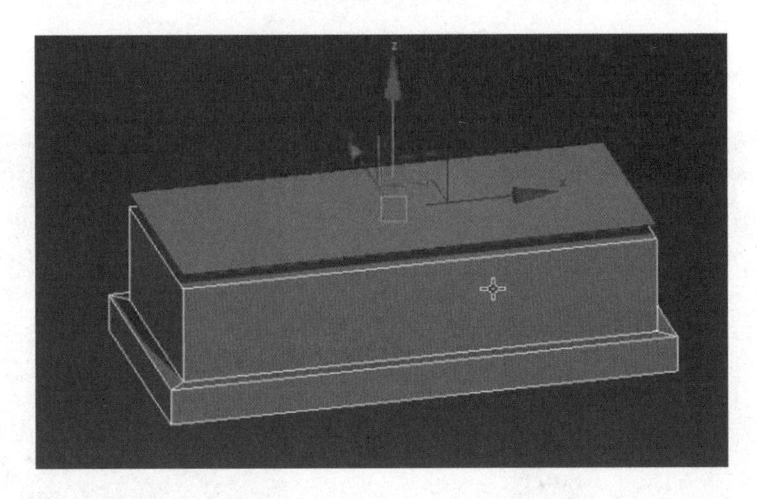

图 4－11

12. 接着调整面的大小比例，然后右键选择“挤出”按钮 挤出 ，挤压出一个几何体，如图 4－12 所示。

13. 在编辑点层级的情况下将几何体拉到适当的高度，如图 4－13 所示。

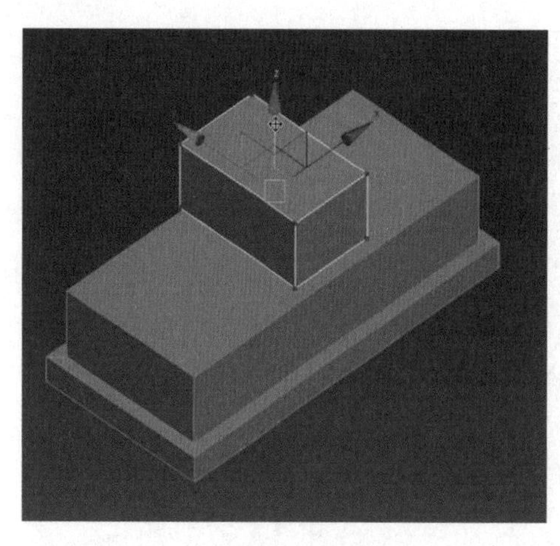

图 4 - 12

图 4 - 13

14. 接着将界面切换到前视图（快捷键 F），再按快捷键【F3】切换进入透明模式，编辑中间几何体下面的点，将点调整到与底座上面的线条平行的状态，如图 4 - 14 所示。

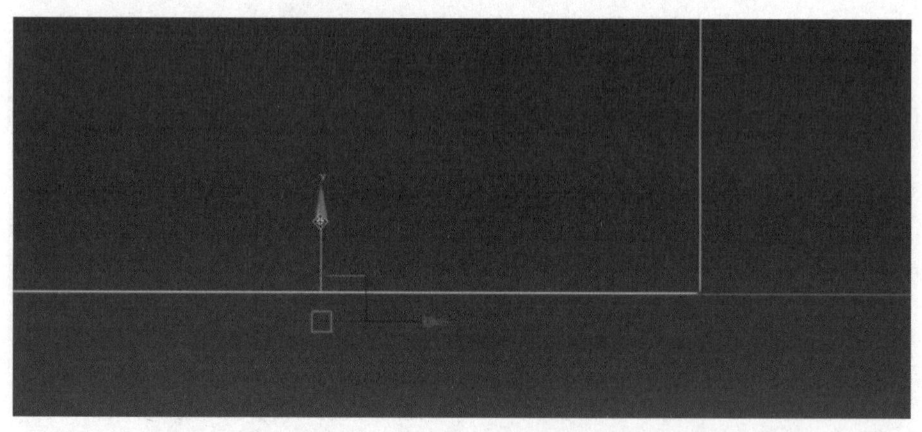

图 4 - 14

15. 在编辑面层级的情况下，单击鼠标右键并选择“挤出”按钮，挤压出一段结构，如图 4 - 15 所示。

16. 接着在面层级上，将刚刚挤压出来的部分顺着四个面进行编辑，然后再单击鼠标右键选择“挤压”，调整挤压参数，单击打钩按钮，如图 4 - 16 所示。

图 4 - 15

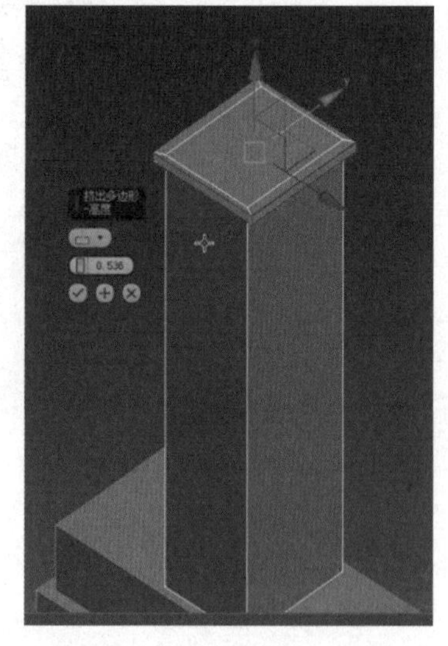

图 4 - 16

17. 同理，在面的层级上选择几何体的面，单击鼠标右键并选择“挤出”按钮 挤出 ，挤压出顶部的厚度，如图 4－17 所示。

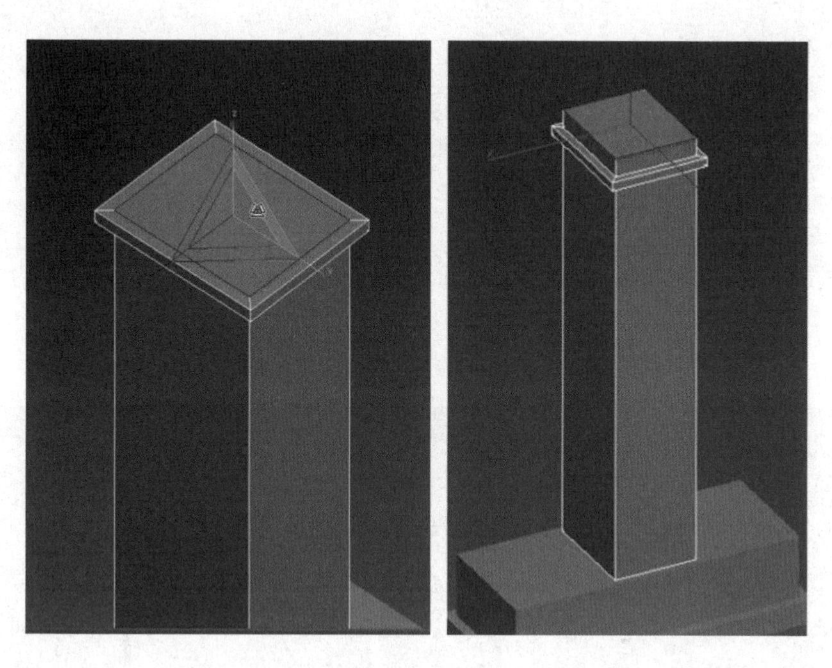

图 4－17

18. 在编辑点层级的情况下再次将石柱的底座部分和中间部分的比例进行调整，如图 4－18 所示。

图 4－18

19. 在编辑线层级 的情况下，选择石柱底座 Y 轴方向的线条，然后单击鼠标右键选择“连接”按钮，如图 4－19 所示。

20. 为了更好地摆放模型贴图的 UV 位置以及保持贴图制作的精度，需要先把一部分模型做成镜像，再选择需要删除的部分，最后按 Delete 键将其删除，如图 4－20 所示。

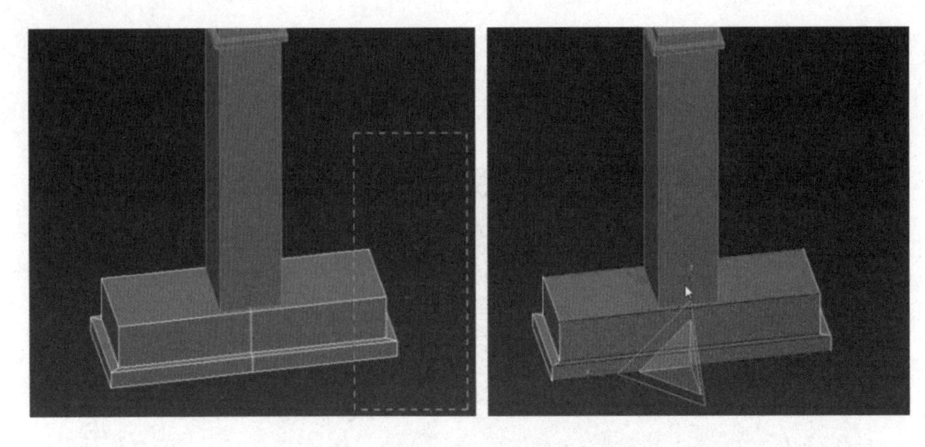

图 4-19

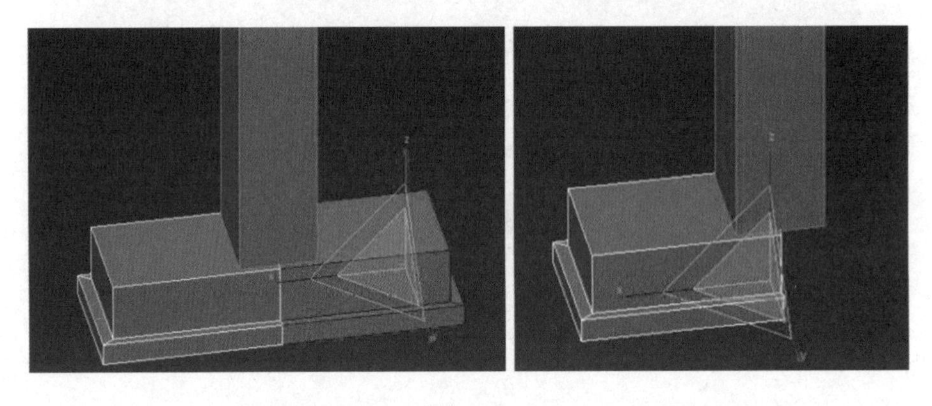

图 4-20

21. 接着在 Max 工具栏中选择单击“镜像”按钮 ，弹出镜像世界坐标框后，根据所需镜像的坐标轴方向来选择坐标，点击“实例复制”，然后单击“确定”按钮完成镜像，如图 4-21 所示。

图 4-21

22. 接着单击选择石柱底座左侧的模型，在面的层级上提取复制出一个面，用来制作石柱两边的结构部分，如图 4 - 22 所示。

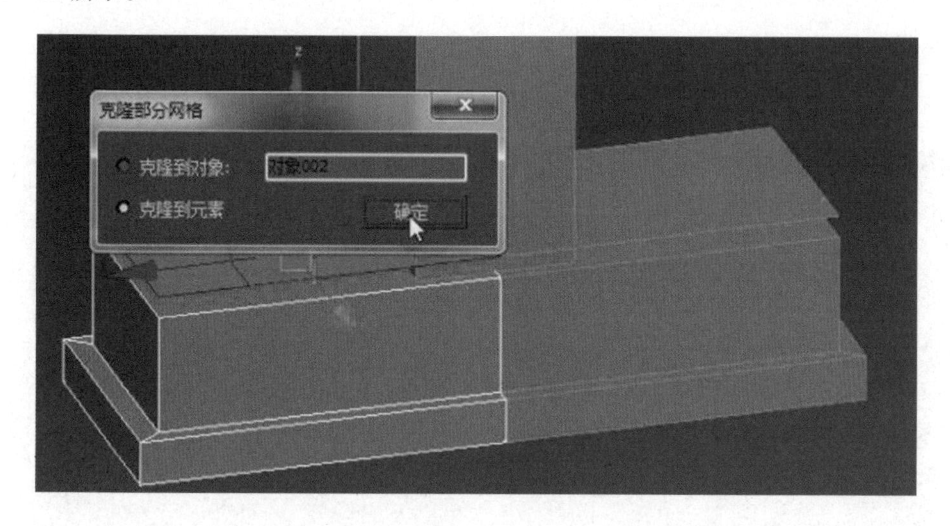

图 4 - 22

23. 由于复制出来的面和底座还是一体的，因此需要将其进行分离，在命令面板的编辑几何体命令中单击“分离”，弹出分离命令框后再单击“确定”按钮将这个面分离出来，如图 4 - 23 所示。

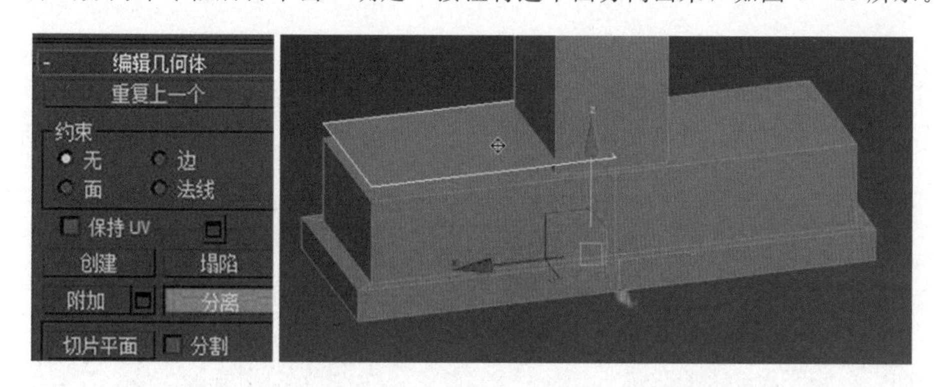

图 4 - 23

24. 在编辑点层级的情况下，将这个面缩放调整至需要的大小，接着在编辑面层级上选择这个面，然后单击鼠标右键并选择“挤出”，将面挤压成一个 Box，如图 4 - 24 所示。

图 4 - 24

25. 接着选择 Box 上面的点将其移动拉高，然后单击“镜像”按钮 ，根据坐标轴方向复制出另一边的几何体模型，如图 4 - 25 所示。

26. 在编辑点层级的情况下调整它的结构，然后再将底下的点调整至与底座的面平行的状态，如图 4 - 26 所示。

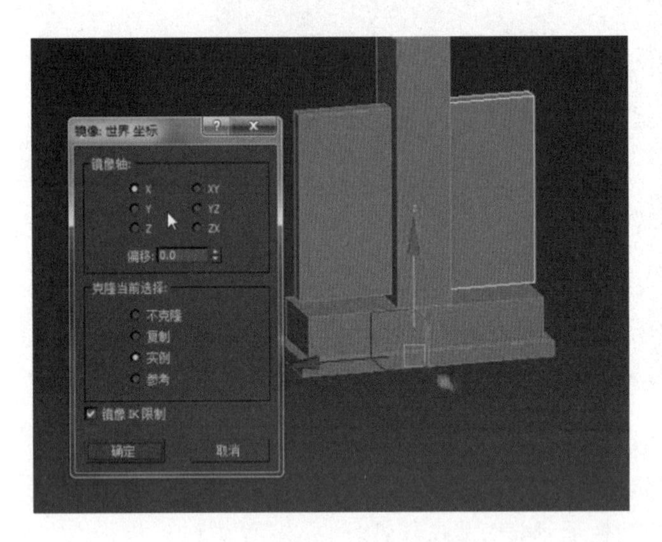

图 4 - 25

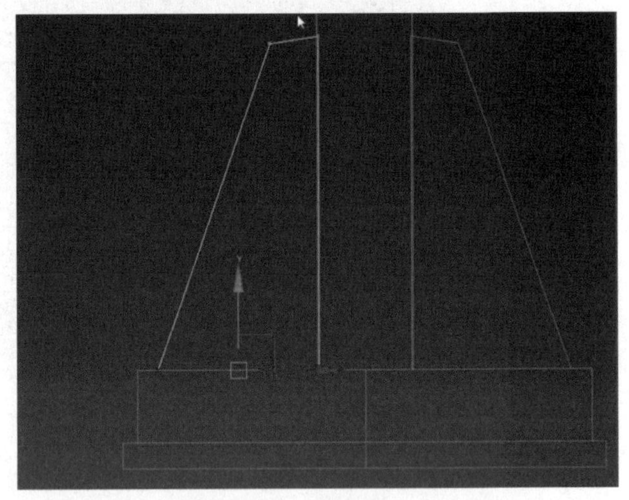

图 4 - 26

27. 在几何体的侧面选择线条，单击命令面板中的“连接”按钮（快捷键 Ctrl＋Shift＋E）或者单击鼠标右键选择“连接”将其进行加线，然后在编辑点层级上，选择点调整模型结构，如图 4 - 27 所示。

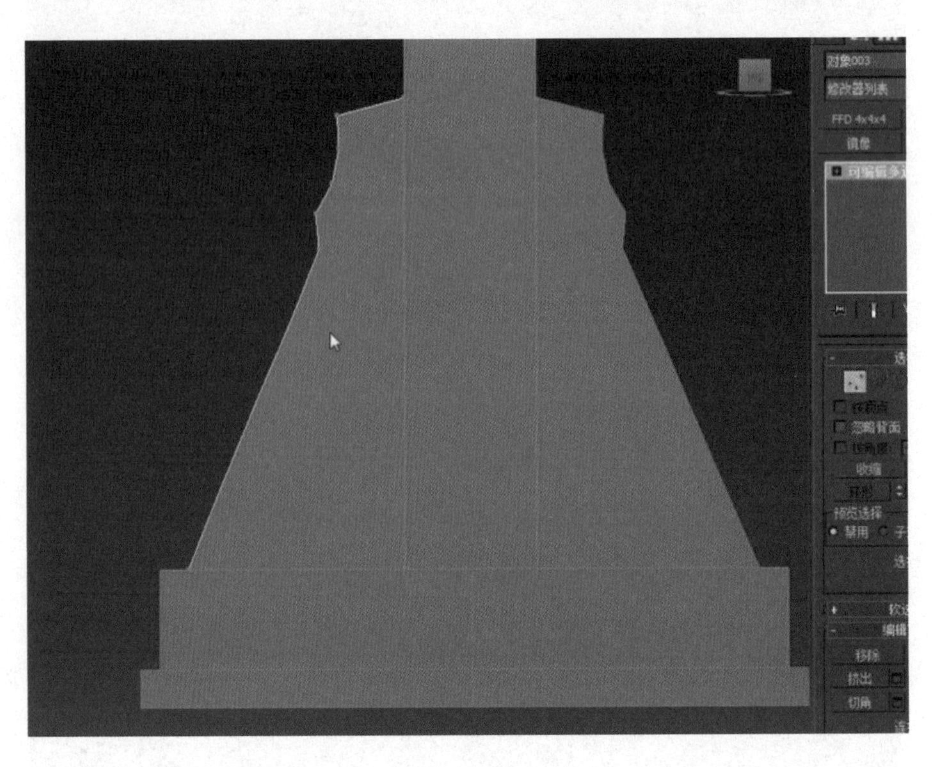

图 4 - 27

28. 同理，不断在侧面上调整线的结构（制作圆弧时需根据原画要求），使其形成与原画相像的结构，如图 4 - 28 所示。

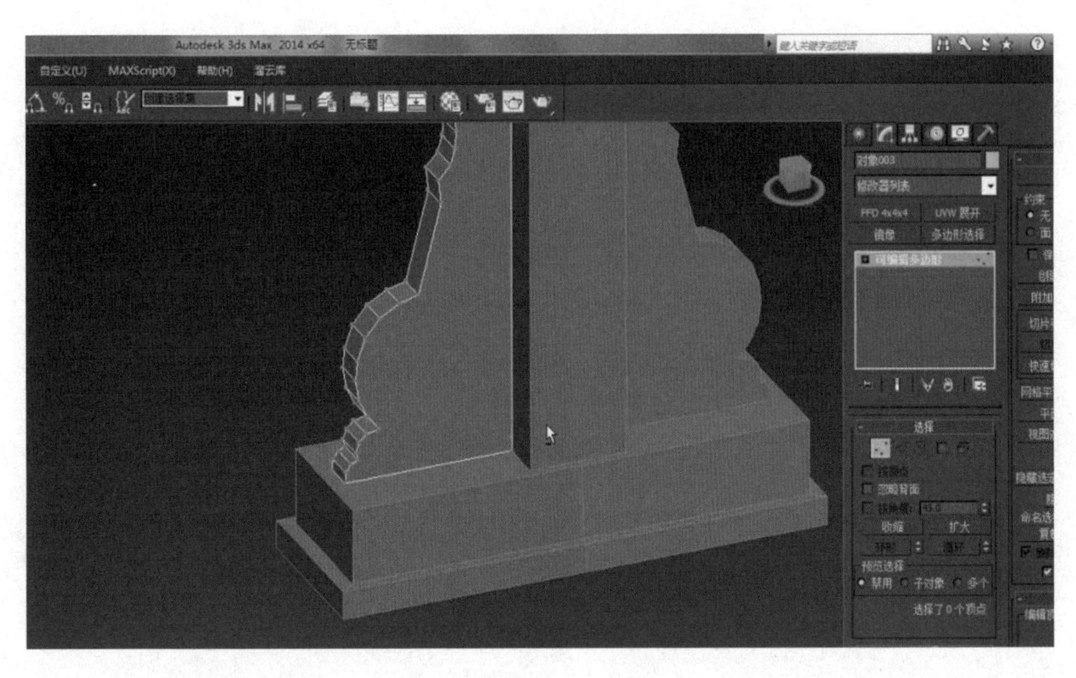

图 4－28

29. 将侧面的点进行连接，使其形成三角面或四边面的形状，这样是为了避免多边面在引擎中运行出错，如图 4－29 所示。

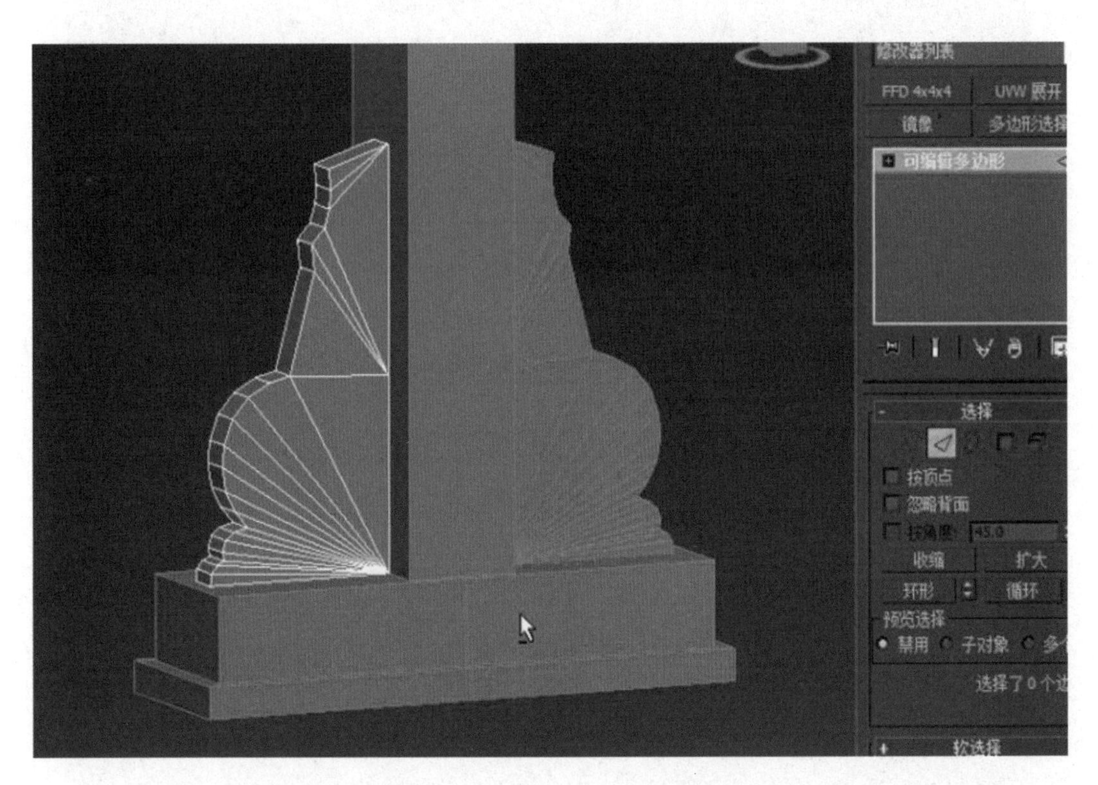

图 4－29

30. 接着将石柱模型所有看不到的面进行删除，如图 4－30 所示。

31. 为了节省 UV 空间及便于模型贴图的接缝对接，对侧面模型与底座接触时看不到的部分进行加线，如图 4－31 所示。

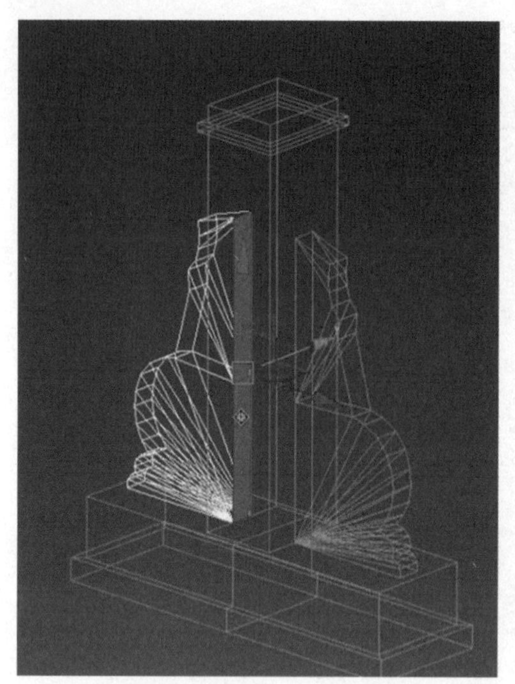
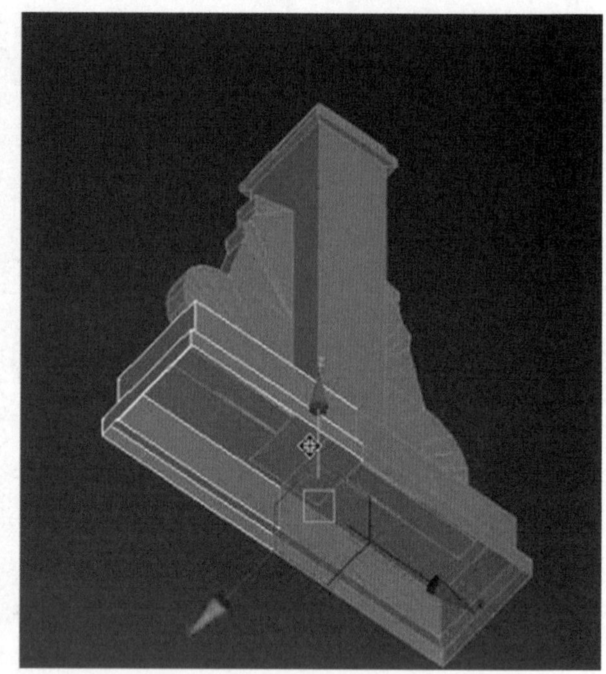

图 4－30

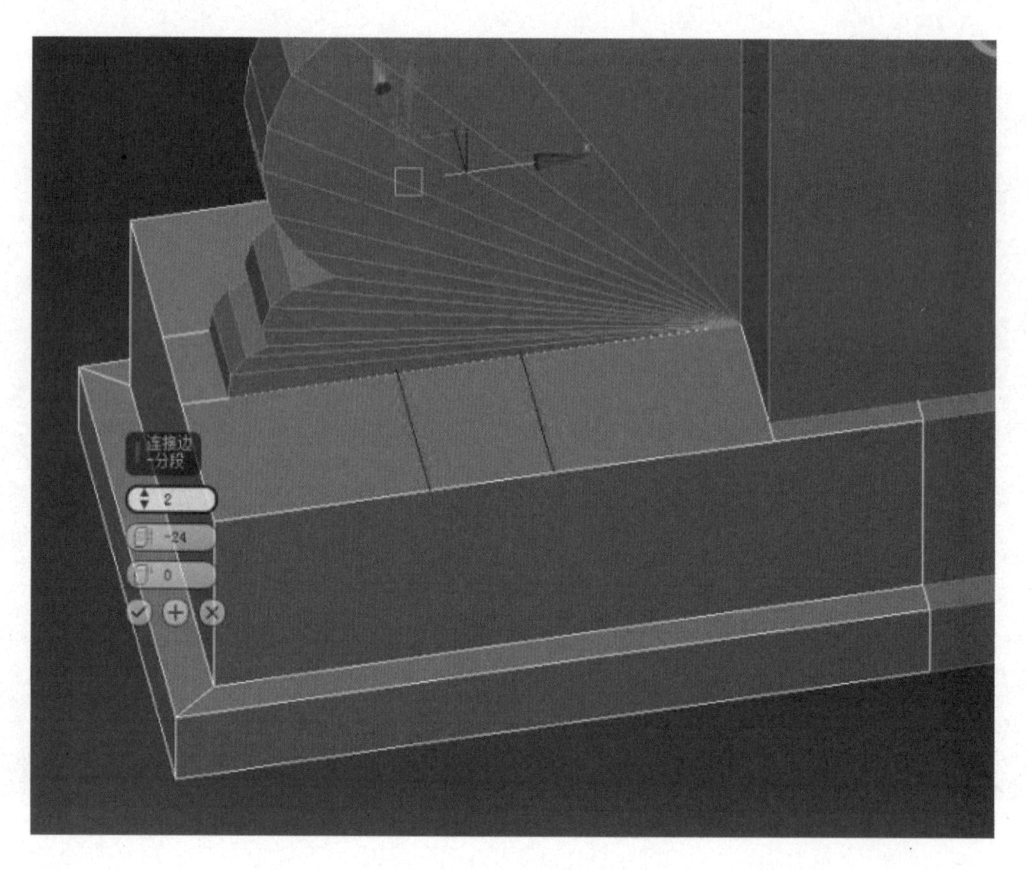

图 4－31

32. 接着将起不到结构作用的点和线合并及删除，同理，其他部分的点和线也进行相同的操作，如图 4－32 所示。

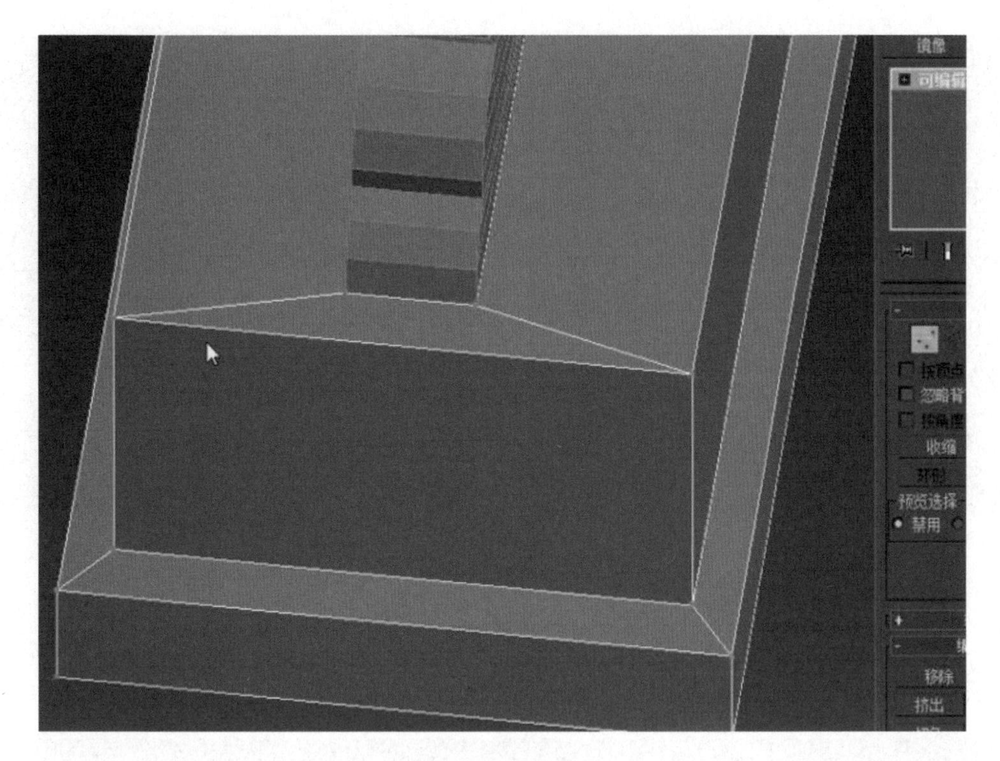

图 4 - 32

33. 在连线切割的部分会产生看不到的面，将其逐个删除，如图 4 - 33 所示。

图 4 - 33

34. 接着对整个模型进行检查，对做不到位的结构进行调整，由于模型的部分结构是通过镜像生成的，在拆分 UV 和绘制贴图时只需制作一半模型，所以这时需要将另一半模型也删除，如图 4 - 34 所示。

35. 选择要删除的模型，按 Delete 键将其删除，如图 4 - 35 所示。

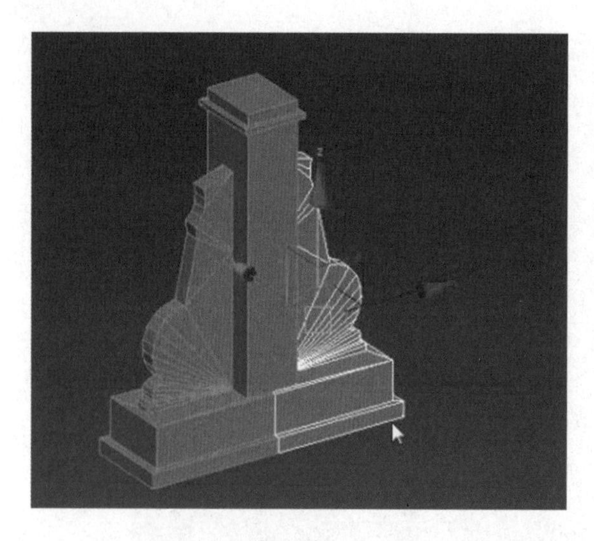

图 4 - 34

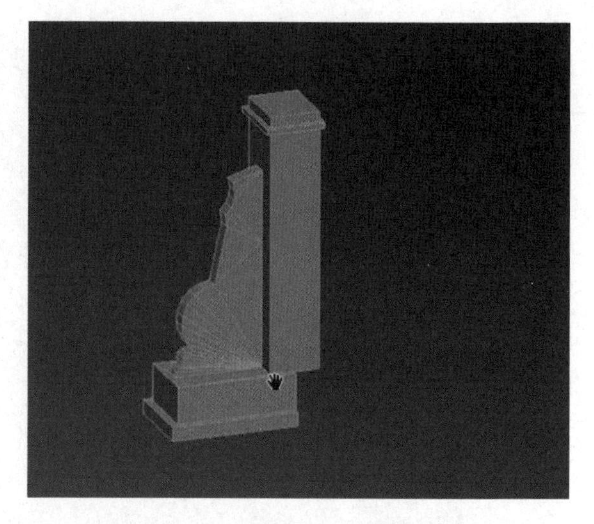

图 4 - 35

36. 为了便于后续拆分 UV，这里需要将模型里所有单独的几何体合并成一个整体，单击命令面板中编辑几何体命令，将其全部附加到一起，如图 4 - 36 所示。

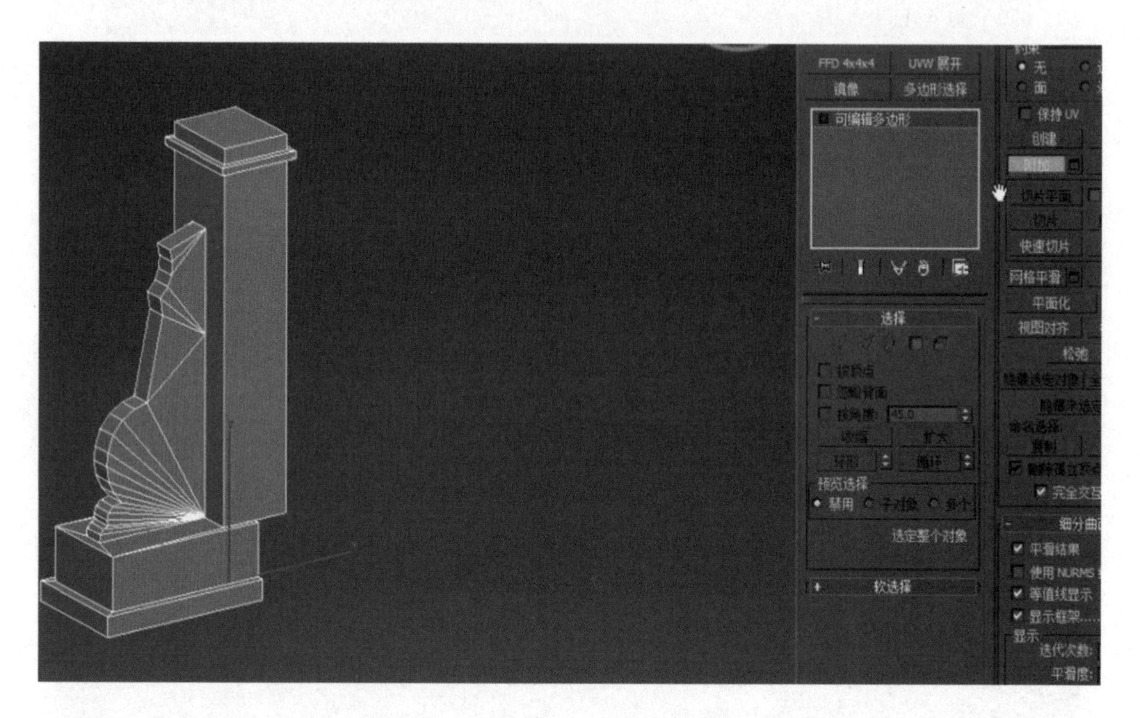

图 4 - 36

4.2 石柱模型 UV 拆分

1. 在模型拆分 UV 前，首先查看“UVW 展开”按钮 UVW展开 是否已经从修改器列表里设置到外面的命令面板中，如果设置完成，就单击命令面板中“UVW 展开”按钮 UVW展开 进入编辑 UV 命令窗口，再次单击打开 UV 编辑按钮，如图 4 - 37 所示。

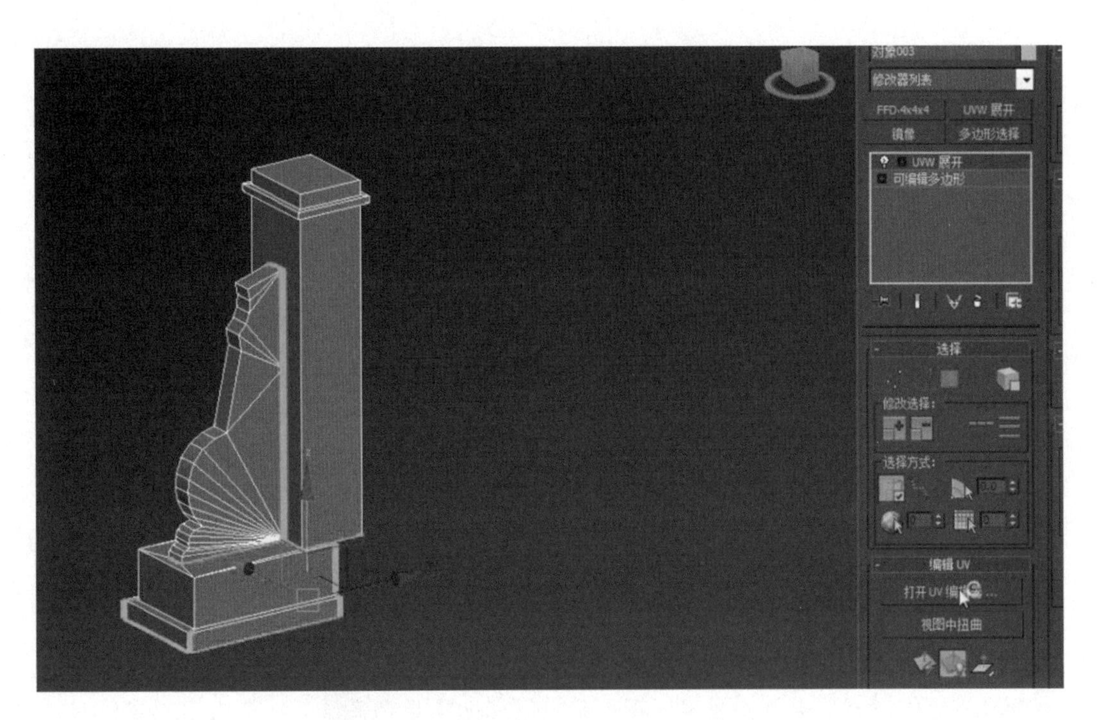

图 4-37

2. 单击打开 UV 编辑按钮后，弹出编辑 UVW 窗口，模型 UV 线显示摆放的形状是随机的，如图 4-38所示。

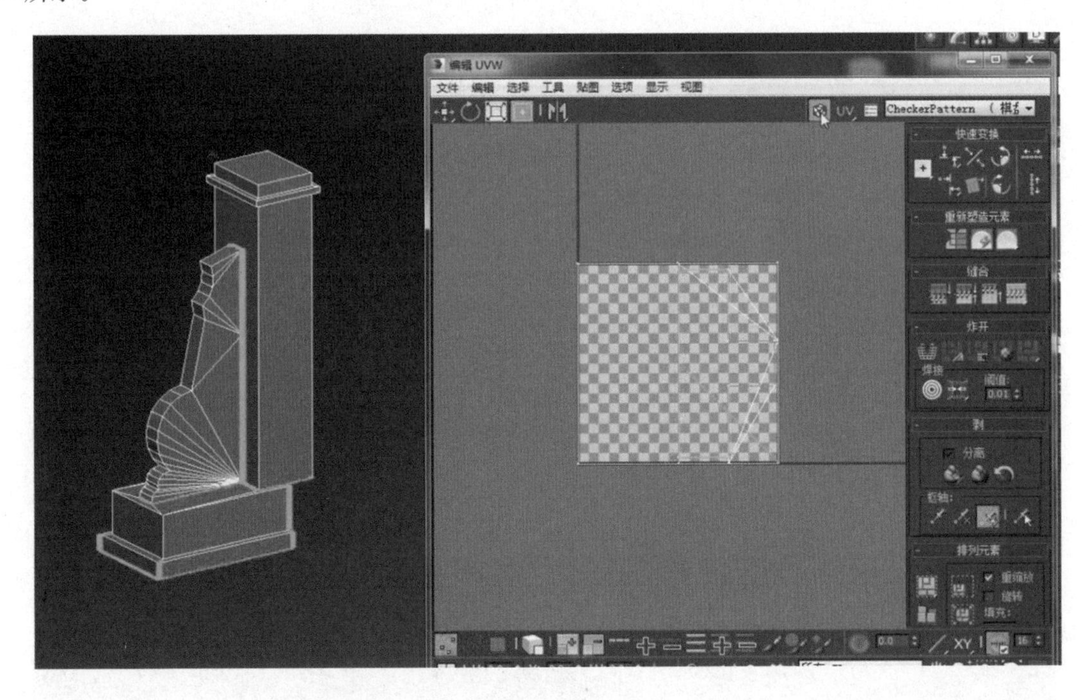

图 4-38

3. 在给模型拆分 UV 时，先要设置一个带有棋盘格的材质球，按快捷键【M】弹出材质编辑器窗口，单击选择一个默认的空白材质球，再单击 Blinn 基本参数命令中的漫反射按钮 漫反射: ，弹出材质/贴图浏览器窗口，然后在窗口中单击“棋盘格”按钮 棋盘格 ，再次单击“确定”按钮，如图 4-39所示。

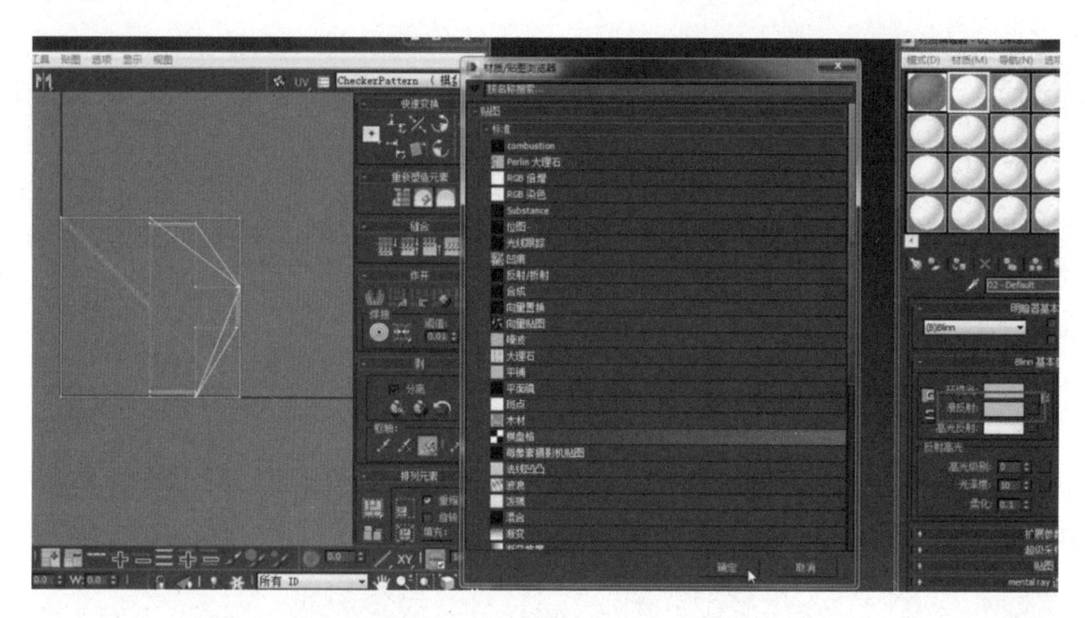

图 4-39

4. 接着在材质编辑器窗口单击“将材质指定给选定对象”按钮，再单击“视口中显示明暗处理材质”按钮，将材质球赋予到模型上，然后使用真实世界比例中瓷砖部分的 U 和 V 边框里的参数进行设置，比如，设置为 30∶30，这时会发现赋予到模型上的棋盘格显示不出来，这是 UV 在编辑 UVW 窗口显示的原因造成的，只要展开摆放好的模型就会显示棋盘格，如图 4-40 所示。

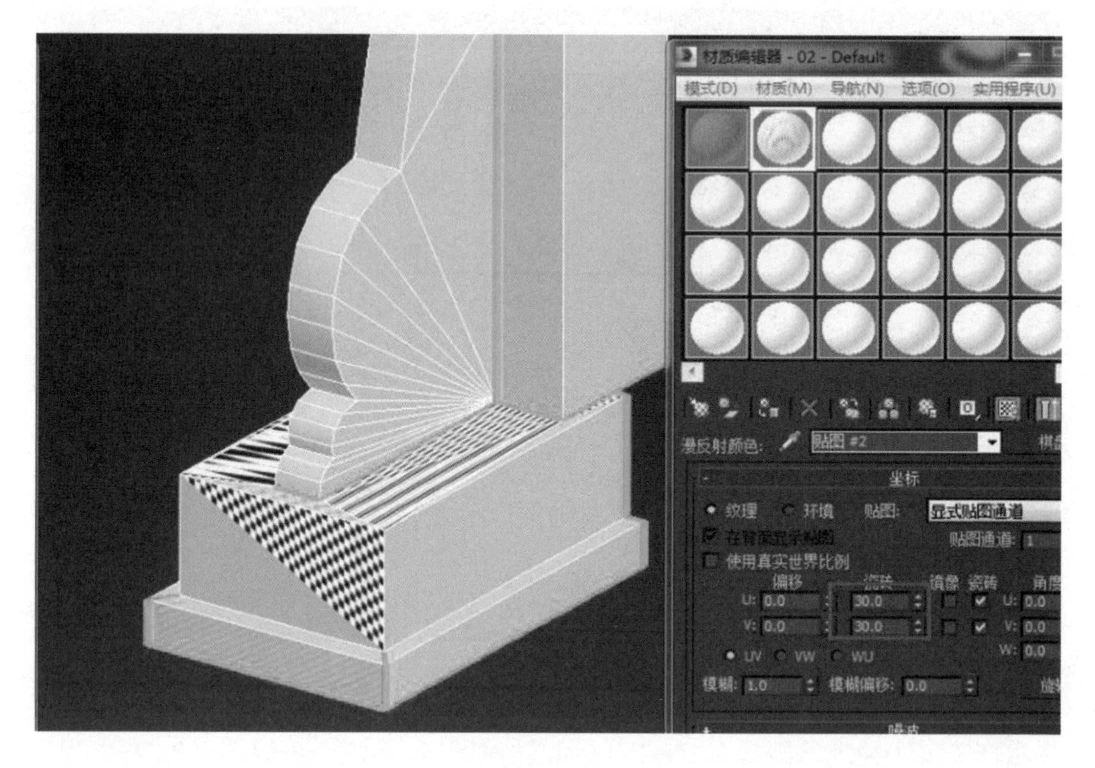

图 4-40

5. 现在对石柱模型的 UV 进行分组并依次展开，在编辑 UVW 中单击编辑面层级（快捷键 3），首先选择石柱底座部分的面进行展开，如图 4-41 所示。

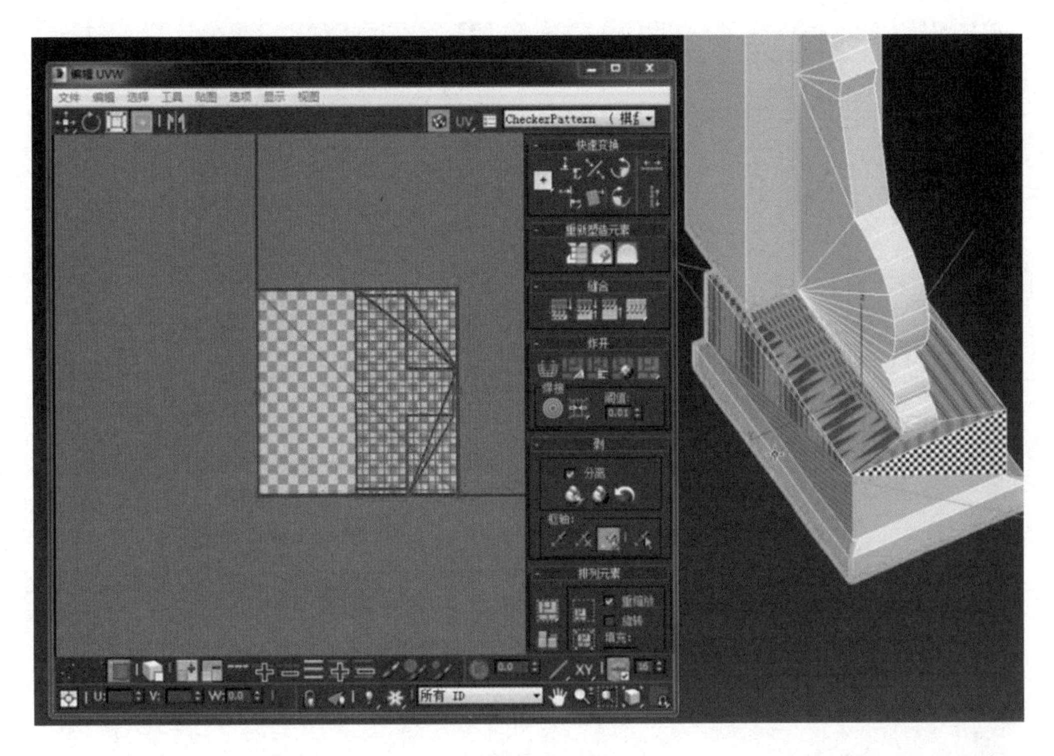

图 4 - 41

6. 选择需要展开的面后，根据展开的面的方向在右边命令窗口的投影中单击方块展开类型，再单击坐标轴 Y，使其进行平面展开，如图 4 - 42 所示。

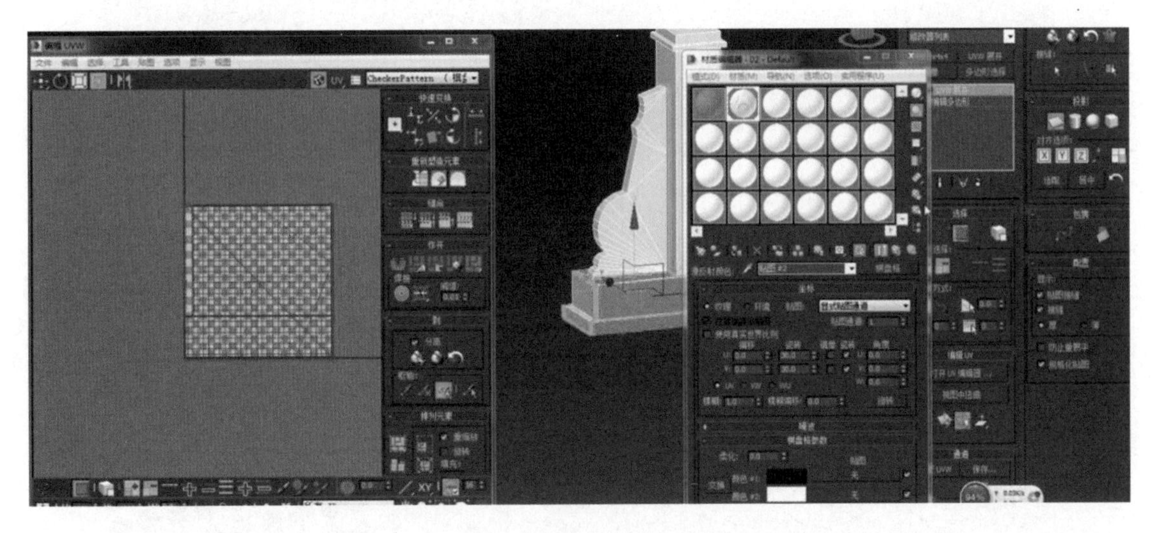

图 4 - 42

7. 接着单击右边命令面板里的“平展”按钮将其关闭，然后将平展部分的 UV 移出来，同理，使用上一步的方法将底座剩下的没有展开的部分的 UV 依次进行展开，并且将其移出来，如图 4 - 43 所示。

8. 在底座中，这三部分的面都是根据坐标轴 X 或 Y 展开的，顶视图或坐标轴 Z 方向的面隐藏在里面，而且高度是一样的，这时同时选择三部分的面，按住快捷键【Shift＋鼠标左键】移动展开隐藏的面，如图 4 - 44 所示。

9. 接着使用上一步的方法，选择底座所有侧面和正面的面后，按住快捷键【Shift＋鼠标左键】拖出顶部的面，然后调整底座的 UV，设置棋盘格为正方形，如图 4 - 45 所示。

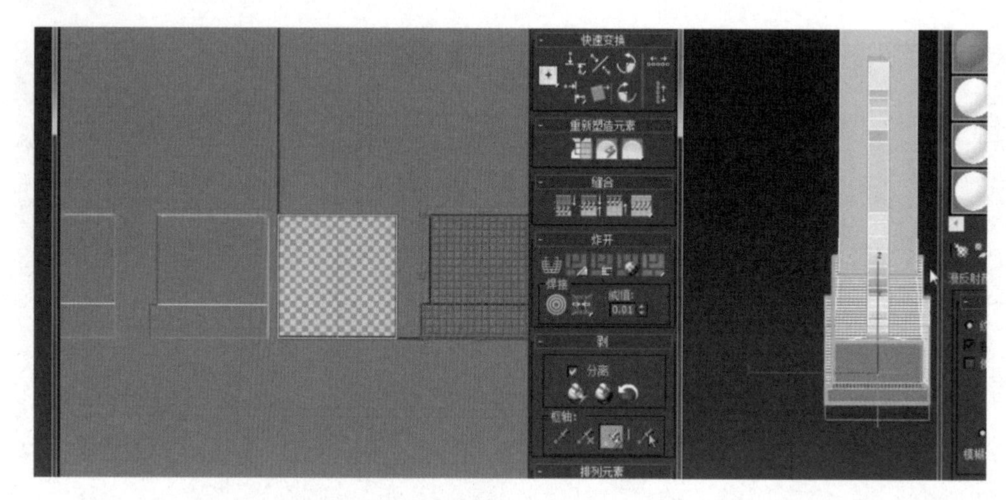

图 4－43

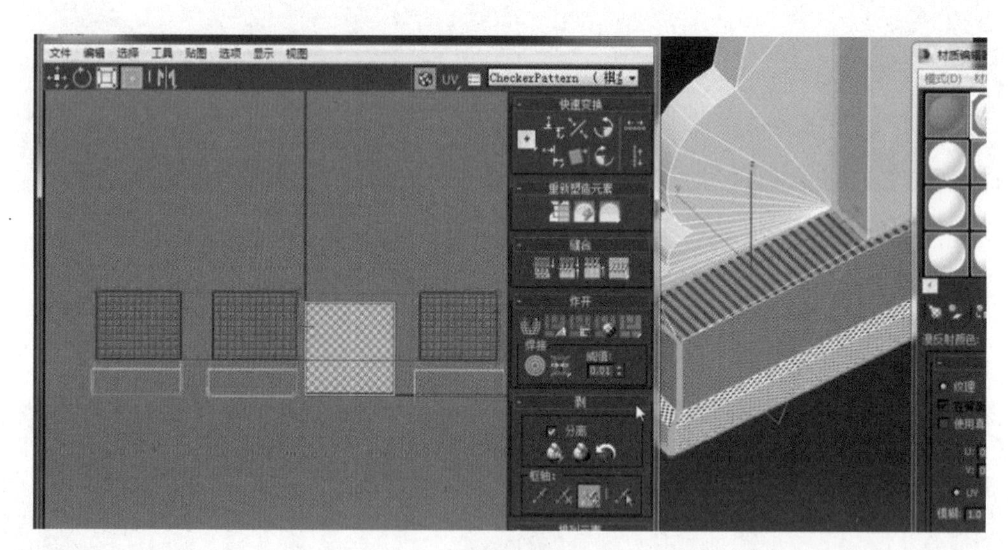

图 4－44

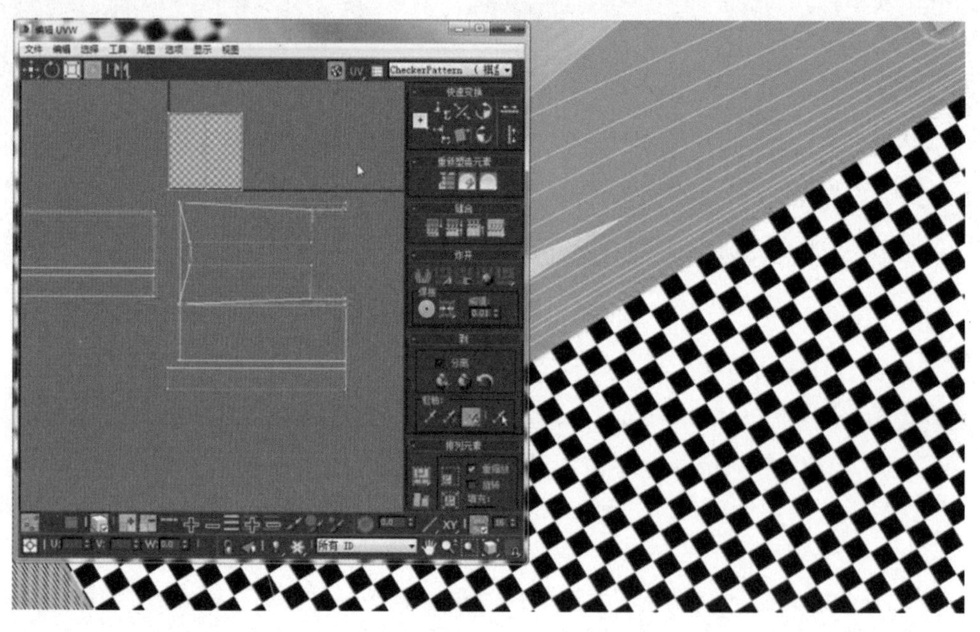

图 4－45

10. 将底座 UV 展开后，选择石柱侧面模型部分的 UV，按照前面方法将其依次平面展开，展开的地方可能会出现部分 UV 棋盘格变形的情况，这就需要手动将其调整成正方格，如图 4－46 所示。

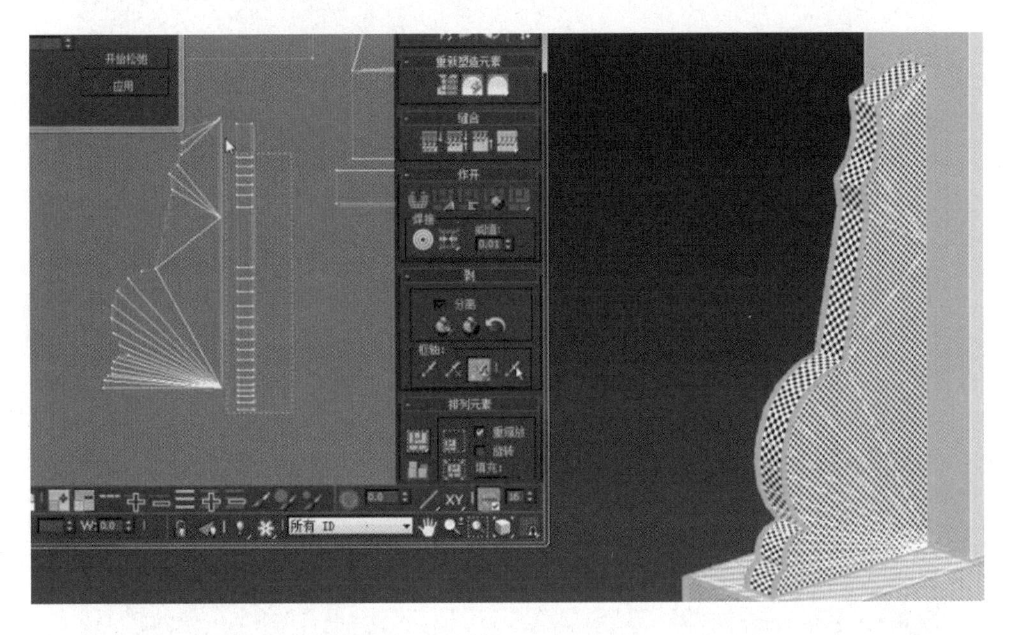

图 4－46

11. 同理，展开石柱中间部分模型的 UV，调整 UV 棋盘格大小，如图 4－47 所示。

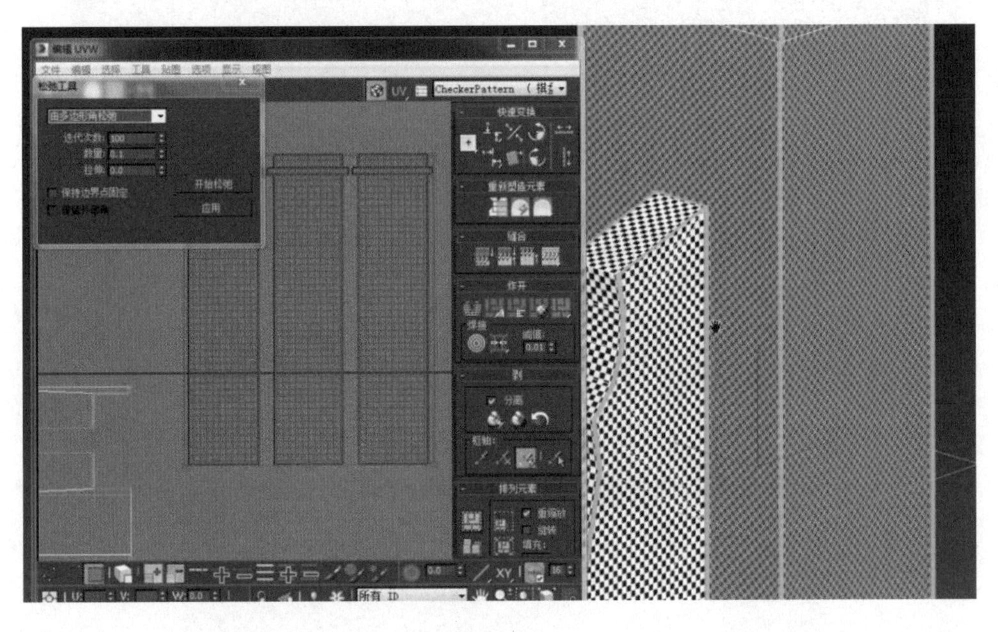

图 4－47

12. 将模型中所有 UV 展开后，把公用贴图模型部分的 UV 合并起来，接着将 UV 的棋盘格大小比例进行统一，如图 4－48 所示。

13. 接着根据调整好的 UV 线结构进行摆放，把石柱各部分的 UV 移动至方框内进行摆放，充分利用 UV 空间，使贴图达到最大精度效果，如图 4－49 所示。

14. 模型 UV 摆放完成后，单击编辑 UVW 窗口里菜单栏中的“工具”按钮，接着选择单击“渲染 UVW 模版”按钮，如图 4－50 所示。

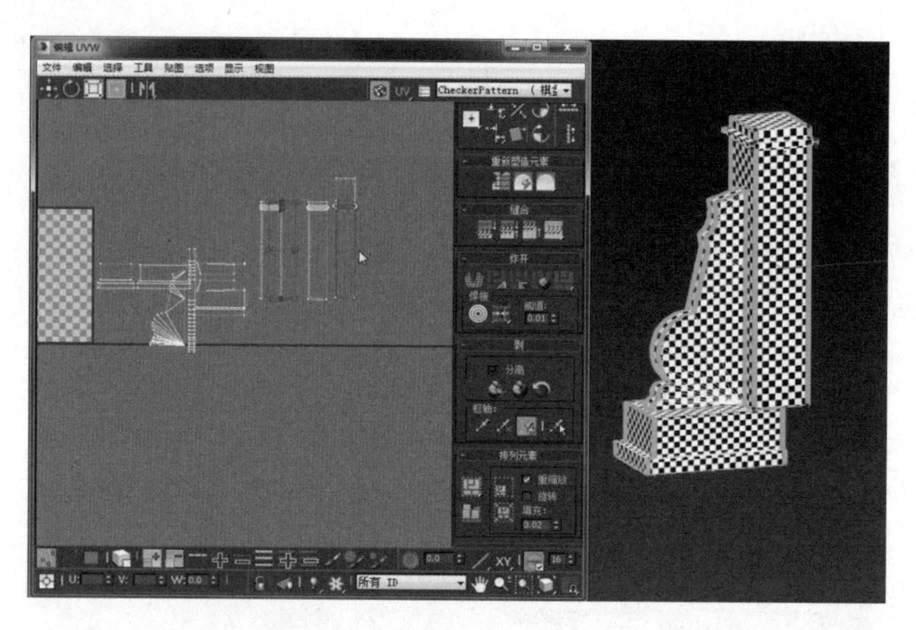

图 4－48

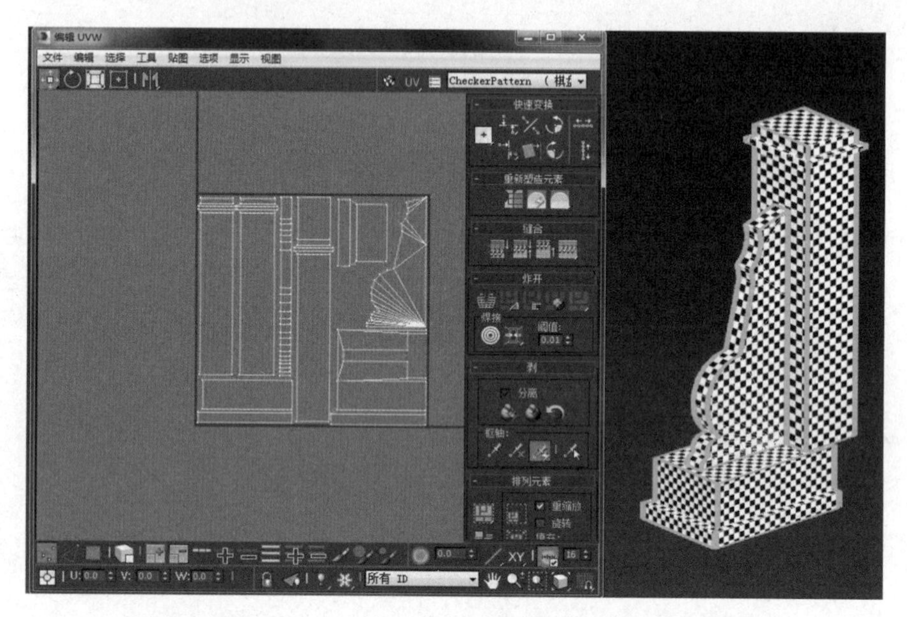

图 4－49

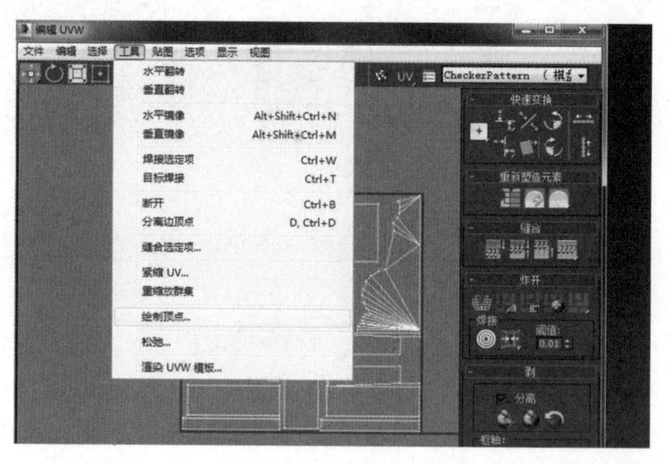

图 4－50

15. 单击渲染按钮后进入渲染 UVs 窗口，分别设置高度和宽度参数 1024（注：可以根据项目要求来设置参数），再单击“渲染 UV 模版”，如图 4 - 51 所示。

图 4 - 51

16. 在渲染贴图窗口中单击“保存图像”按钮，弹出保存图像窗口后，设置保存类型为 BMP、文件名为“石柱 UV”，找到之前新建的石柱文件夹，将其打开后单击“保存”按钮进行保存（保存路径可以根据自己需求来设置），如图 4 - 52 所示。

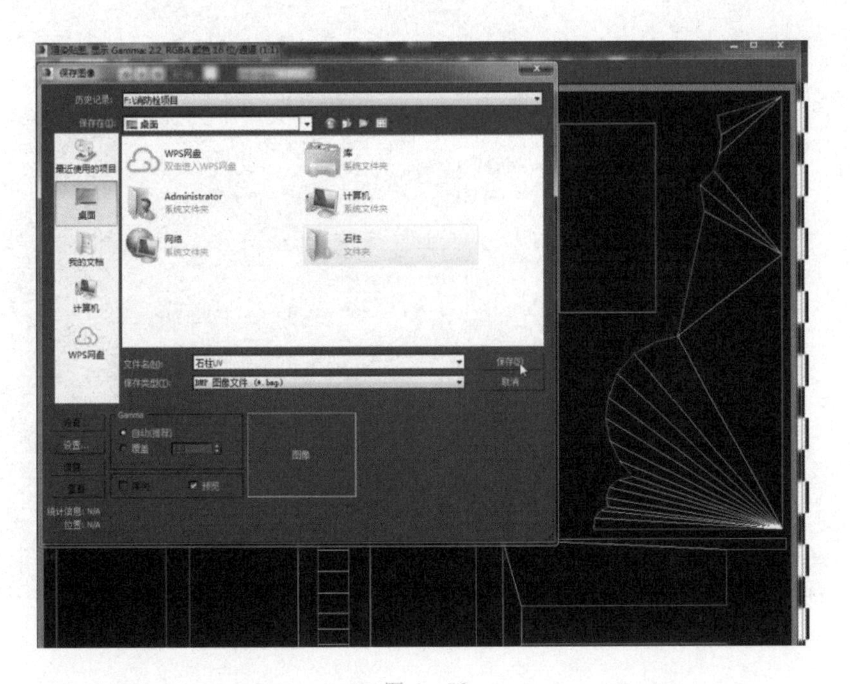

图 4 - 52

17. 保存好 UV 后，单击鼠标右键打开“UVW 展开”按钮 UVW展开，单击“塌陷全部”按钮，再单击“是”按钮后关闭编辑 UV 窗口，如图 4 - 53 所示。

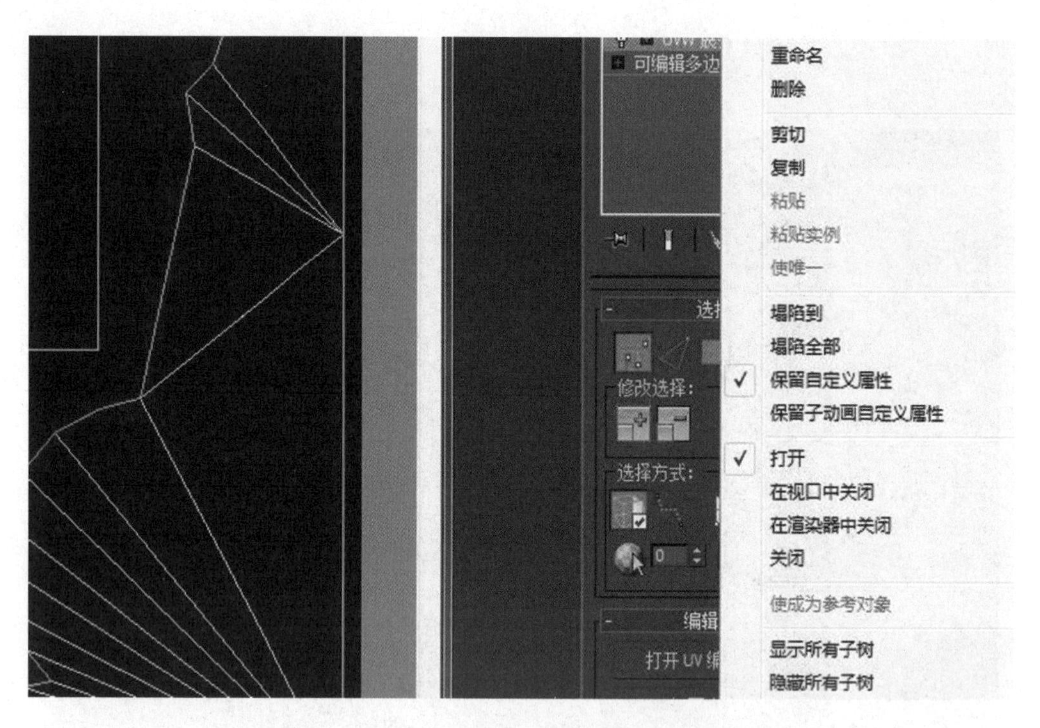

图 4-53

18. 塌陷完成后，在右边面板上将模型命名为“石柱”，如图 4-54 所示。

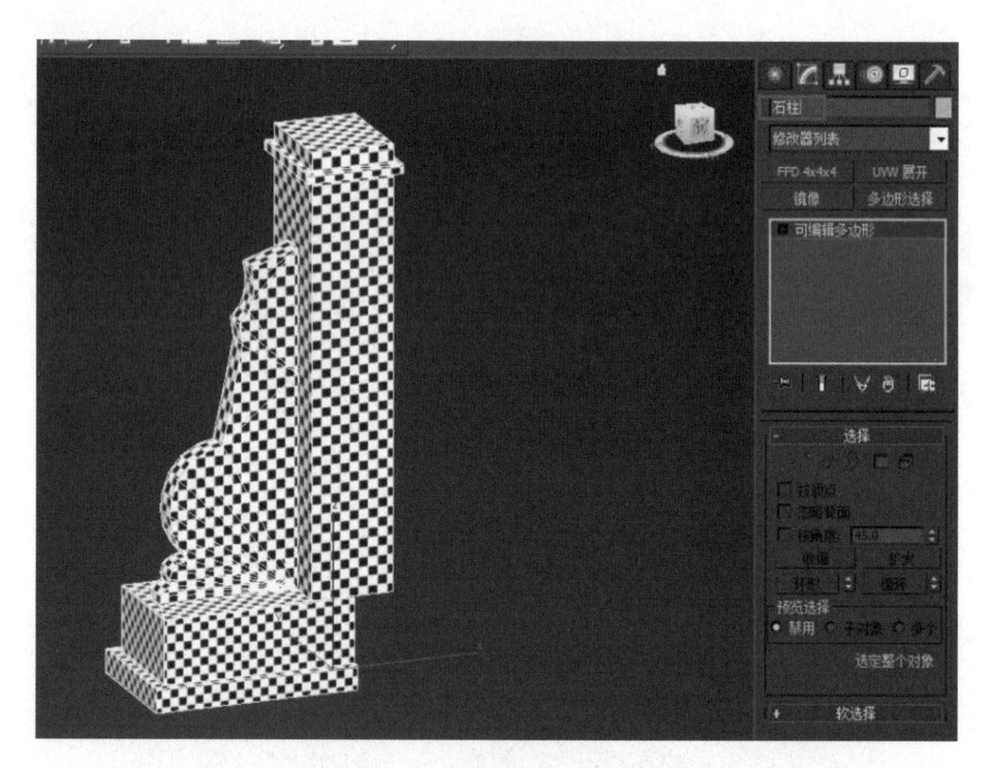

图 4-54

19. 接着在软件界面左上角单击“另存为”的三角形按钮进行保存，如图 4-55 所示。

20. 找到保存石柱的文件夹，将文件命名为“石柱”，单击“保存”按钮进行保存，这样就完成了石柱模型 UV 拆分部分的内容，如图 4-56 所示。

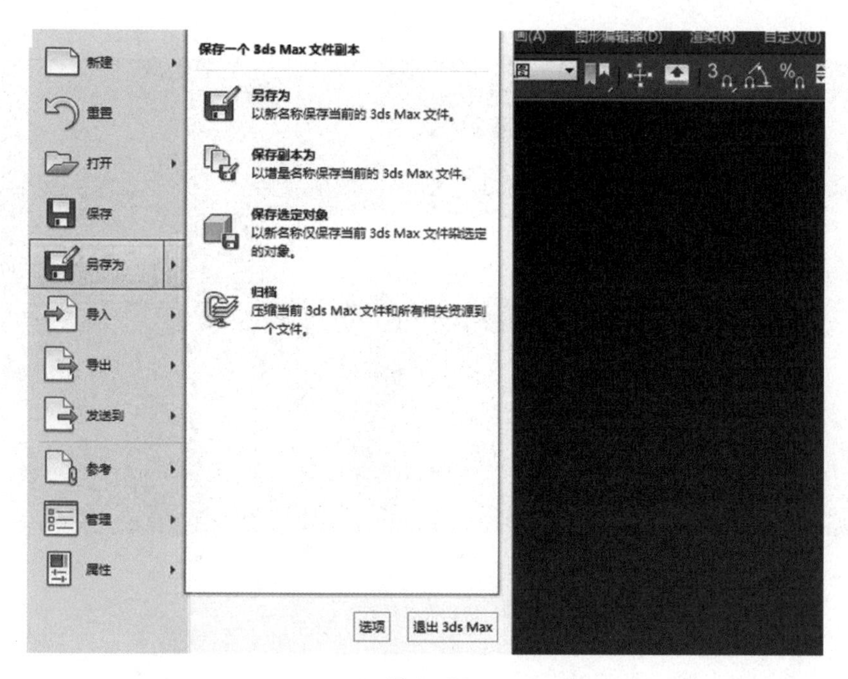

图 4－55

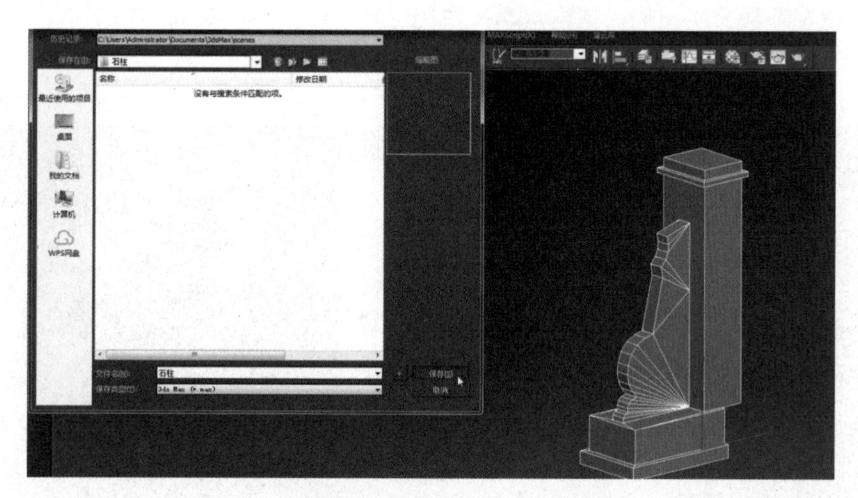

图 4－56

4.3　石柱贴图绘制

1. 先将石柱的 3ds Max 模型打开，接着在编辑几何体层级 （快捷键 5）上编辑侧面和底座模型，然后单击分离出来，通过“镜像”命令复制出另一边模型，如图 4－57 所示。

2. 单击石柱文件，将石柱 UV 贴图和参考图依次拖拽到 Photoshop 软件里，然后用鼠标左键双击背景图层，弹出新建图层对话框，把图层名称改为“图层 0”，单击“确定”按钮，如图 4－58 所示。

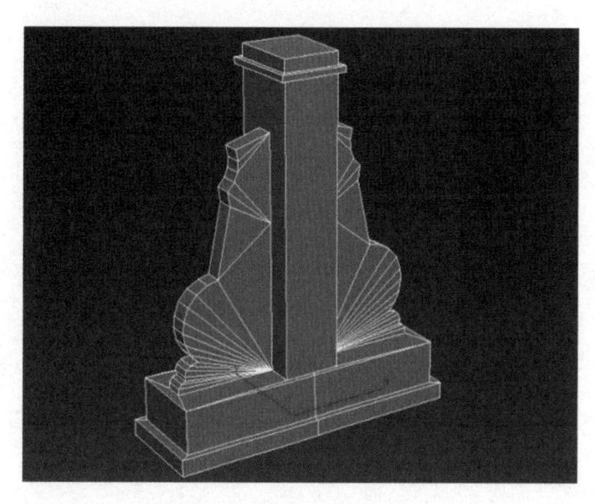

图 4－57

图 4-58

3. 接着点击图层命令窗口中“正常”模式右边的三角形按钮 正常 ，然后进入“滤色”模式，将图层 0 切入滤色模式，再新建一个图层 1，并且将图层 0 移到图层最上面。单击工具栏中的设置前景色工具按钮 ，提取与石柱材质相似的基本色，按快捷键【Alt+Delete】进行背景颜色的填充，并把它作为石柱的固有色，如图 4-59 所示。

图 4-59

4. 先将石柱的贴图进行保存，按快捷键【Ctrl+S】，弹出“存储为”窗口，找到画布所保存到的文件夹位置，保存文件格式为 PSD，然后点击“保存”按钮，再次单击“确定”按钮（注：如是第一次保存贴图画布，按快捷键【Ctrl+S】保存时所弹出的窗口为“存储为”，之后按快捷键【Ctrl+S】就可直接保存），如图 4-60 所示。

5. 接着先在 3ds Max 软件中打开材质编辑器窗口，将石柱文件里的贴图拖拽赋予至一个空白的材质球上，再将带有贴图的材质球赋予到模型上，后面就不要再赋予贴图了（在 Photoshop 软件中，直接保存贴图就可将其赋予到模型上），如图 4-61 所示。

6. 在 Photoshop 软件的图层窗口中再新建一个图层 2，单击左边工具栏选择矩形框选工具 （快捷键 M），根据 UV 贴图的 UV 线位置和不同明暗关系，选择框选工具，然后按键盘上的快捷键【Alt+Delete】填充不同的固有颜色，如图 4-62 所示。

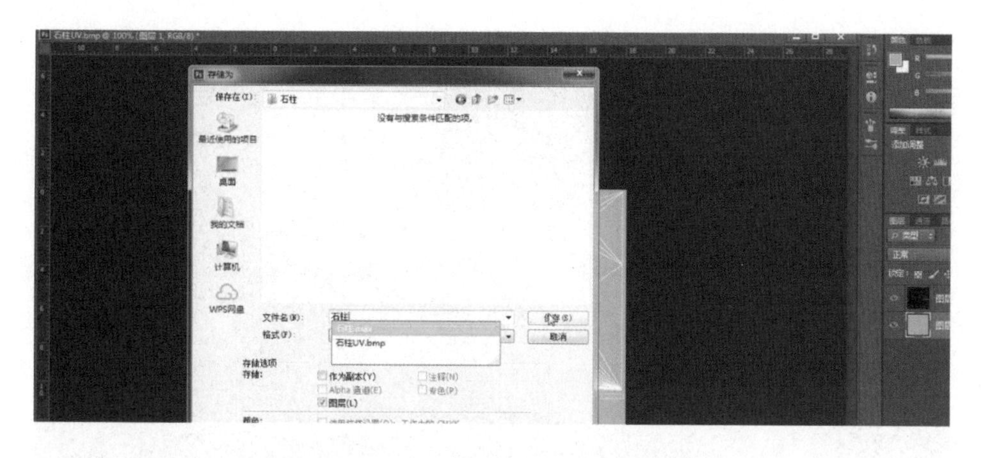

图 4－60

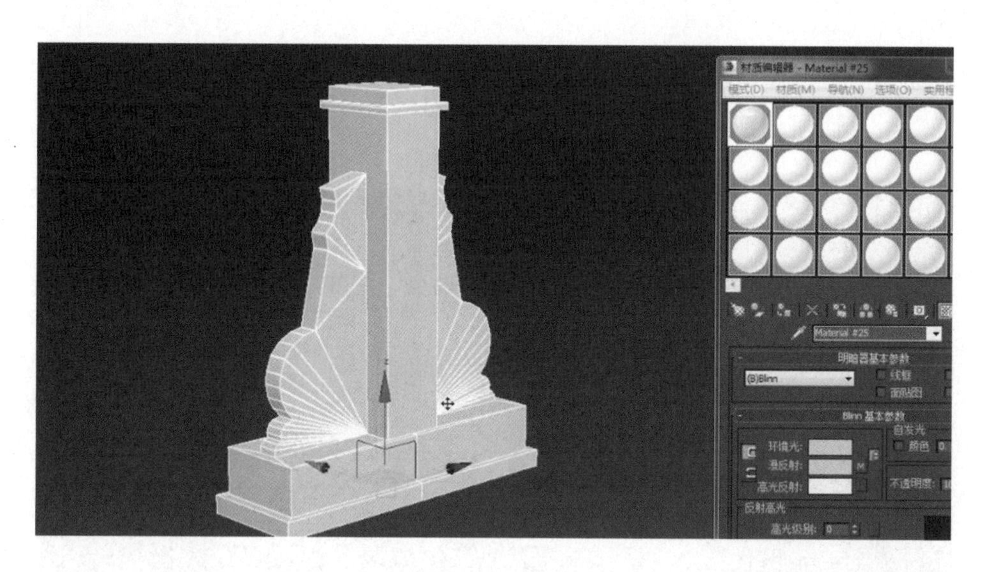

图 4－61

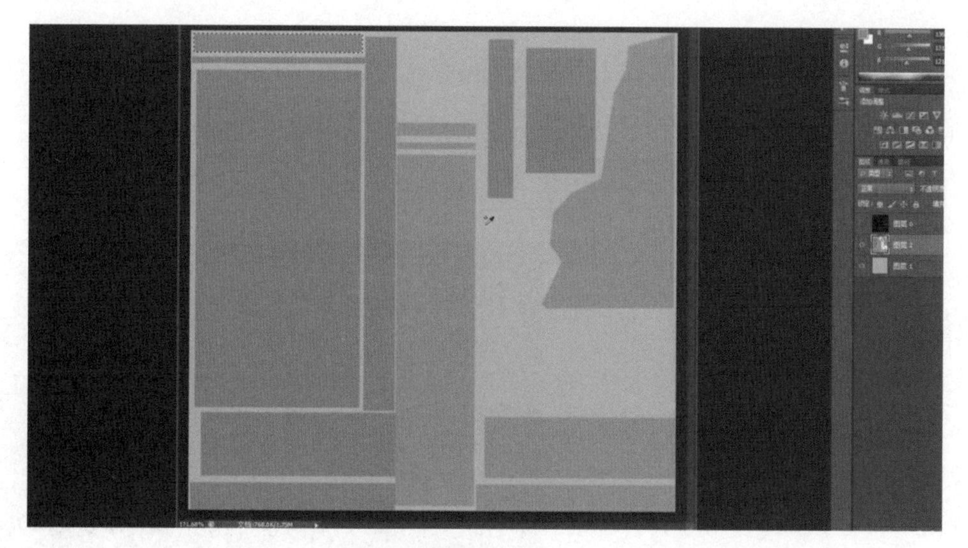

图 4－62

7. 接着点击图层 0 左边的眼睛按钮 图层0 隐藏 UV 线，再按快捷键【Ctrl＋S】保存，接着切换到 3ds Max 模型查看模型贴图，如图 4－63 所示。

图 4 - 63

8. 在 Photoshop 软件的画布中使用椭圆框选工具 框选出一个圆形，接着使用画笔工具绘制出圆形的大致形状和结构，如图 4 - 64 所示。

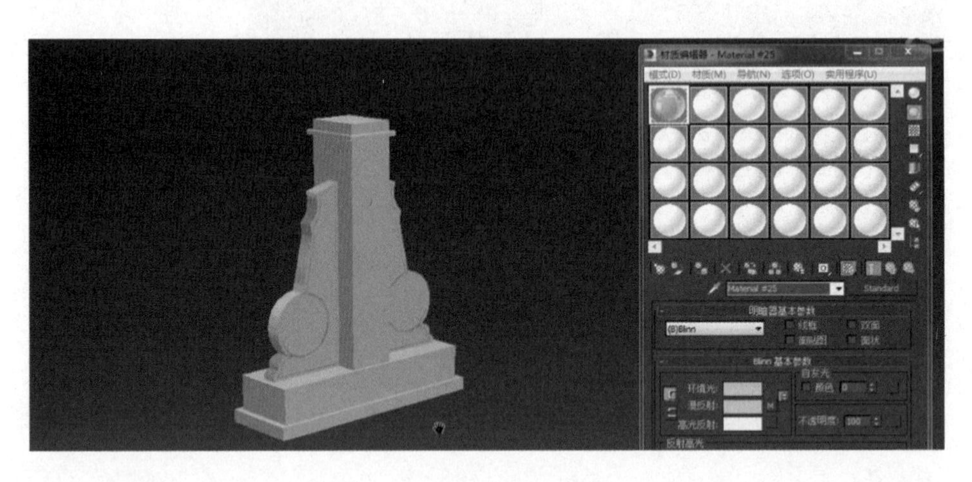

图 4 - 64

9. 接着在 Photoshop 软件中单击界面右上角的三角形按钮，弹出 OBJ 导出选项窗口，导出一个 OBJ 模型并保存到石柱文件夹；再将 OBJ 模型拖拽到 BodyPaint 3D 界面里，单击选择启动界面按钮 后再次选择 BodyPaint 3D 绘制按钮 BP 3D Paint ，将视图切换到透视图状态，如图 4 - 65 所示。

10. 双击 BodyPaint 3D 软件界面右边控制面板材质窗口的材质球，弹出材质编辑器 材质编辑器 窗口，单击“纹理贴图”按钮。选择石柱文件夹的贴图文件，单击打开赋予到模型上，单击材质球旁边的交叉号 ，再单击材质球左边的三角形按钮，打开图层，如图 4 - 66 所示。

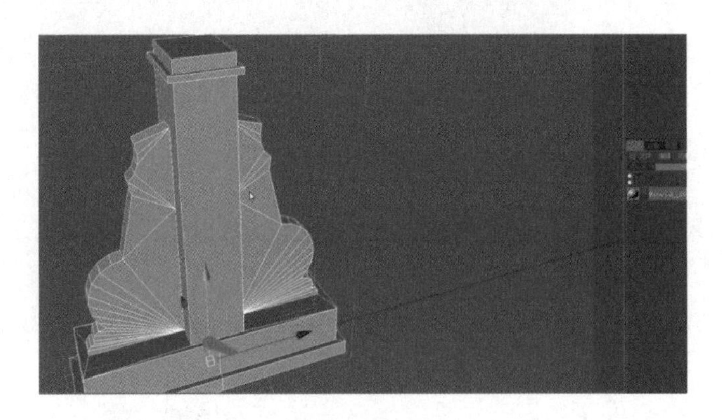

图 4 - 65

11. 单击上面视图窗口中的“显示”按钮，进入命令后单击“常量着色”，接着在菜单栏的窗口命令中选择新建纹理视图，将

图 4－66

石柱的参考图拖拽到纹理视图窗口中，以方便查看绘制贴图，如图 4－67 所示。

图 4－67

12. 单击左边工具栏中的画笔工具（快捷键 B），再单击控制面板中的属性窗口，选择需要绘制的笔刷，设置笔刷的尺寸、压力和硬度，接着绘制石柱基本结构和大体的颜色、明暗关系，如图 4－68 所示。

图 4－68

13. 大体色调和明暗光影关系绘制完后，在石柱底座位置绘制出一些破损结构，使其看起来更加真实生动，如图 4－69 所示。

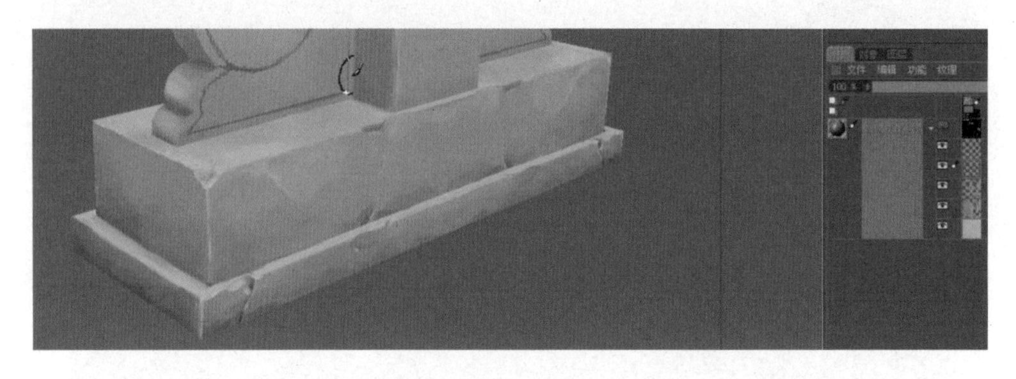

图 4－69

14. 接着绘制石柱接缝暗部、石头基本质感和棱角的光影亮部结构，如图 4－70 所示。

图 4－70

15. 将 BodyPaint 软件里的画布纹理赋予到 Photoshop 软件的画布中，接着使用画笔工具（快捷键 B）描出花纹的大致模样，再按快捷键【Ctrl＋S】赋予到 3ds Max 模型上，如图 4－71 所示。

图 4－71

16. 对花纹结构的厚度、亮暗关系进行细化，如图 4－72 所示。

图 4－72

17. 单击石柱文件夹，选择一张材质贴图，拖拽到 Photoshop 软件里，并且将其覆盖到贴图画布中，单击控制面板图层窗口中的正片叠底模式，再调整材质图层的不透明度，如图 4－73 所示。

图 4－73

18. 接着新建一个图层，使用画笔工具（快捷键 B）继续绘制出石头的质感和环境光，如图 4－74 所示。

图 4－74

19. 继续绘制出石头花纹部分高光、边缘角的环境光和破损结构，最后完成效果，如图 4-75 所示。

图 4-75

第5章 游戏场景清园门案例制作

5.1 清园门模型制作

5.1.1 主体模型的制作

1. 打开 3ds Max 软件，将界面切换到透视图（快捷键 Alt＋W），然后单击命令面板中的“创建”按钮 ，在标准基本体中单击“长方体”按钮 长方体 ，按住鼠标左键向上移动创建一个长方体，如图 5－1所示。

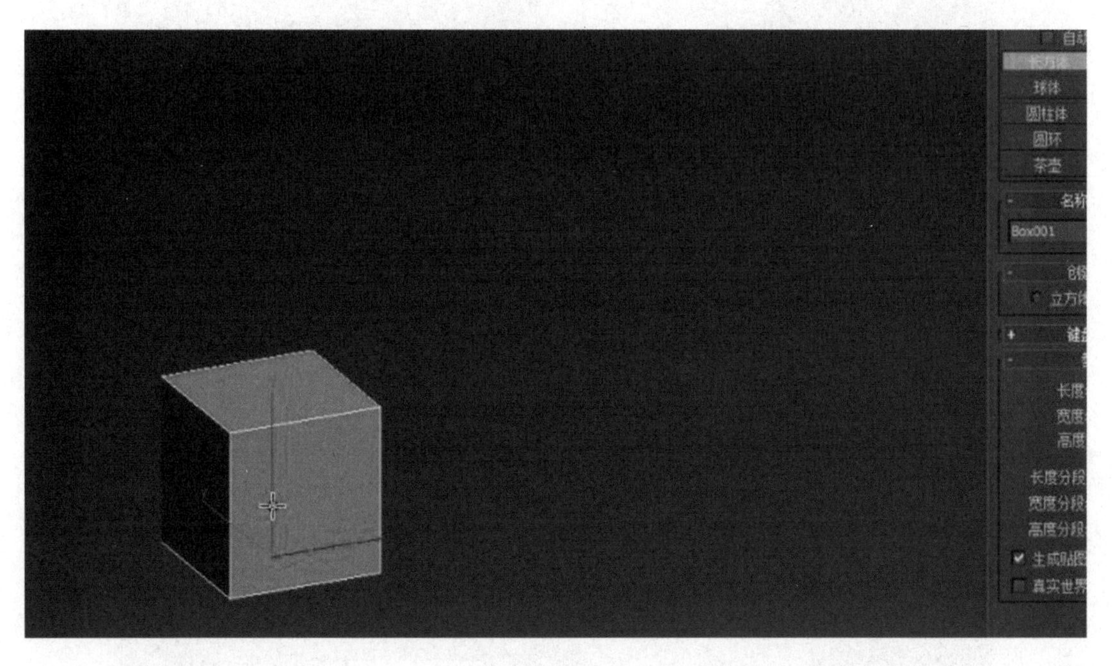

图 5－1

2. 在界面工具栏中单击“缩放”命令 （快捷键 R），调整缩放几何体的宽度和高度比例，如图 5－2所示。

3. 接着在使用移动命令的情况下，单击界面下边 X、Y、Z 坐标轴的三角形图标 X: 0.0 Y: 0.0 Z: 0.0 将几何体坐标归 0，然后再按快捷键【M】弹出材质编辑器窗口，选择一个空白材质球，在 Blinn 基本参数中单击漫反射长方形边框，弹出颜色选择器窗口后调整灰度，便于模型制作时统一材质颜色，调整好材质球灰度后单击“确定”按钮，如图 5－3 所示。

4. 在材质球编辑器窗口中单击“将材质指定给选定对象”按钮，再单击“显示明暗处理材质”按钮赋予圆柱体材质球，如图 5－4 所示。

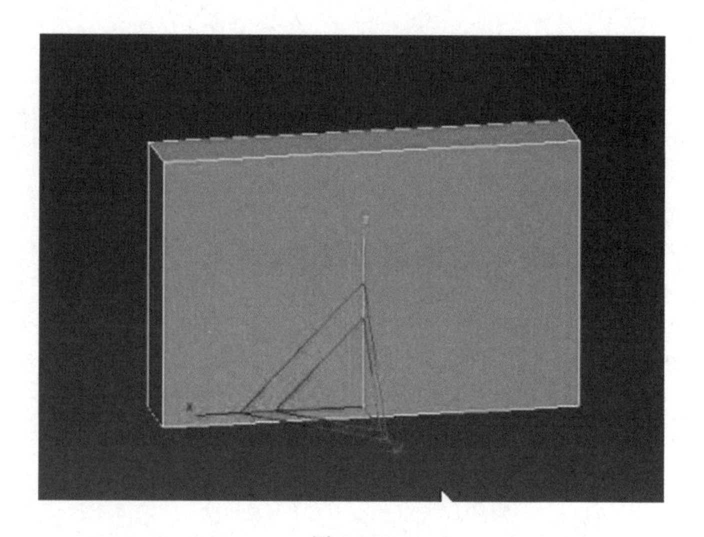

图 5－2

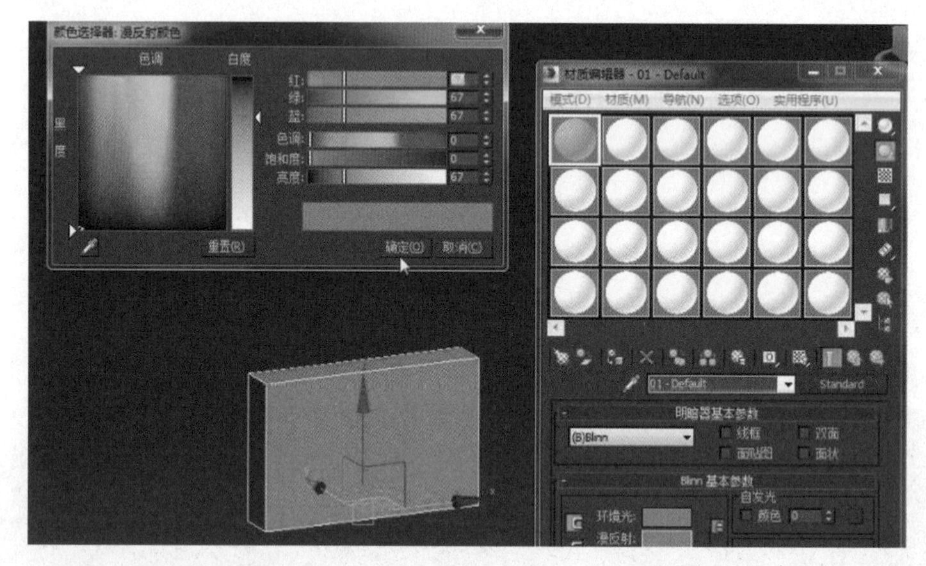

图 5－3

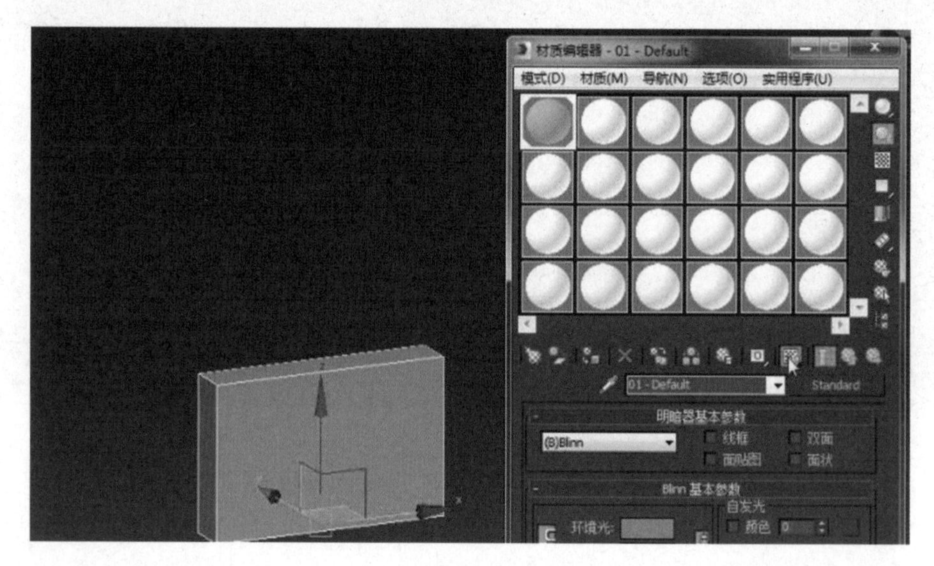

图 5－4

5. 接着关闭材质编辑器窗口，单击鼠标右键将圆柱体转为可编辑多边形，作为清园门的主体模型部分，如图 5－5 所示。

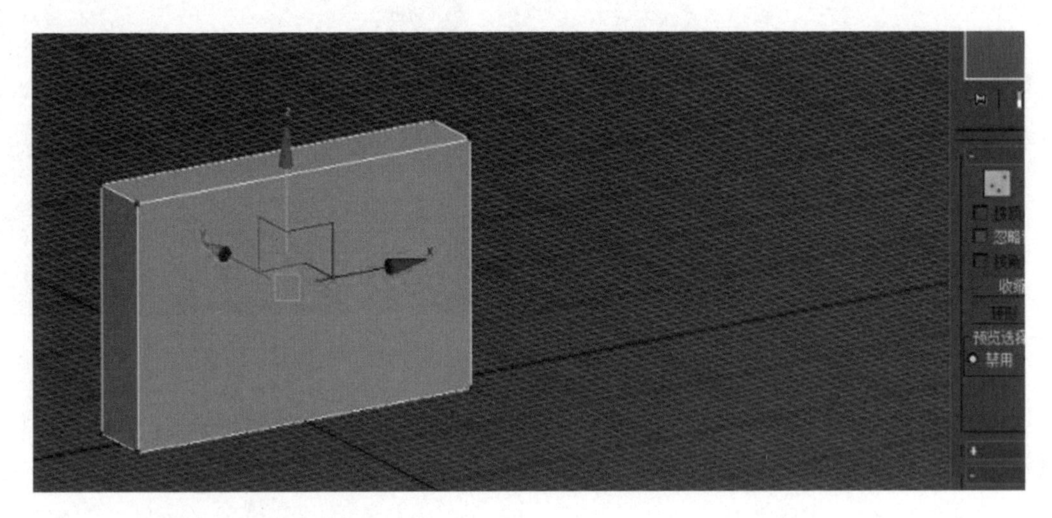

图 5－5

6. 在编辑点层级 （快捷键 1）的情况下，框选几何体上面的点，使用缩放工具根据 X 坐标轴调整出斜度，接着在编辑面层级 （快捷键 4）的情况下，选择顶面。单击鼠标右键选择“挤出”按钮 挤出 ，挤出主体中间部分的高度，如图 5－6 所示。

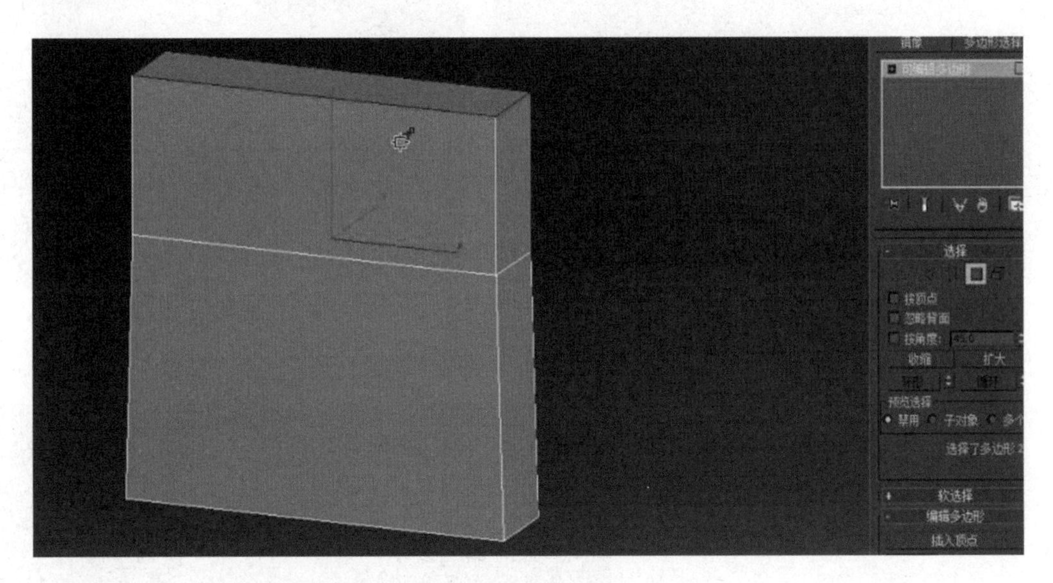

图 5－6

7. 接着在编辑面层级 （快捷键 4）的情况下，选择两个侧边的面，单击鼠标右键选择“挤出”按钮 挤出 ，调整模型挤压部分结构与参数，如图 5－7 所示。

8. 在编辑点层级 （快捷键 1）的情况下，框选模型上面的点，使用缩放工具调整 X 坐标轴及侧面边角的斜度；接着在编辑点层级 的情况下，移动点的位置，然后将点进行连线，如图 5－8 所示。

9. 接着编辑顶面中间的点并调整位置，在编辑面层级 （快捷键 4）的情况下，选择中间的面，单击鼠标右键选择“挤出”制作出屋顶的结构，如图 5－9 所示。

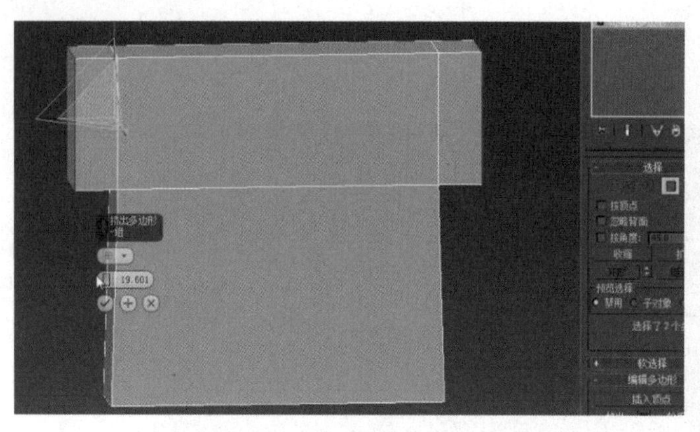

图 5 - 7

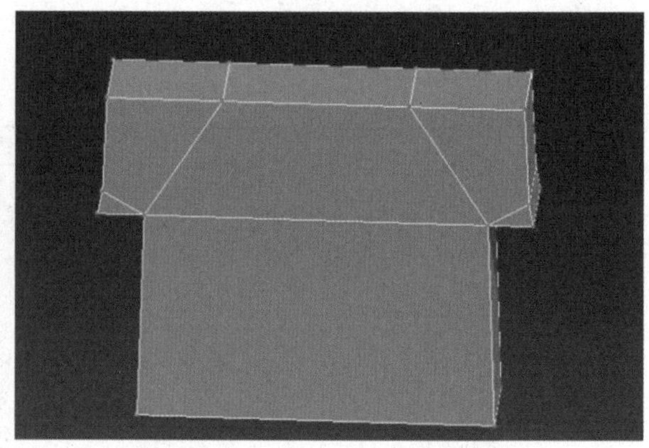

图 5 - 8

10. 做出大致主体模型后，旋转模型查看比例，然后调整模型的厚度，在编辑线层级 （快捷键 2）的情况下，选择编辑顶面的左右两根线条，单击鼠标右键选择“连接”命令，使它们连接成一根线，接着编辑新添加的线条，使用移动工具向上移动 Z 坐标轴，制作出屋顶的斜度，如图 5 - 10 所示。

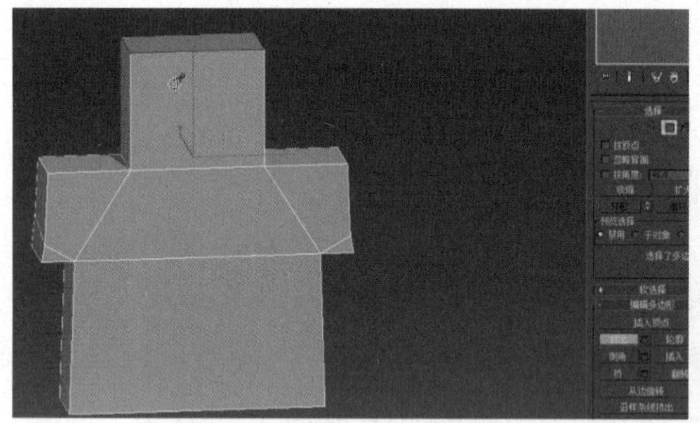

图 5 - 9

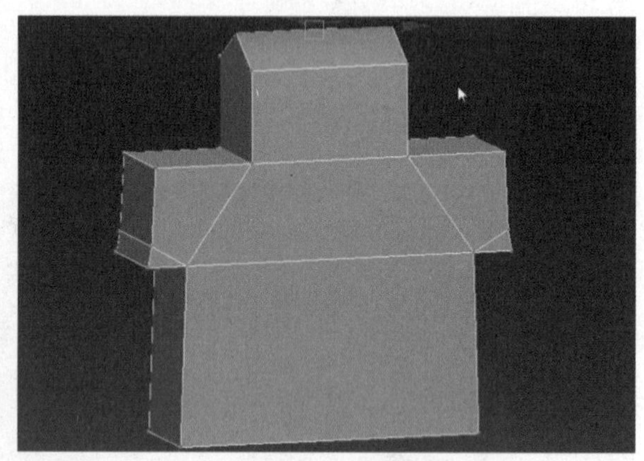

图 5 - 10

11. 为了节省制作 UV 空间和提高贴图精度，一般情况下模型需要对半制作，在编辑线层级 （快捷键 2）的情况下，选择模型并编辑前后所有的线条，单击鼠标右键选择“连接”或在控制面板中选择“连接”按钮；然后在编辑面层级 （快捷键 4）的情况下，选择模型另外一半的面，按 Delete 键进行删除，如图 5 - 11 所示。

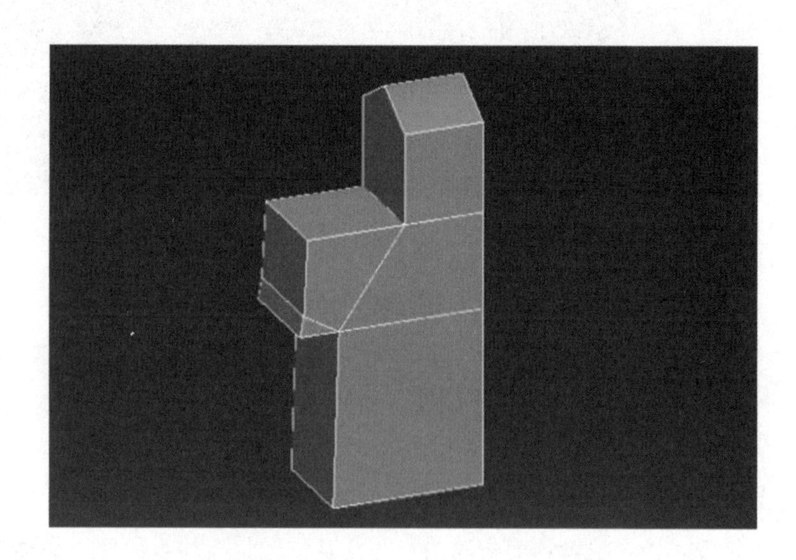

图 5 - 11

12. 在 3ds Max 工具栏中先单击“镜像”按钮 ，弹出镜像世界坐标窗口，根据镜像方向将 X 坐标轴进行镜像，再单击“确定”按钮，如图 5 - 12 所示。

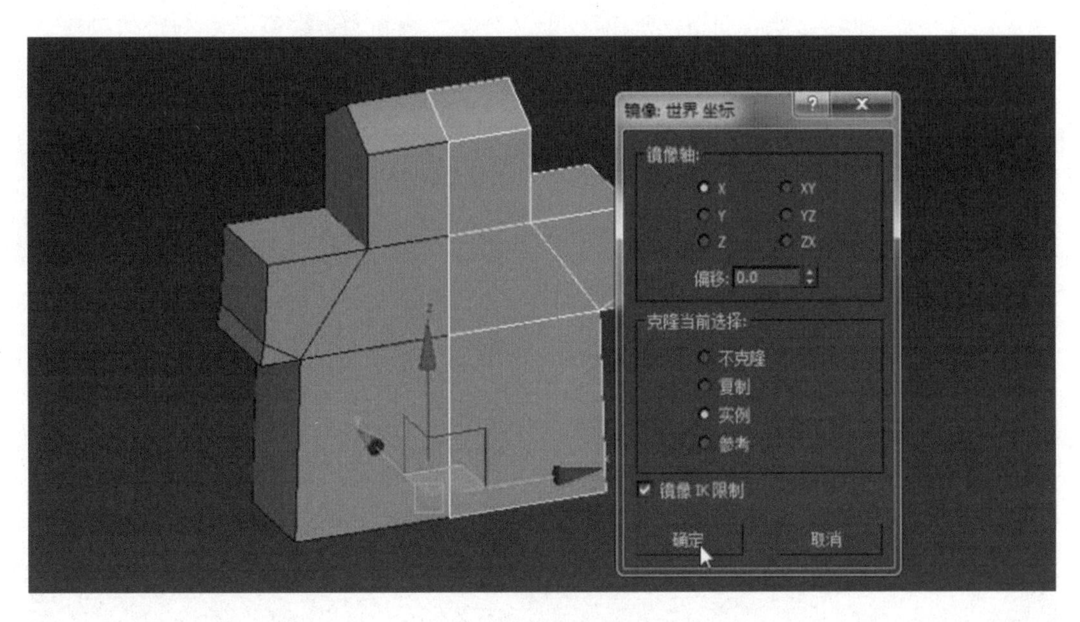

图 5 - 12

13. 接着根据顶部加线制作斜度的方法选择线条进行连线，然后使用移动工具调整 Z 坐标轴的高度，制作出屋顶的斜度，再调整比例完成清园门主体模型的制作，如图 5 - 13 所示。

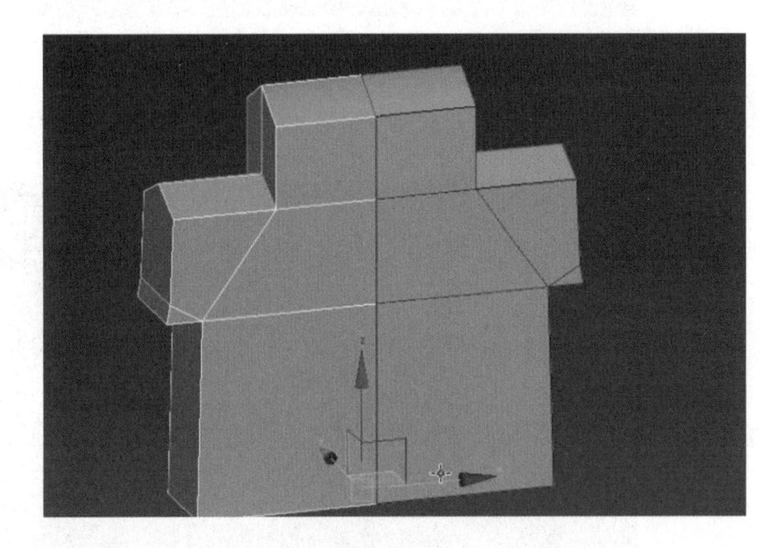

图 5 - 13

5.1.2　房檐、门模型的制作

1. 接着制作清园门的房檐模型，在编辑面层级　　（快捷键 4）的情况下，选择顶面，使用移动工具选择 Z 坐标轴，按住快捷键【Shift＋鼠标左键】复制出制作房檐模型所需的面，如图 5 - 14 所示。

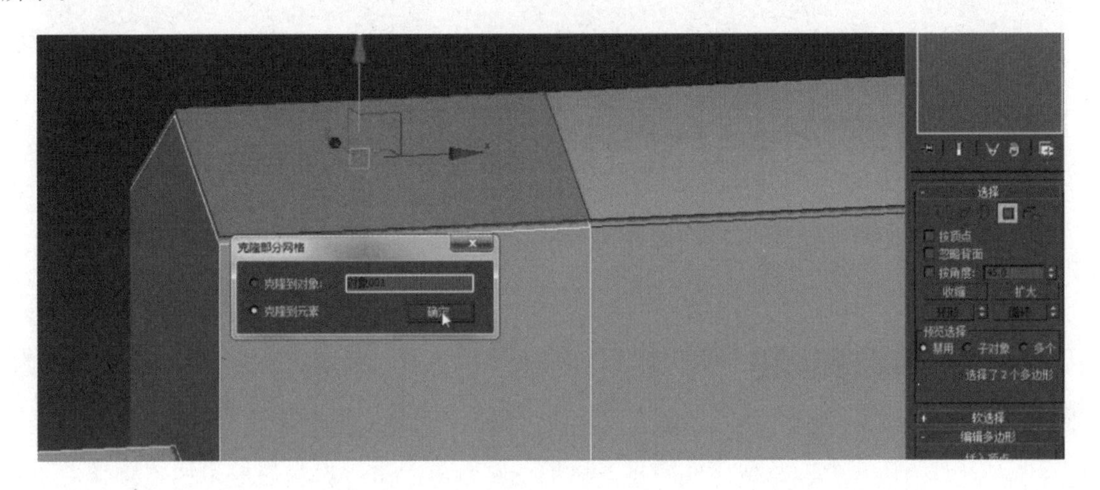

图 5 - 14

2. 复制出制作房檐模型的面后，单击控制面板中“分离”按钮 分离 将其与主体分离，分离后另一半的模型就会自动清除，接着再次“镜像”出另一半模型，删除房檐里不要的面，如图 5－15 所示。

图 5－15

3. 编辑房檐里所有的点将其向下移动与主体部分衔接，然后制作房檐侧面的结构，如图 5－16 所示。

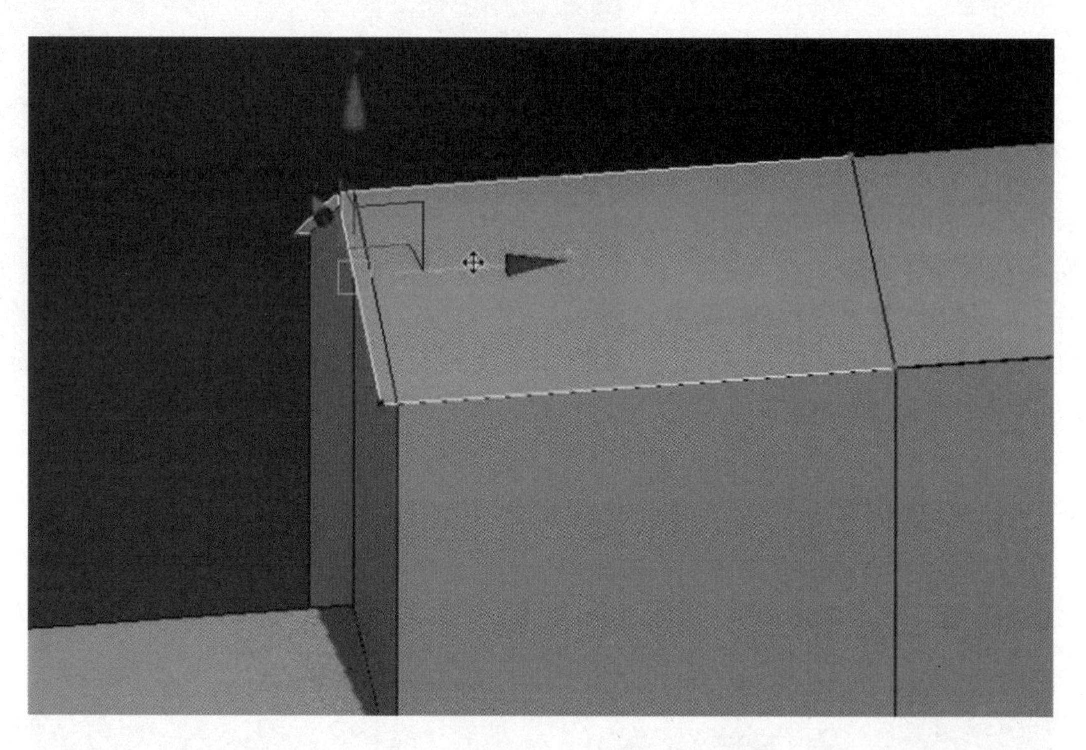

图 5－16

4. 在编辑面层级 （快捷键 4）的情况下，选择房檐的面，在控制面板中单击修改器列表 修改器列表 三角形按钮，调整外部量参数制作出房檐的厚度，如图 5－17所示。

5. 调整屋顶厚度后，将模型转换成可编辑多边形，删除另一半房顶模型后再次“镜像”出另一半，编辑房顶模型前后的点，调整屋檐部分的模型结构，如图 5－18 所示。

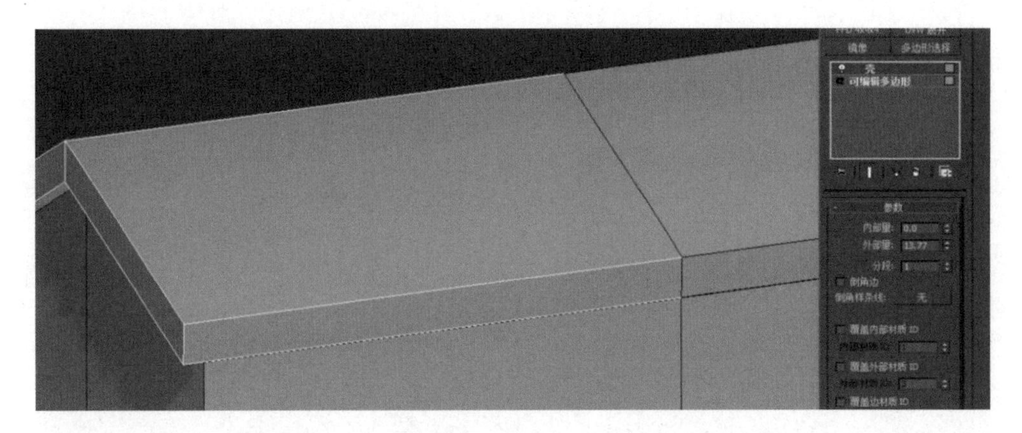

图 5 - 17

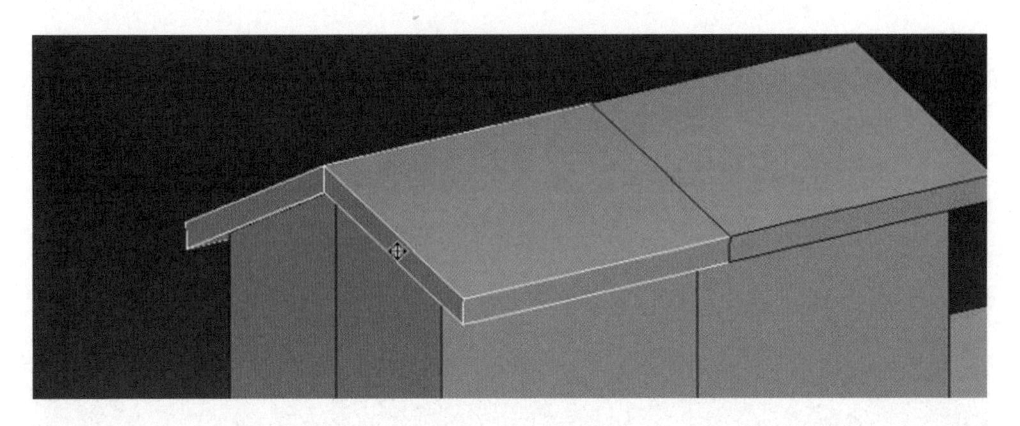

图 5 - 18

6. 接着新建一个几何体用来制作屋顶结构，将其坐标轴归 0，再转换成可编辑多边形，在编辑点层级（快捷键 1）的情况下，向上移动几何体到适当的位置，通过加线、删除、镜像另一半模型来确定屋顶结构的位置，如图 5 - 19 所示。

图 5 - 19

7. 先在几何体中加线，再编辑选择面，挤压出屋顶的第二层结构，接着继续加线调整屋顶的模型结构，如图 5 - 20 所示。

8. 制作完成屋顶模型后，将其四边形上的面进行连线，然后将模型转换成透视图模式，将看不见的面按 Delete 键进行删除，如图 5 - 21 所示。

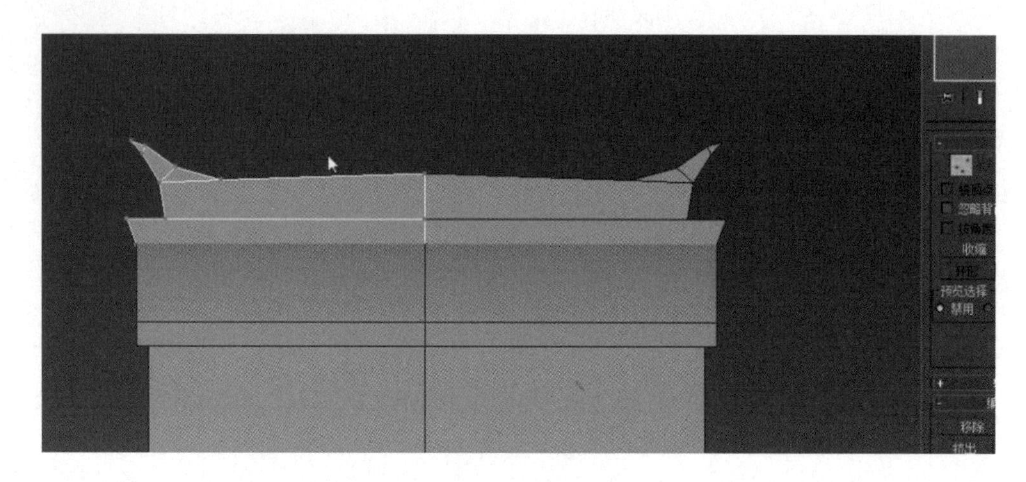

图 5－20

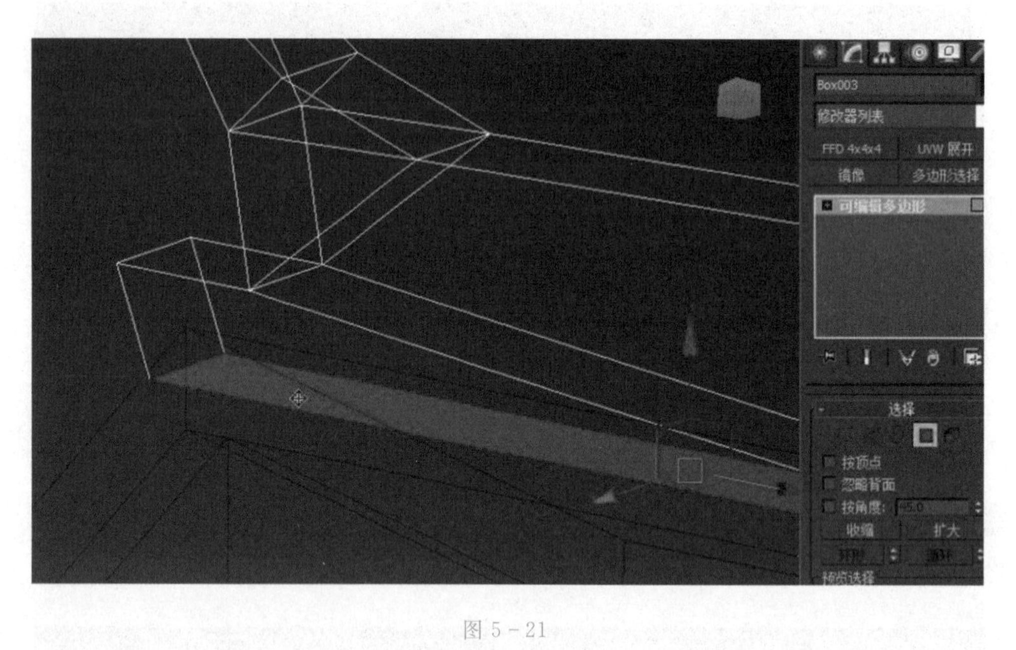

图 5－21

9. 选择屋顶模型按住快捷键【Shift＋鼠标左键】复制出另一部分的屋顶，调整其与其他模型的关系，如图 5－22 所示。

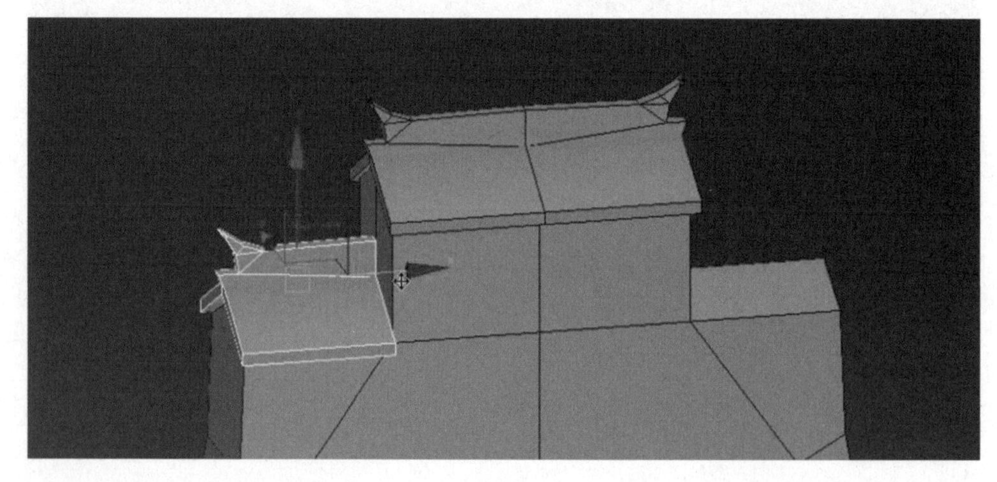

图 5－22

10. 在编辑面层级（快捷键 4）的情况下，选择不需要的底面，按 Delete 键进行删除，如图 5－23所示。

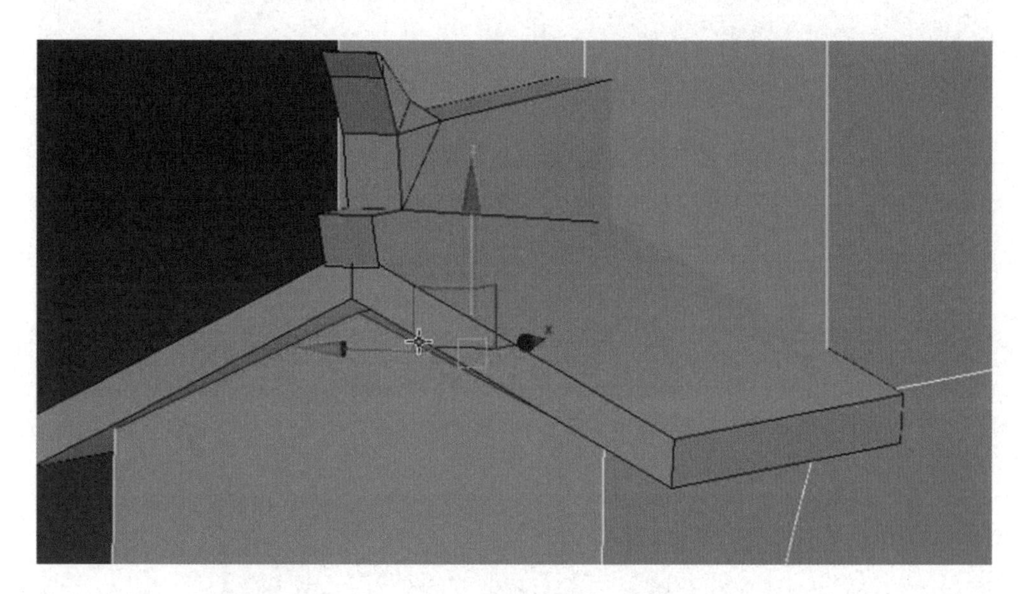

图 5－23

11. 复制完模型后有时候会出现坐标轴偏移的情况，先在控制面板中单击“层次”命令按钮，再在调整轴中单击“仅影响轴” 仅影响轴 按钮后，让 X、Y、Z 坐标轴 0.0 Y: 0.0 Z: 0.0 全部归 0，并使模型坐标轴也归 0，如图 5－24 所示。

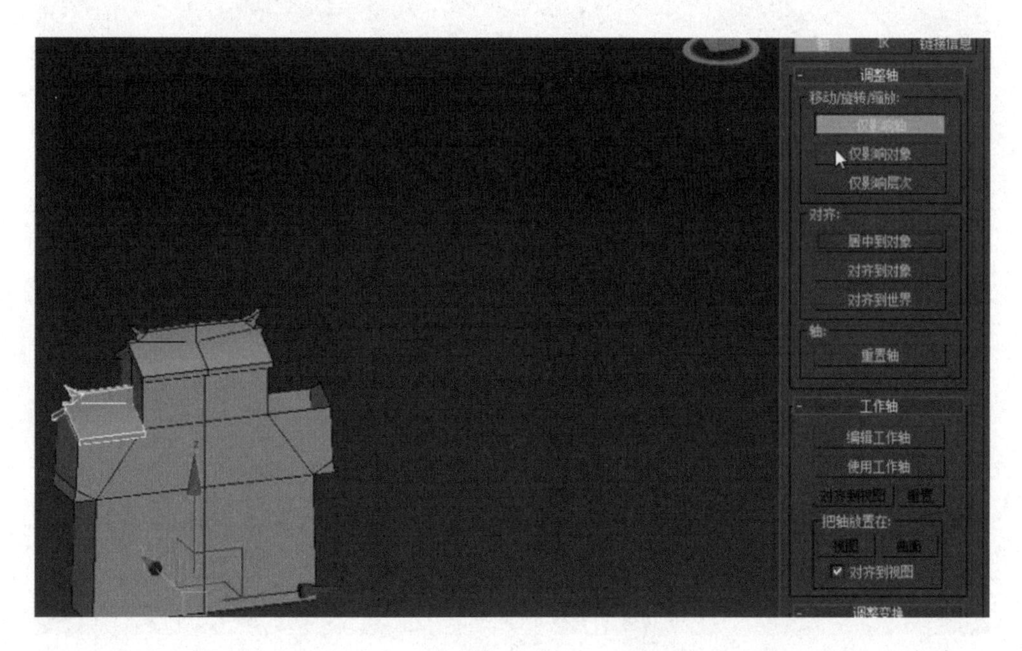

图 5－24

12. 接着镜像出另一边屋顶模型，然后在编辑点层级（快捷键 1）的情况下，调整模型的结构位置，如图 5－25 所示。

13. 在主体中选择一个由正面模型复制出来的面，在编辑补面层级的情况下，选择面边缘线，按住快捷键【Shift＋鼠标左键】移动 Y 坐标轴复制出几何体厚度，如图 5－26 所示。

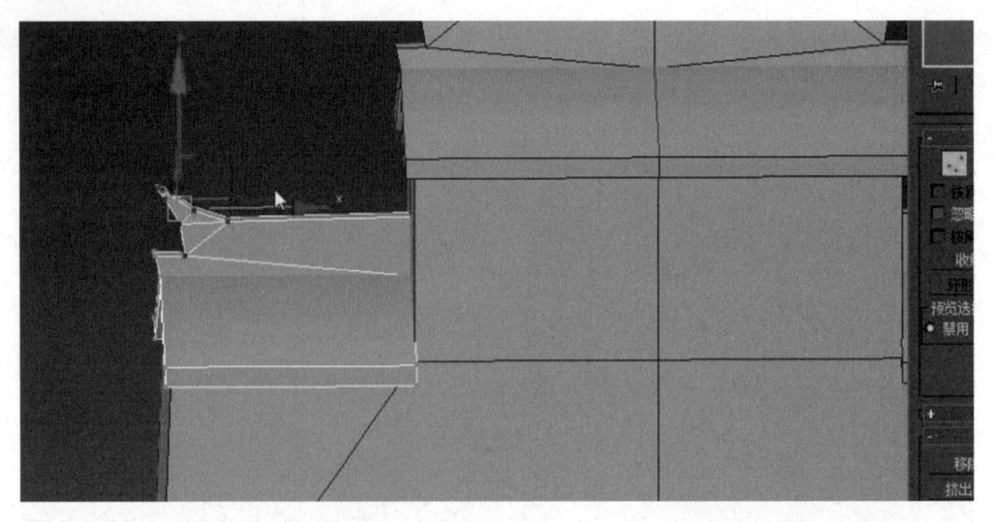

图 5－25

图 5－26

14. 接着调整模型的厚度、斜度及比例，镜像出另一半模型，将隐藏的面删除，如图 5－27 所示。

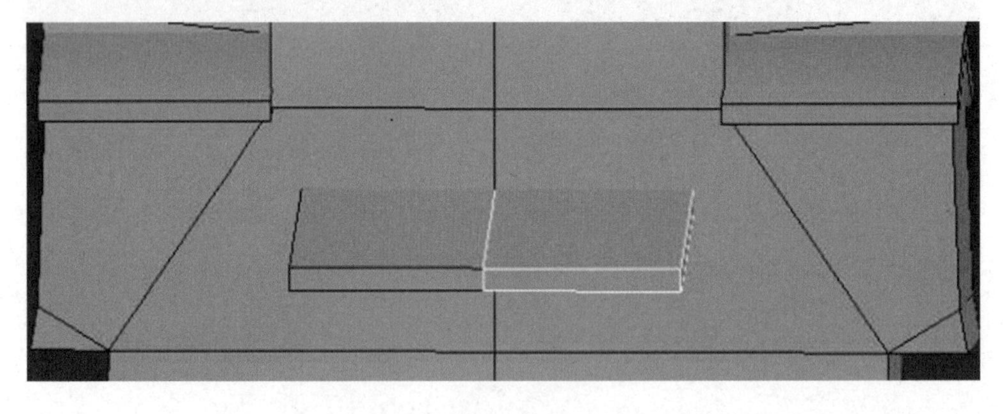

图 5－27

15. 新建一个几何体后先将其进行归 0，再转换成可编辑的多边形，接着调整制作出前面屋顶支柱结构，然后再“镜像”出另一半模型，如图 5－28 所示。

16. 做完整体的房檐后，检查模型的布线情况，将需要的线条连接，接着制作出牌匾的结构，如图 5－29所示。

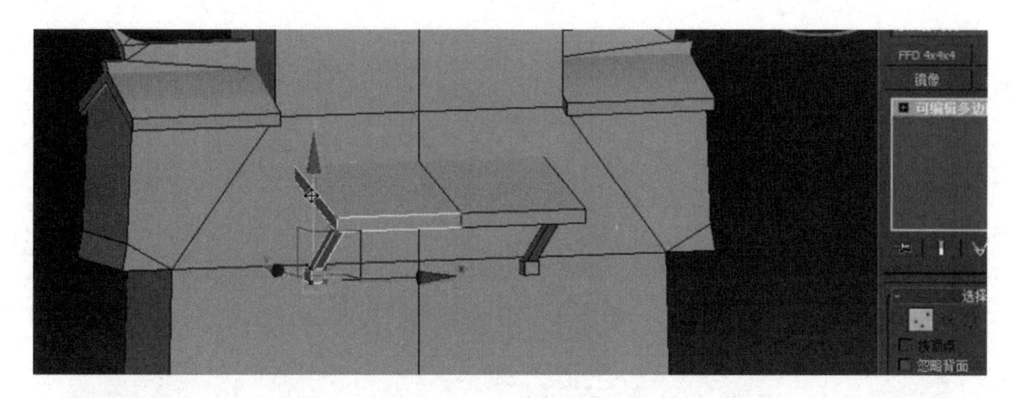

图 5 - 28

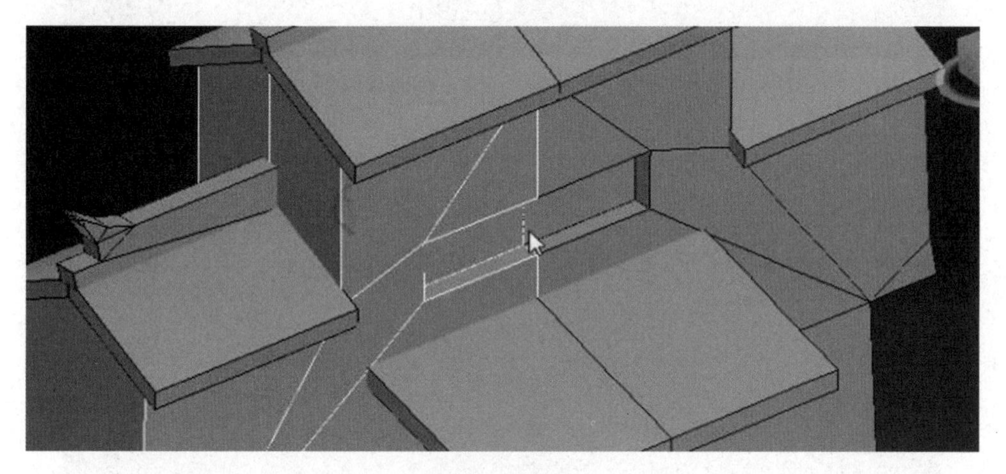

图 5 - 29

17. 再次检查整体模型结构和线条是否合理化，如图 5 - 30 所示。

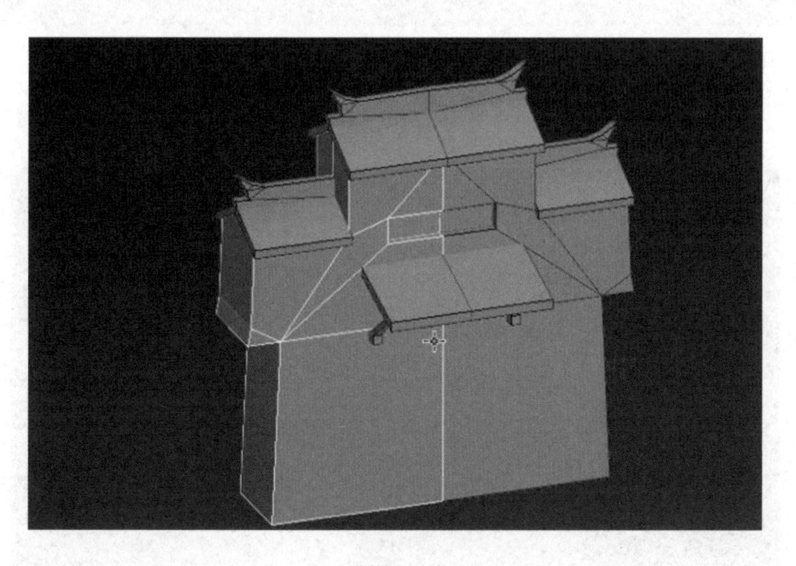

图 5 - 30

18. 接着在清园门主体的底面上编辑线层级，并加一根线条，使用移动工具向上移动制作出门宽的大致结构，如图 5 - 31 所示。

19. 在门的内侧选择一个面后将其复制，先使用编辑补面层级，再按住 Shift 键复制出几何体的厚度，接着通过加线调整制作出门内部的支撑结构，如图 5 - 32 所示。

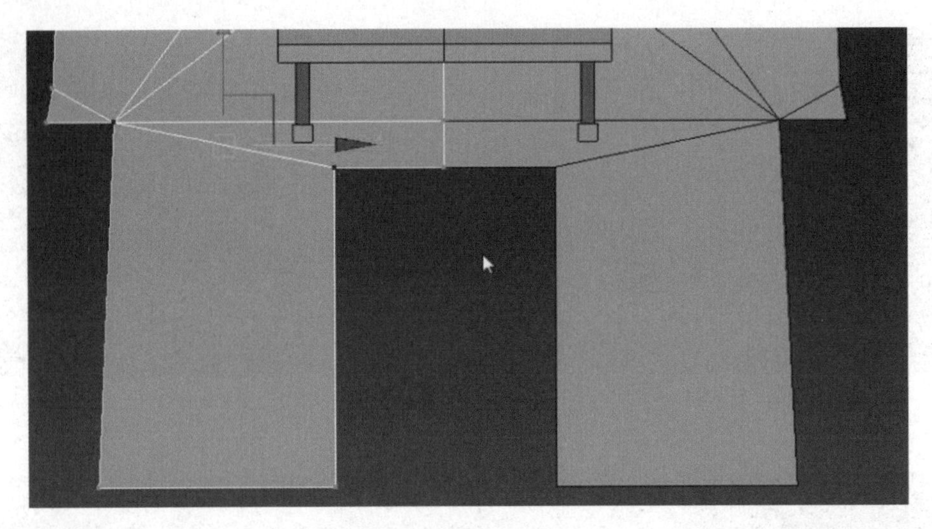

图 5 - 31

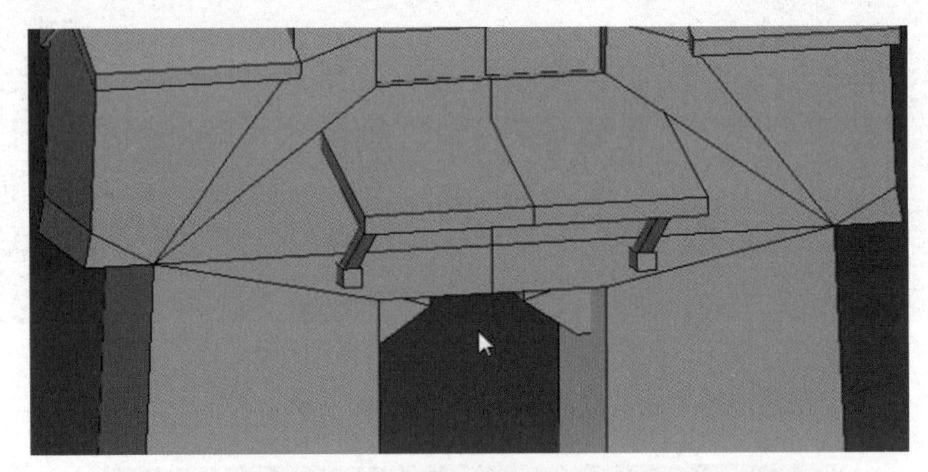

图 5 - 32

20. 接着删除模型底面和隐藏面，然后将模型命名后保存，完整的清园门模型如图 5 - 33 所示。

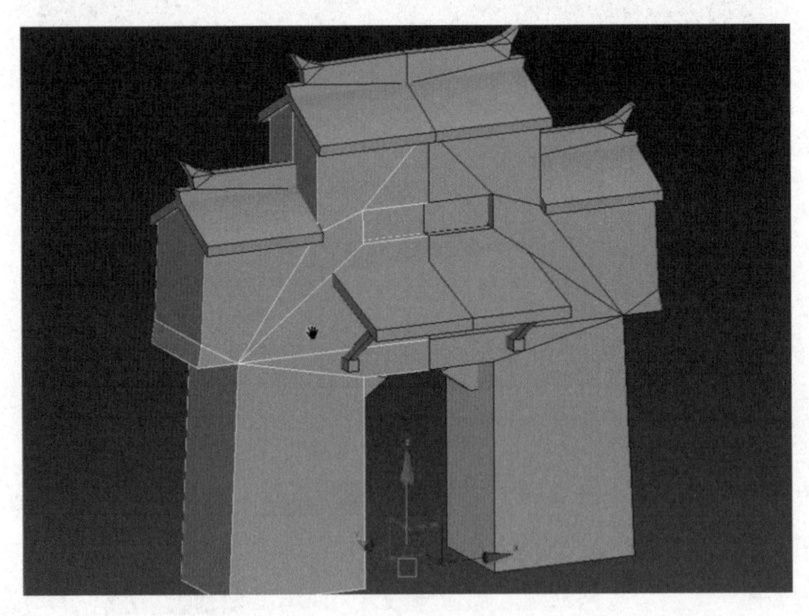

图 5 - 33

5.2　清园门模型 UV 拆分

5.2.1　墙体模型 UV 拆分和提取 UV 线

1. 清园门拆分 UV 时，只需要拆分模型的一半，主体模型拆分 UV 之前，需考虑各个结构模型之间的关系。由于模型基本上都是使用镜像命令来制作的，所以合并模型时会出现重复的情况，这时可以先将需合并模型当中的另一半删除，然后单击控制面板中“附加”按钮 附加 进行编辑合并模型，如图 5－34所示。

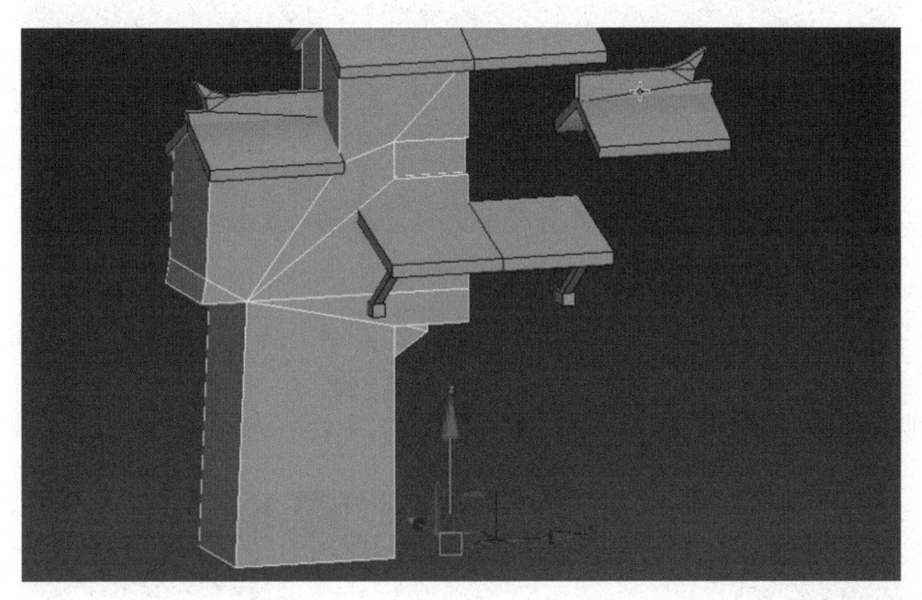

图 5－34

2. 接着先根据 X 坐标轴镜像出清园门的另一半结构，然后再合并模型，如图 5－35 所示。

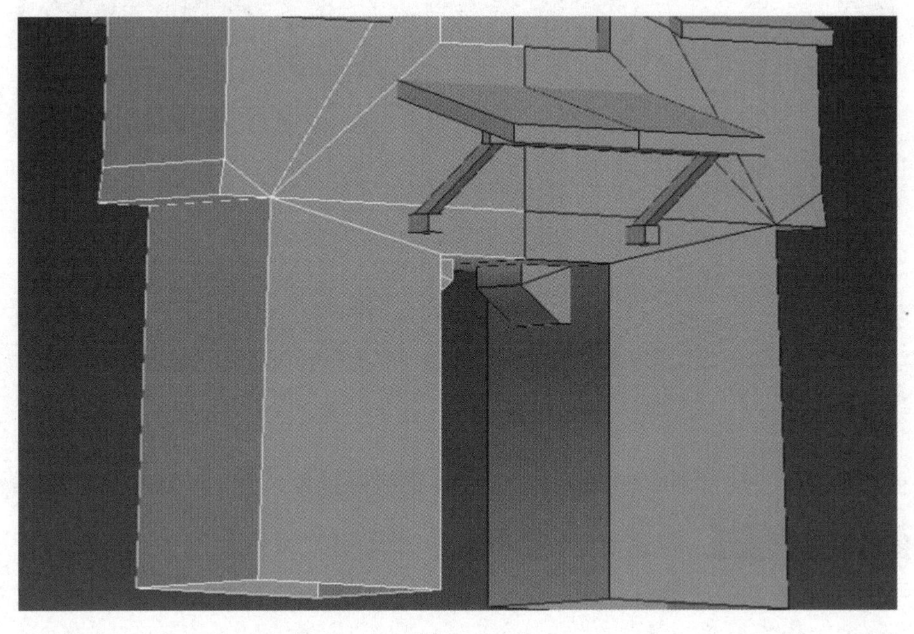

图 5－35

3. 先给模型设置一个带有棋盘格的材质球，按快捷键【M】弹出材质编辑器窗口，单击选择一个默认的空白材质球，再单击 Blinn 基本参数命令中漫反射右边的方块按钮 漫反射: ，弹出材质/贴图浏览器窗口；然后单击“棋盘格”按钮 棋盘格 ，再次单击“确定”按钮，如图 5 - 36 所示。

图 5 - 36

4. 使用真实世界比例中瓷砖部分边框里的 U 和 V 参数进行设置，比如，设置为 30∶30；接着在材质编辑器窗口单击“将材质指定给选定对象”按钮 ，再单击窗口中“显示明暗处理材质”按钮 ，将材质球赋予在模型上，如图 5 - 37 所示。

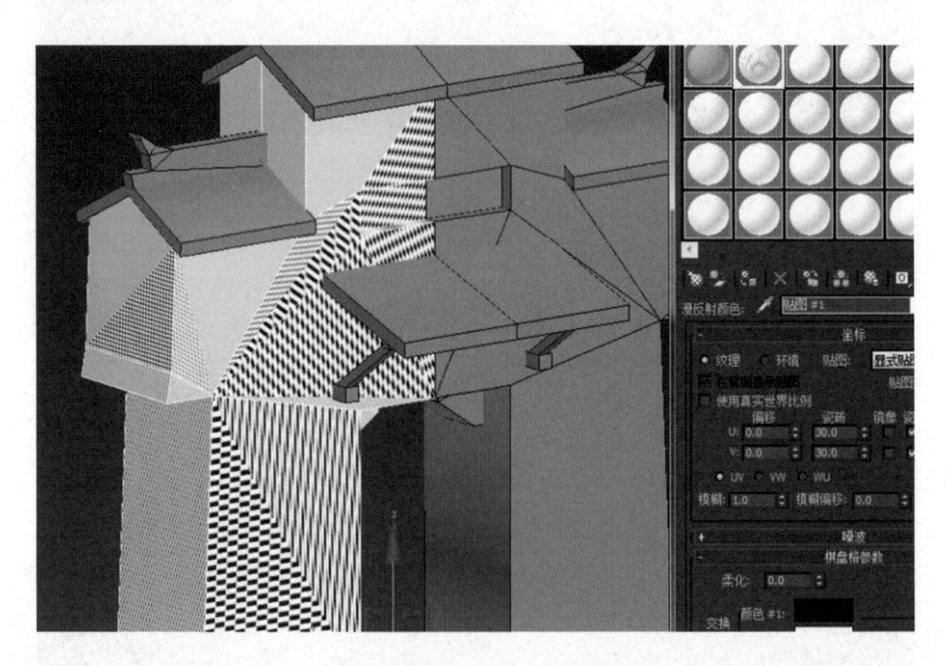

图 5 - 37

5. 在控制面板中单击设置好的“UVW 展开”按钮 UVW展开 ，接着在编辑 UV 中再单击“打开 UV 编辑器”按钮 打开UV编辑器 ，进入编辑 UVW 窗口，如图 5 - 38 所示。

6. 先在模型 UV 坐标方向的控制面板中单击投影的平面贴图，并对齐 Y 坐标轴映射主体模型 UV，如图 5 - 39 所示。

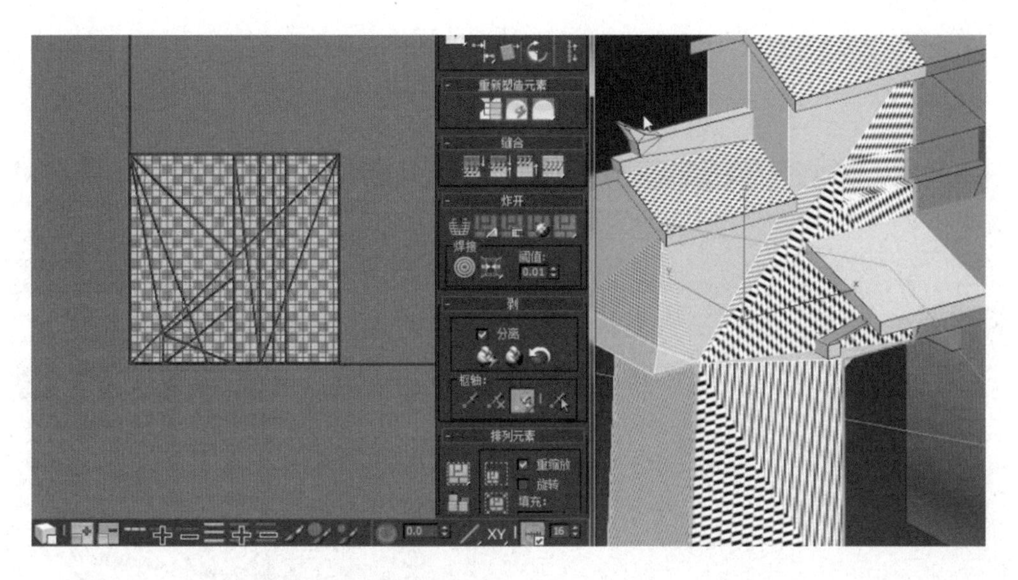

图 5 - 38

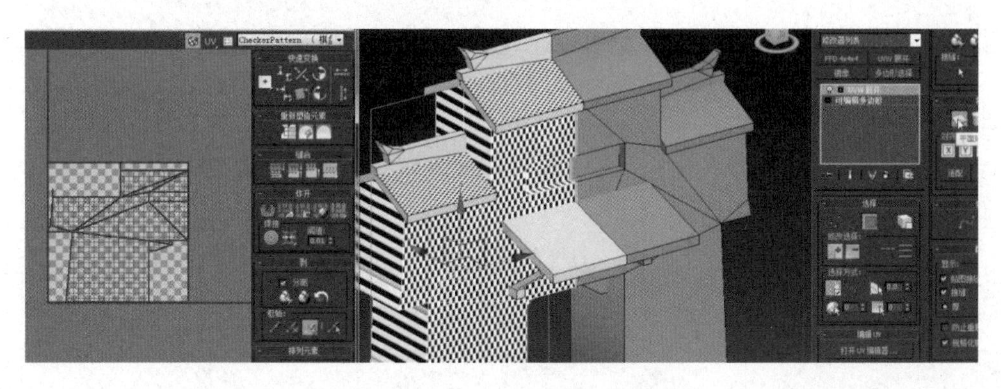

图 5 - 39

7. 接着在 UVW 窗口中的面层级 上选择所有主体模型的侧面，在平面贴图映射中单击 X 坐标轴并映射出 UV 形状，再次单击“断开”按钮 进行分离，然后使用鼠标将其移动出来，如图 5 - 40 所示。

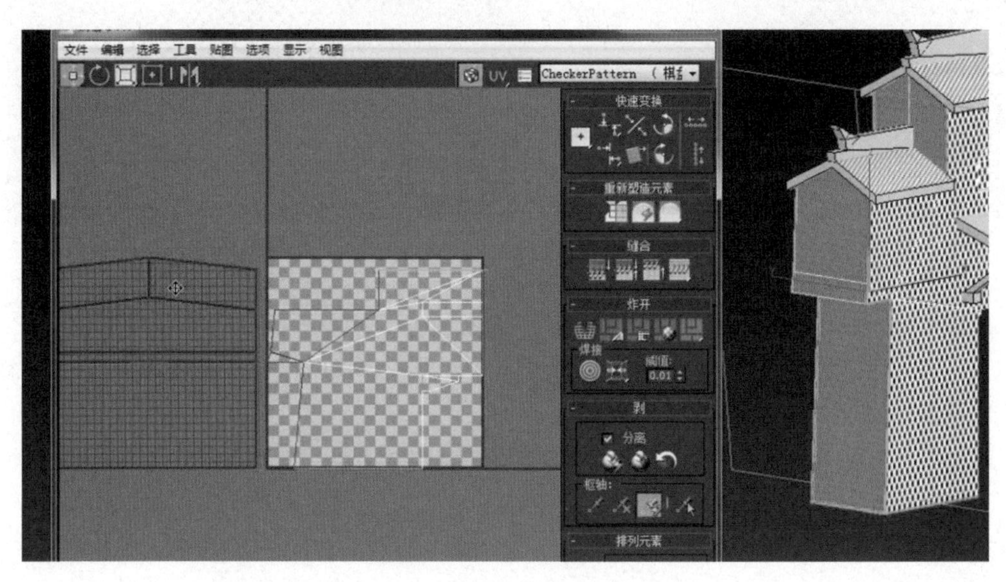

图 5 - 40

8. 在编辑面层级 的情况下，选择部分面，并向上移动展开隐藏的 UV 线，然后再依次整理侧面的 UV 线，将棋盘格调整为正方形，如图 5 - 41 所示。

图 5 - 41

9. 由于主体模型前面的 UV 线之前已经映射过了，所以可以直接将其移动出去并展平 UV 棋盘格，如图 5 - 42 所示。

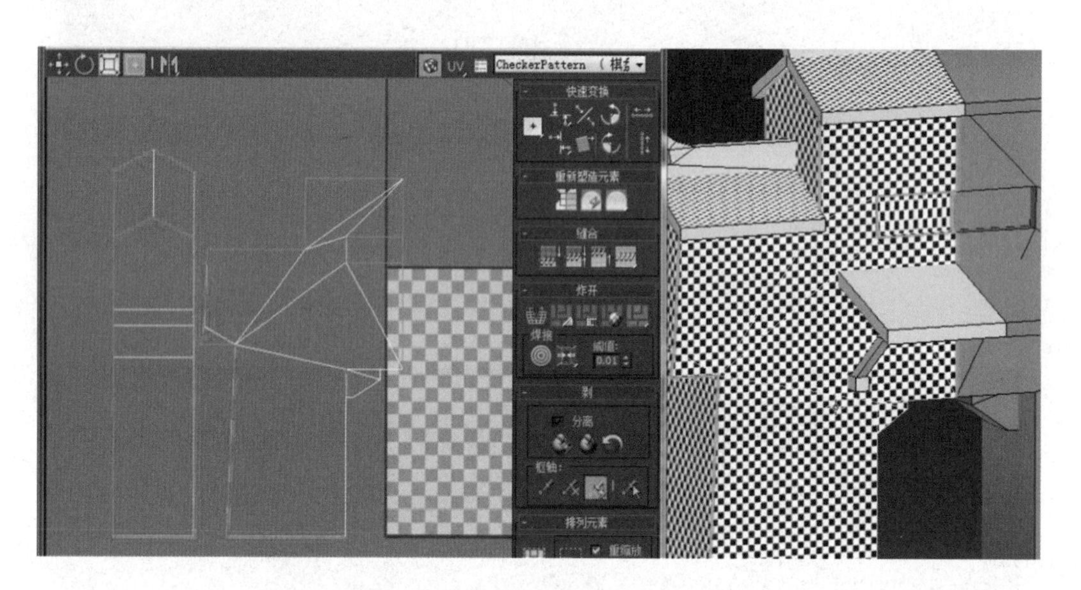

图 5 - 42

10. 接着编辑线层级（快捷键 2），将正门中间牌匾位置的 UV 单独断开，将 UV 线移出来，断开直角部分的 UV 线，然后在编辑 UVW 窗口中单击“工具”命令，选择“松弛”按钮对 UV 线进行展开，再次调整棋盘格大小，如图 5 - 43 所示。

11. 同理根据 UV 坐标轴方向，先单击 X、Y 坐标轴进行展开，再用调整 UV 线的方法展开其他部分的 UV 线，如图 5 - 44 所示。

12. 调整完 UV 线后将其全部同比例缩小，然后把主体模型的 UV 线依次合理地摆放到工作区域里，能公用的 UV 一定要摆放在一起，充分合理地利用 UV 空间，使其达到最大精度的贴图效果，如图 5 - 45 所示。

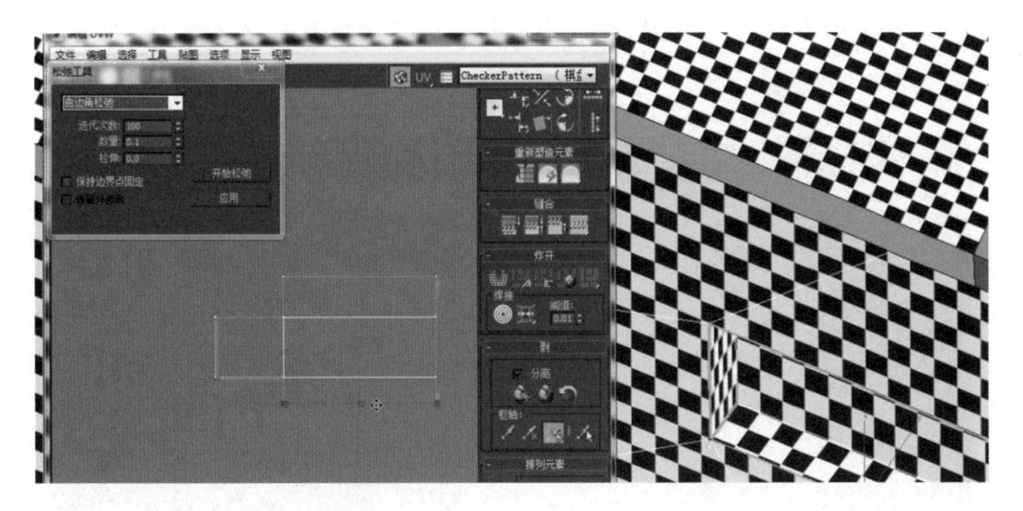

图 5 - 43

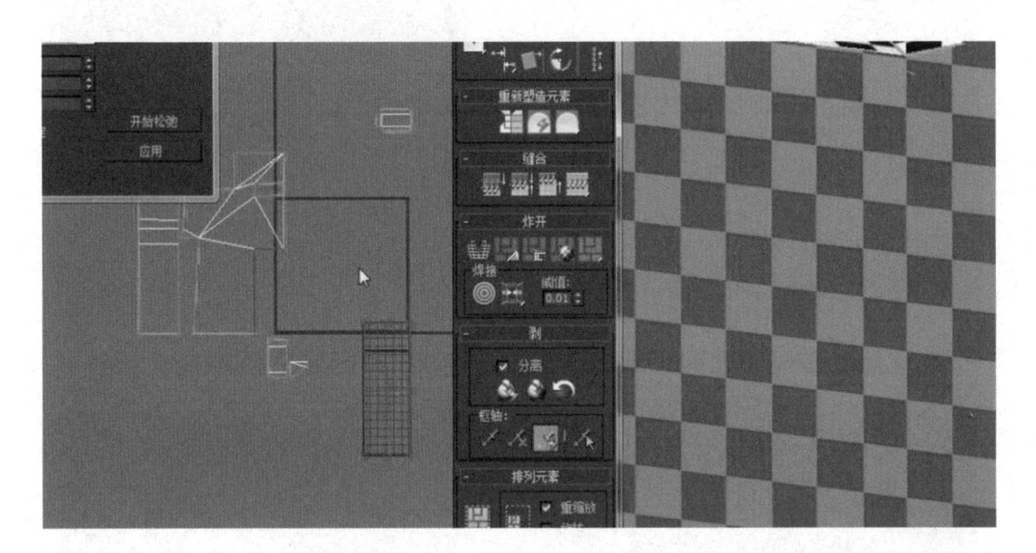

图 5 - 44

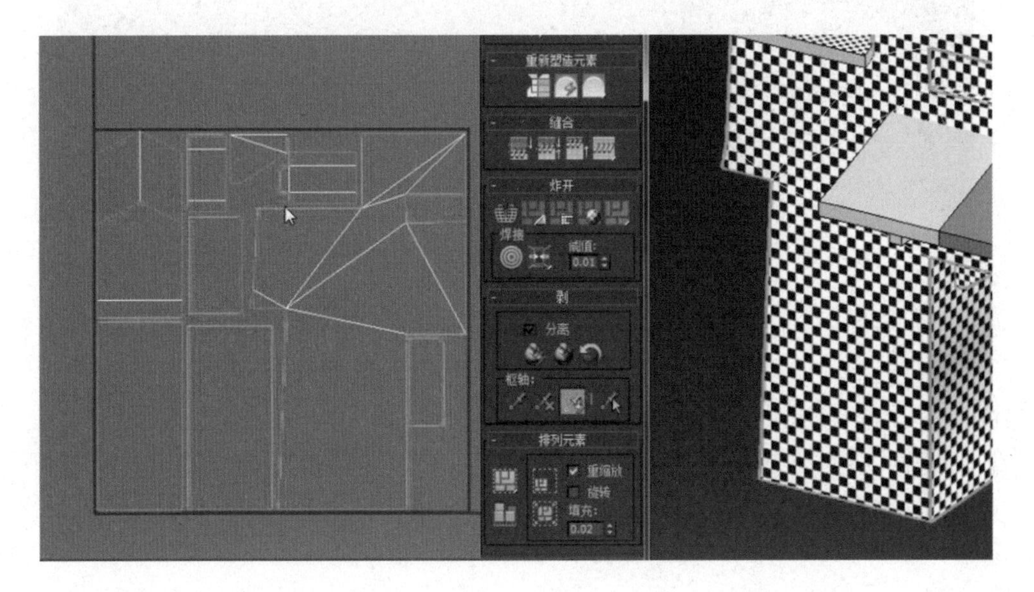

图 5 - 45

13. 在模型 UV 线摆放完成后，将 UV 线导出，单击编辑 UVW 窗口菜单栏中的“工具”按钮，再次单击“渲染 UVW 模版”按钮，如图 5 - 46 所示。

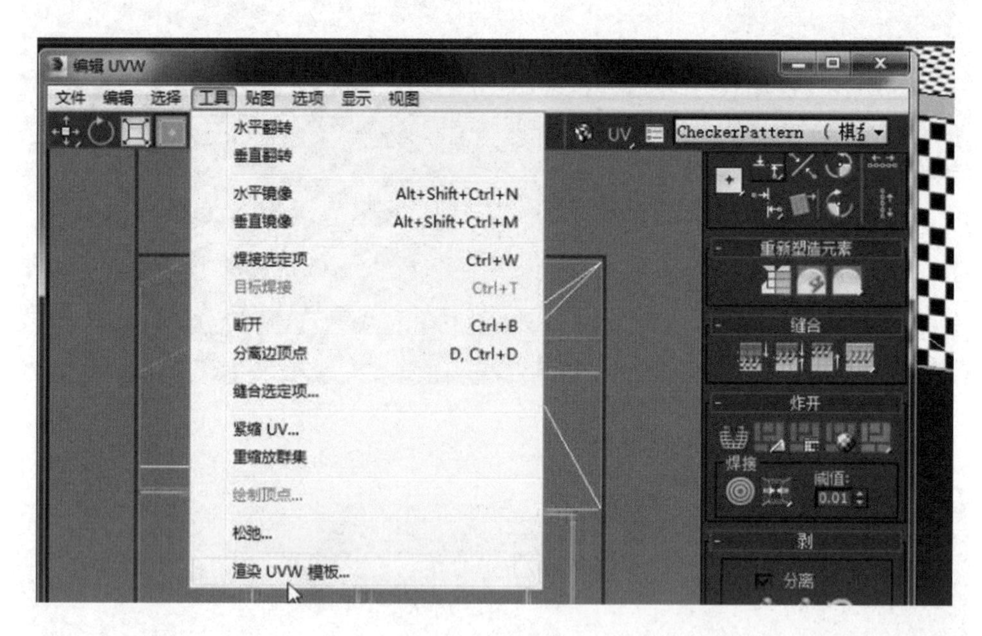

图 5 - 46

14. 单击“渲染”按钮后进入渲染 UVs 窗口，设置高度和宽度的参数分别为 512（这里需根据项目要求设置贴图大小），再单击“渲染 UV 模版”，如图 5 - 47 所示。

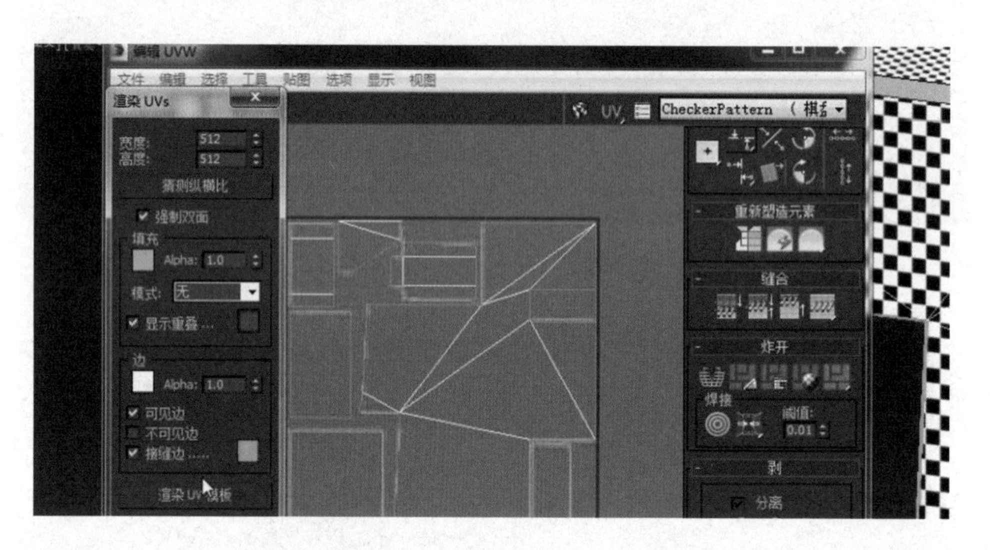

图 5 - 47

15. 在渲染贴图窗口中单击“保存图像”按钮，弹出保存图像窗口后设置保存类型为 BMP，文件命名为“清园门 UV”，找到之前新建的清园门文件夹，将其文件夹打开后单击“保存”按钮进行保存（可以根据自己的需求设置保存位置），如图 5 - 48 所示。

16. 保存好 UV 后，单击鼠标右键打开“UVW 展开”按钮 UVW展开 ，单击“塌陷全部”按钮，再单击“是”按钮，关闭编辑 UV 窗口，如图 5 - 49 所示。

17. 接着按快捷键【M】弹出材质编辑器窗口，将带有棋盘格的材质球赋予到另一半模型上，如图 5 - 50所示。

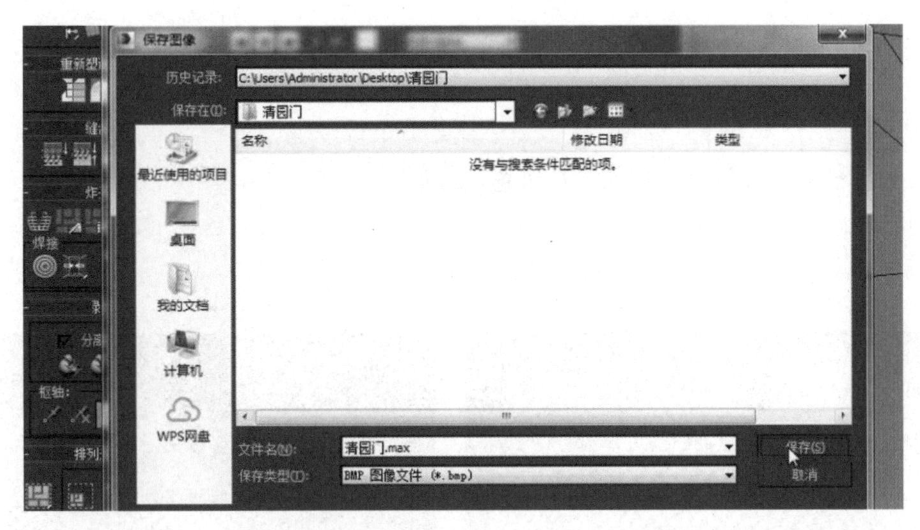

图 5－48

图 5－49

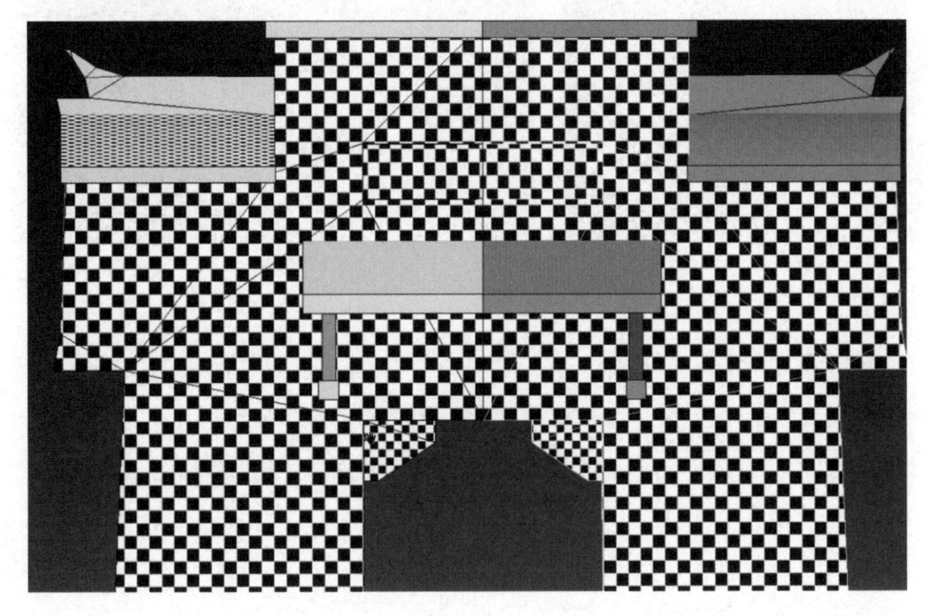

图 5－50

5.2.2 房檐模型 UV 展开和提取 UV 线

1. 清园门的房檐拆分 UV 的方法和主体模型一样，需要拆分一半的模型，先将房檐和支柱部分的模型删除一半，然后单击控制面板中“附加”按钮 附加 合并模型，如图 5-51 所示。

2. 接着将房顶和支柱模型根据 X 坐标轴“镜像”出另一半，然后合并模型，从而得到一个完整的屋顶，如图 5-52 所示。

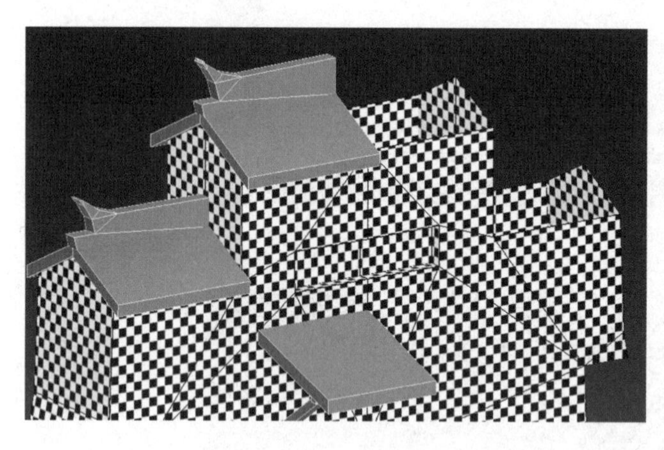
图 5-51

图 5-52

3. 按快捷键【M】弹出材质编辑器窗口，将带有棋盘格的材质球赋予到屋顶模型上，如图 5-53 所示。

4. 单击控制面板修改器列表中“UVW 展开”按钮 UVW展开，接着再单击编辑 UV 命令中的“打开 UV 编辑器”按钮 打开UV编辑器，进入编辑 UVW 窗口，如图 5-54 所示。

图 5-53

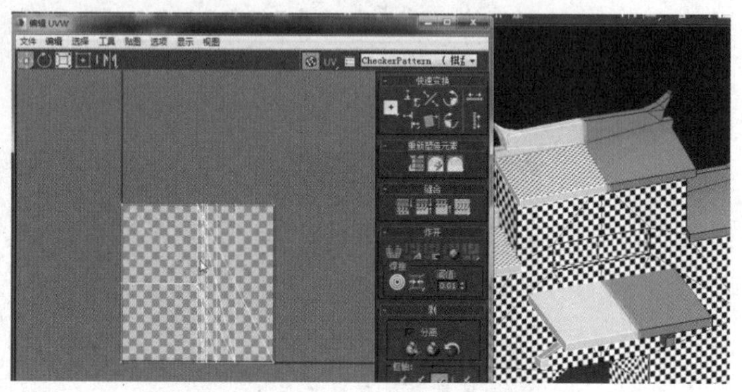
图 5-54

5. 在编辑面层级 的情况下，选择所有的 UV 线，单击右边控制面板中投影的“平面贴图”命令 ，在 UV 映射最大面积的情况下，单击选择对齐选项使 Z 坐标轴映射出 UV 线，如图 5-55 所示。

6. 接着编辑选择屋顶模型所有的底面 UV 线，再单击“断开”按钮 ，将底面的 UV 线断开分离，如图 5-56所示。

7. 在编辑线层级 的情况下，选择侧面与正面公用的 UV 线，将其 UV 线断开，接着调整前屋顶的顶面、侧面和正面 UV 棋盘格比例，如图 5-57 所示。

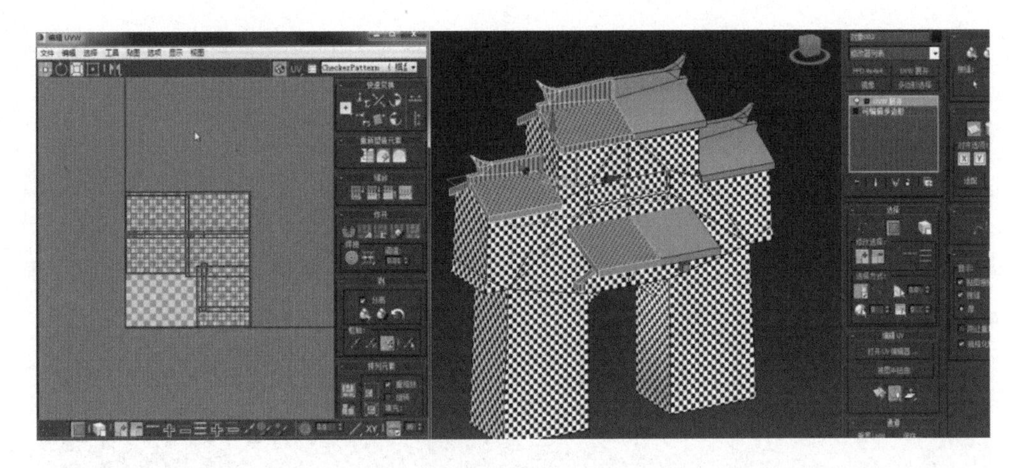

图 5－55

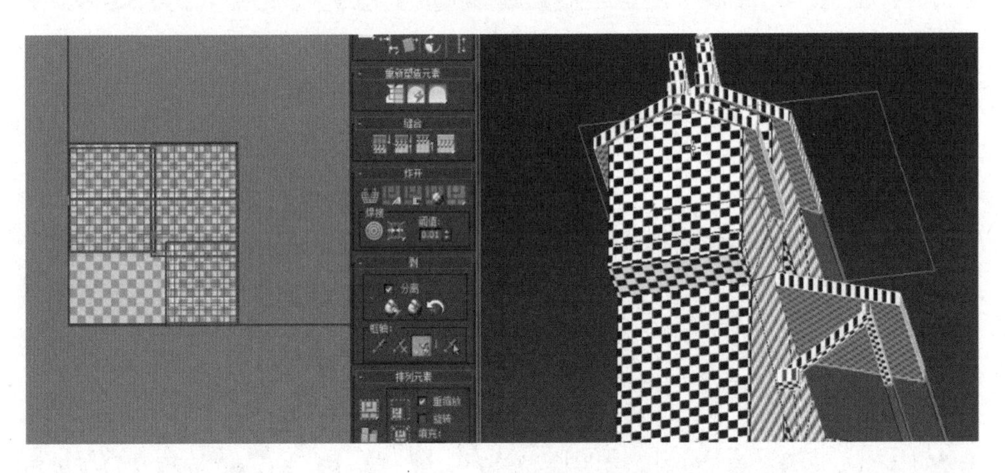

图 5－56

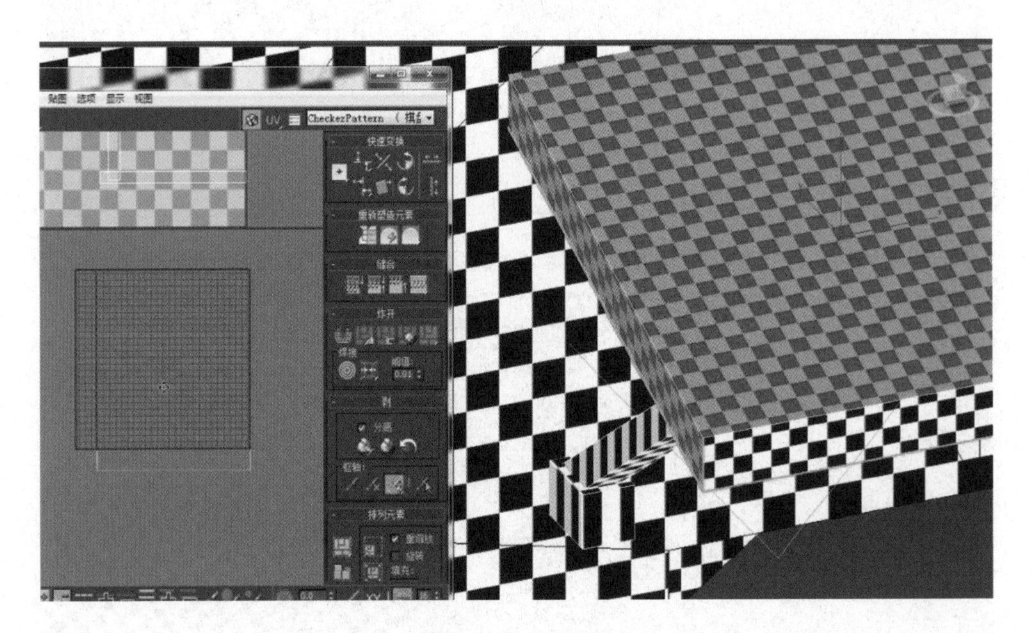

图 5－57

8. 接着拆分屋顶上面的 UV 线，考虑到屋顶前后 UV 线的公用问题，可把屋顶前后的 UV 线先断开，然后再折叠到一起，如图 5－58 所示。

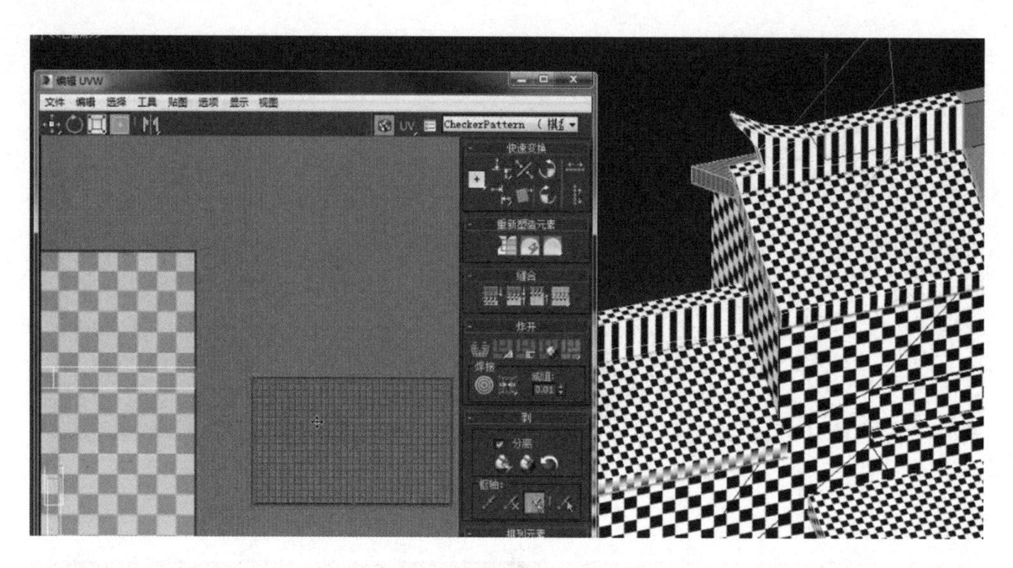

图 5－58

9. 在编辑线层级 的情况下，选择屋顶两个侧面与正面公用的 UV 线将其断开，然后在编辑面层级 的情况下，调整屋顶的顶面、侧面和正面 UV 棋盘格比例，如图 5－59 所示。

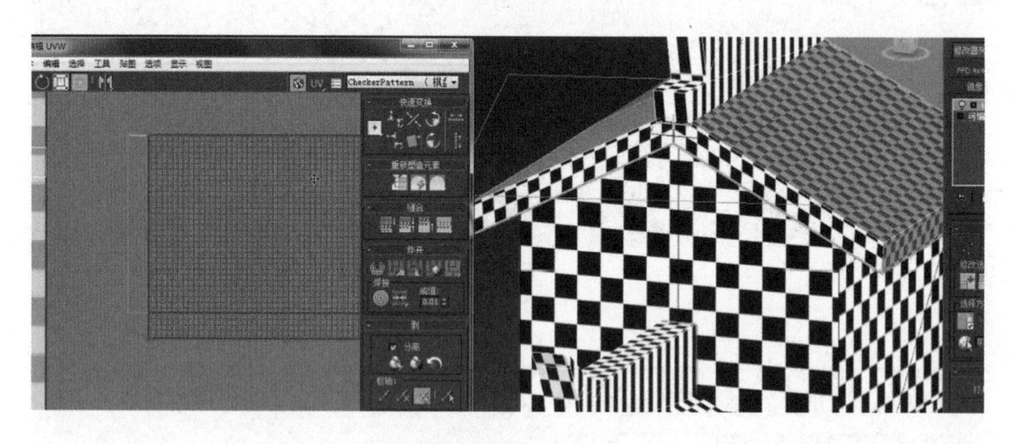

图 5－59

10. 同理，根据前文讲述拆分屋顶 UV 线的方法和流程，拆分出左下边屋顶的 UV 线，如图 5－60 所示。

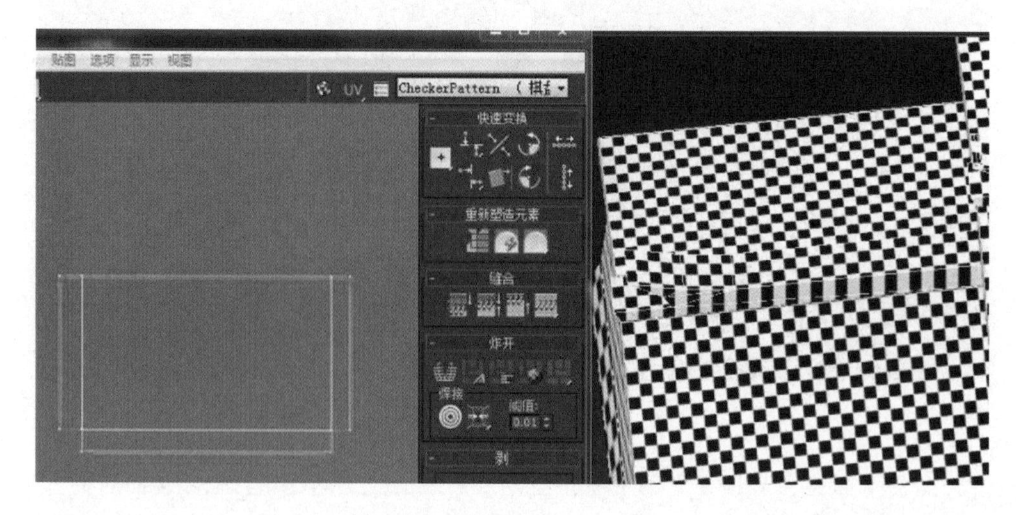

图 5－60

11. 接着在编辑面层级的情况下，选择两个屋顶，单击控制面板中投影的“平面贴图”按钮，再根据 UV 最大面积选择 Z 坐标轴并映射出 UV 线的形状，如图 5-61 所示。

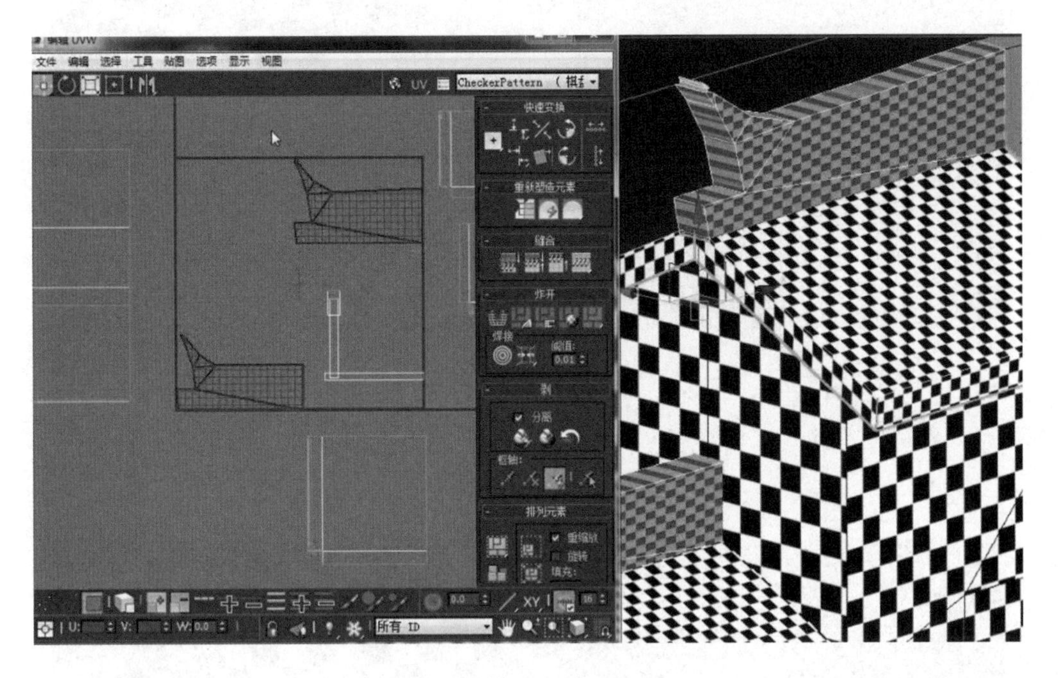

图 5-61

12. 将最上面的屋顶模型移出 UV 线的工作区域，调整前面 UV 线的棋盘格比例，接着选择屋顶侧面的 UV 线，单击控制面板中投影的“平面贴图”按钮，再根据 UV 最大面积选择 X 坐标轴并映射出 UV 线形状，再次调整侧面 UV 线棋盘格比例，如图 5-62 所示。

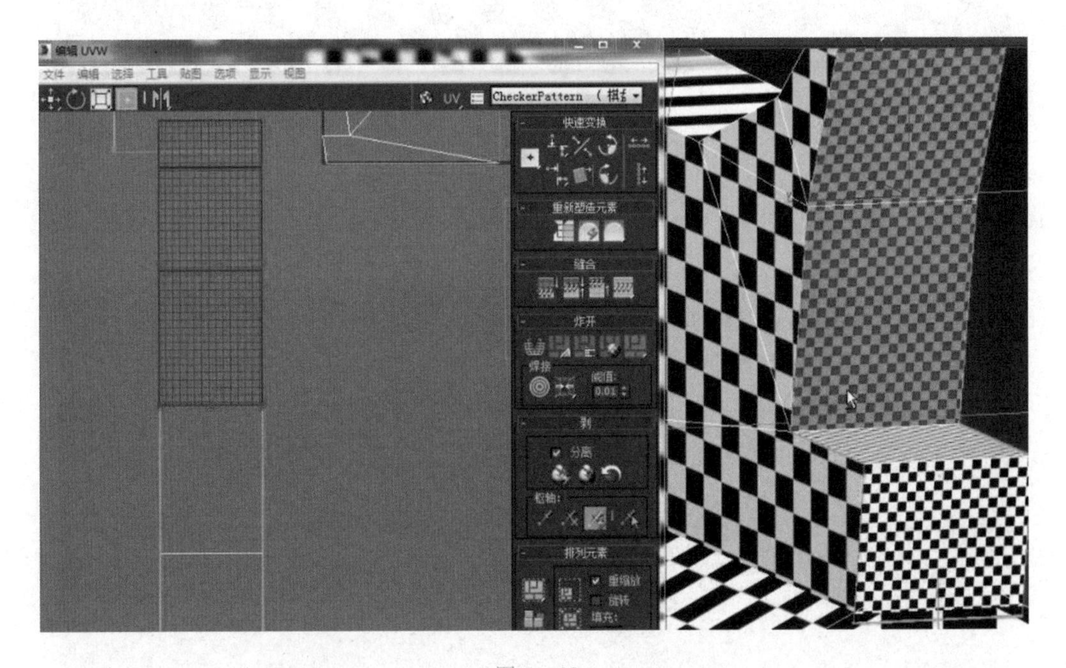

图 5-62

13. 将屋顶侧面的 UV 线拆分完成后，使用“自由形式模式”把 UV 线等比例缩放，接着选择屋顶顶面，单击控制面板中“平面贴图”按钮，单击 X 坐标轴并映射出 UV 线形状，如图 5-63所示。

图 5 - 63

14. 接着对屋顶模型中 X 坐标轴映射不到 UV 线的位置进行调整，使其棋盘格为正方形，如图 5 - 64 所示。

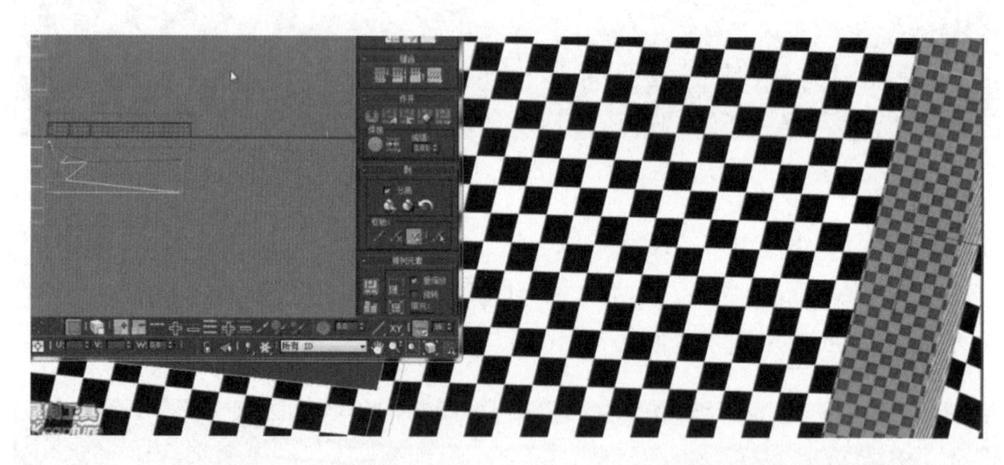

图 5 - 64

15. 同理，先将屋顶模型平移出 UV 线的工作区域，根据上一个屋顶 UV 线的拆分方法和流程拆分出另一个屋顶 UV 线，如图 5 - 65 所示。

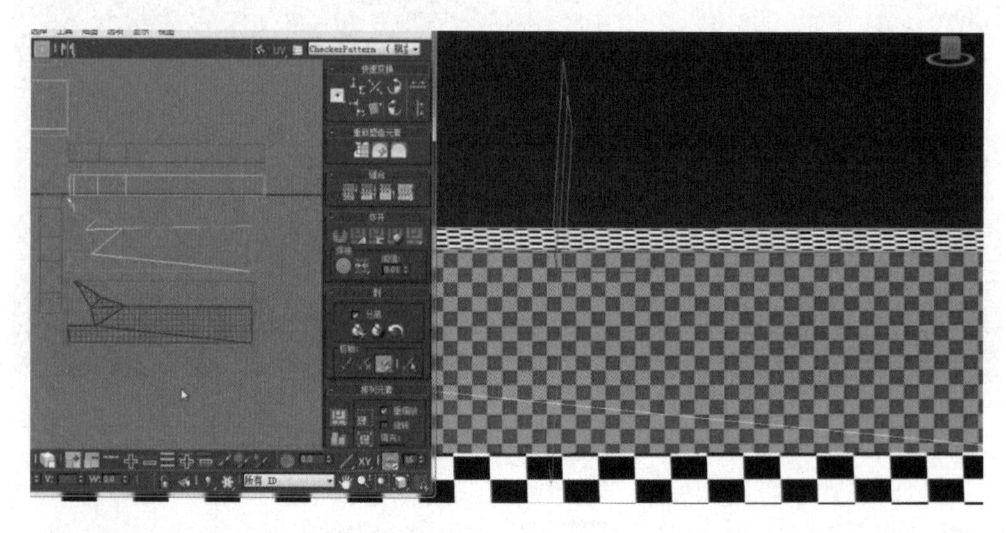

图 5 - 65

16. 接着使用同样的方法将屋顶上的翘角拆分出 UV 线，如图 5－66所示。

图 5－66

17. 拆完屋顶模型的 UV 线后，接着对屋檐支柱模型的 UV 线进行拆分，先考虑是采用全部展开的方式还是公用 UV 线的方式，在这里我们采用的是全部展开的方式，先找一根对后续贴图接缝影响不大的 UV 线并将其断开，然后在编辑面层级 上选择支柱的 UV 线，单击“拉直选定项”按钮 ，将其 UV 线平面展开，如图 5－67 所示。

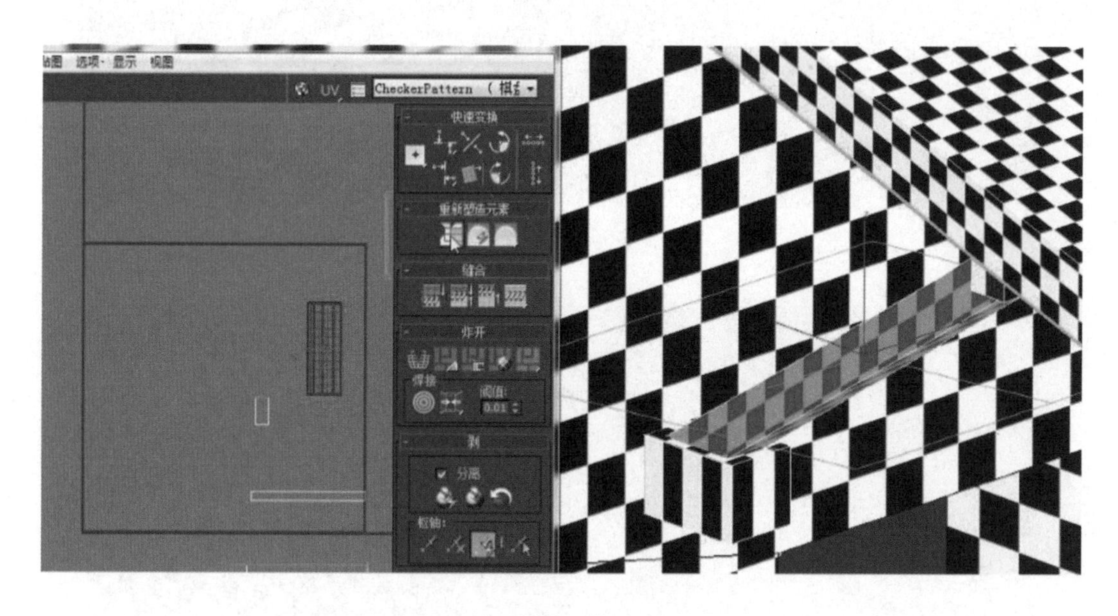

图 5－67

18. 接着对横梁模型拆分 UV，由于横梁模型制作时是没有顶面的，所以在编辑线层级上要选择侧面两根竖着的 UV 线，单击“断开”按钮将其断开分离；在编辑面层级上选择全部 UV 线，再单击“松弛”按钮将其展开，如图 5－68 所示。

19. 关闭松弛工具窗口，先将 UV 线旋转平行，再调整横梁的 UV 线棋盘格比例，如图 5－69 所示。

20. 在编辑面层级上选择支架模型的底面 UV，将其断开；同理，根据拆分横梁 UV 线的方法和流程拆分出支架模型的 UV 线，调整 UV 线的比例，选择与底面公用的 UV 线，如图 5－70 所示。

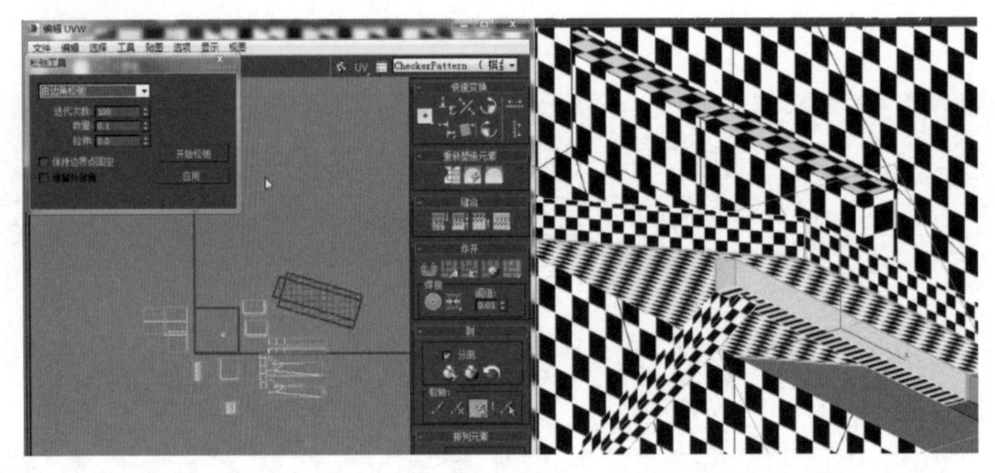

图 5－68

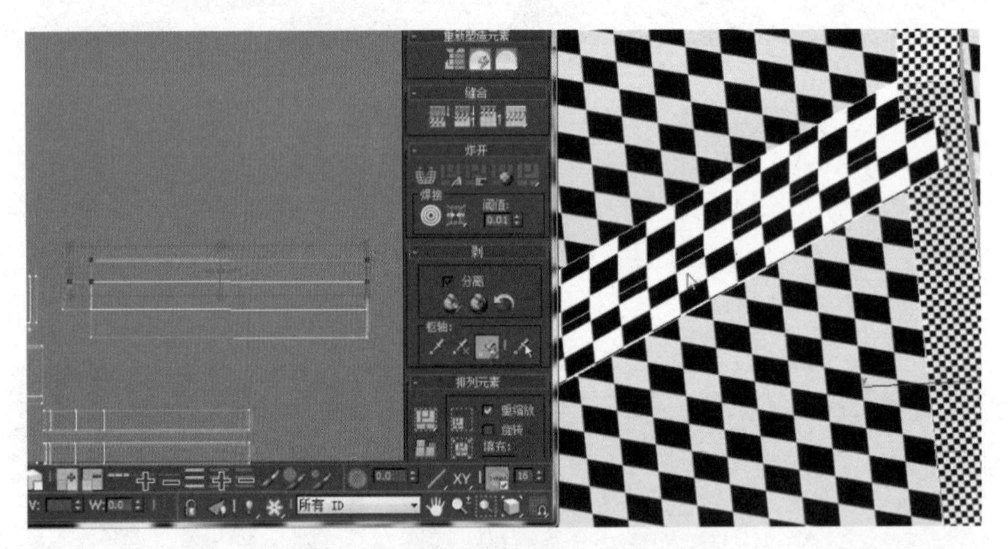

图 5－69

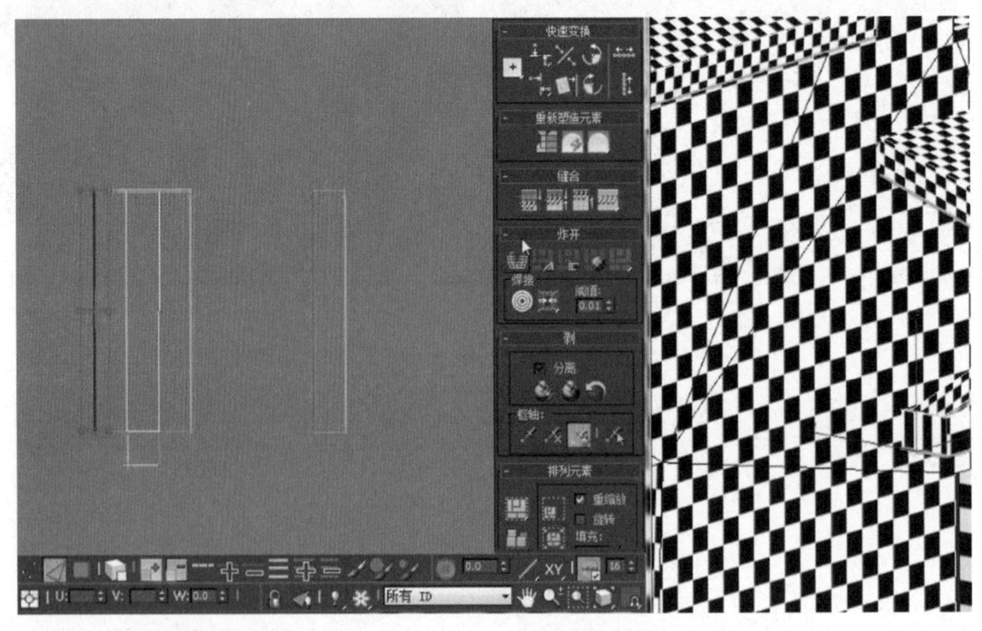

图 5－70

21. 先单击鼠标右键“弹出”命令条，再单击“选定缝合”按钮 选定缝合 ，进行 UV 线连接，如图 5 - 71所示。

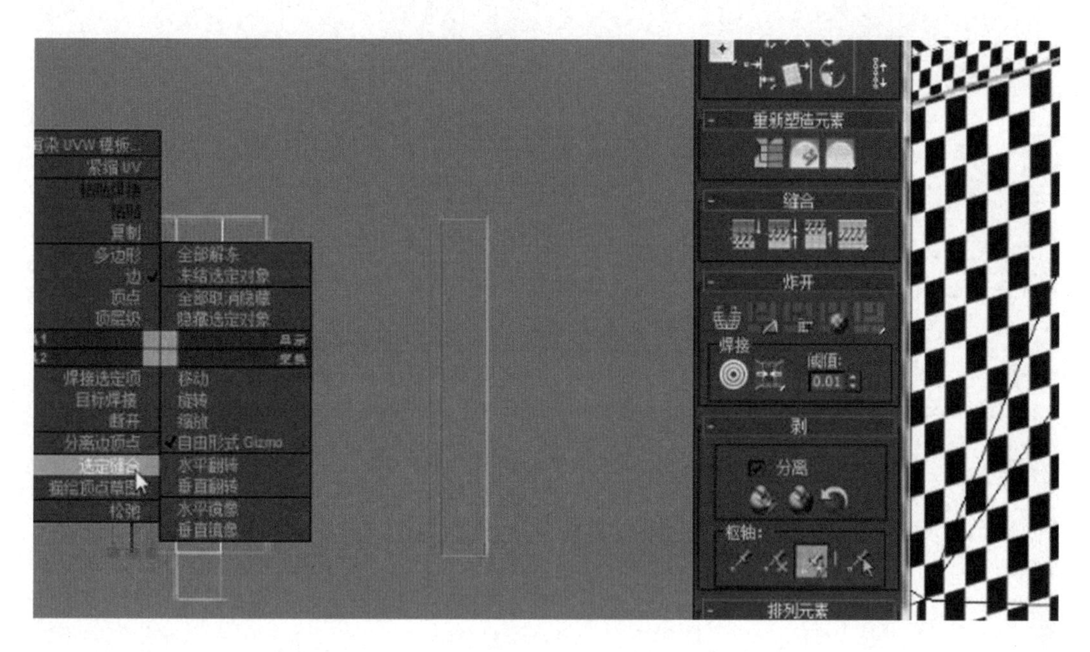

图 5 - 71

22. 再次调整 UV 线的比例，如图 5 - 72 所示。

图 5 - 72

23. 当屋顶和横梁模型的 UV 线拆分完成后，接下来依次选择每个部分的 UV 线进行缩放调整，使每个位置模型的 UV 线大小都一致，然后选择全部 UV 线，把鼠标光标放在框选边缘线的一个角上，再按住 Ctrl 键等比例缩小 UV 线，以便 UV 线摆放到 UV 工作区域内，如图 5 - 73 所示。

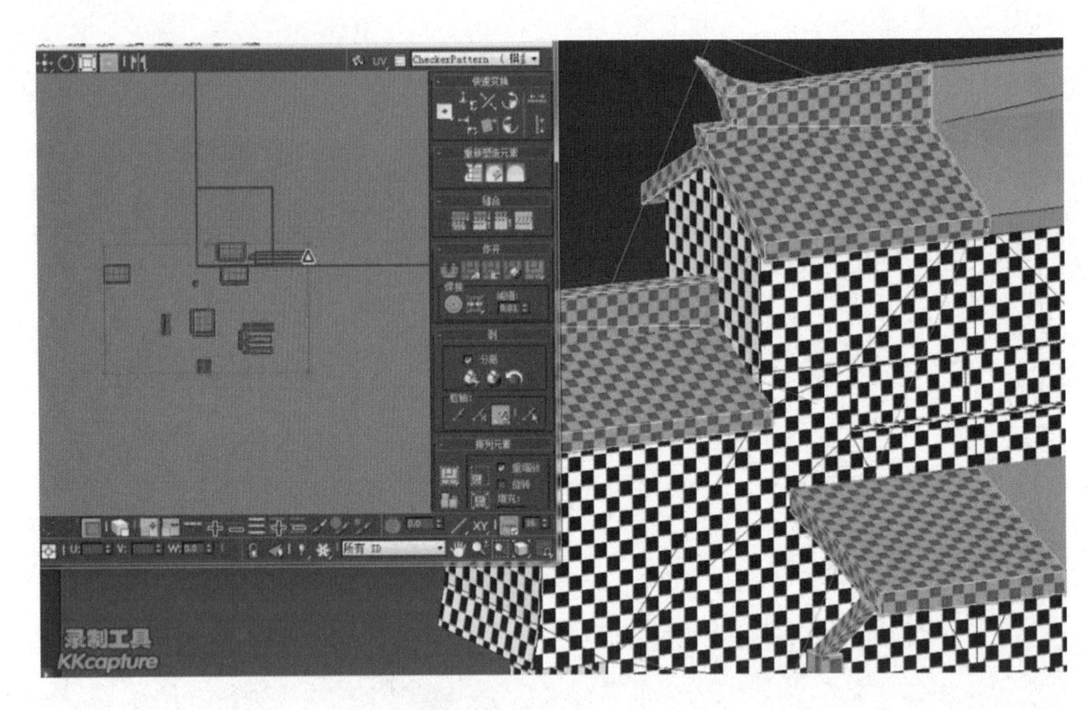

图 5 - 73

24. 调整完 UV 线后将其全部同比例缩小，然后把屋顶模型的 UV 线依次摆放到工作区域里，上部分空间用来摆放瓦片部分的 UV 线，底面部分和看不见面的 UV 线尽量摆放在小空间里，充分合理地利用 UV 空间，使其达到贴图最大精度，如图 5 - 74 所示。

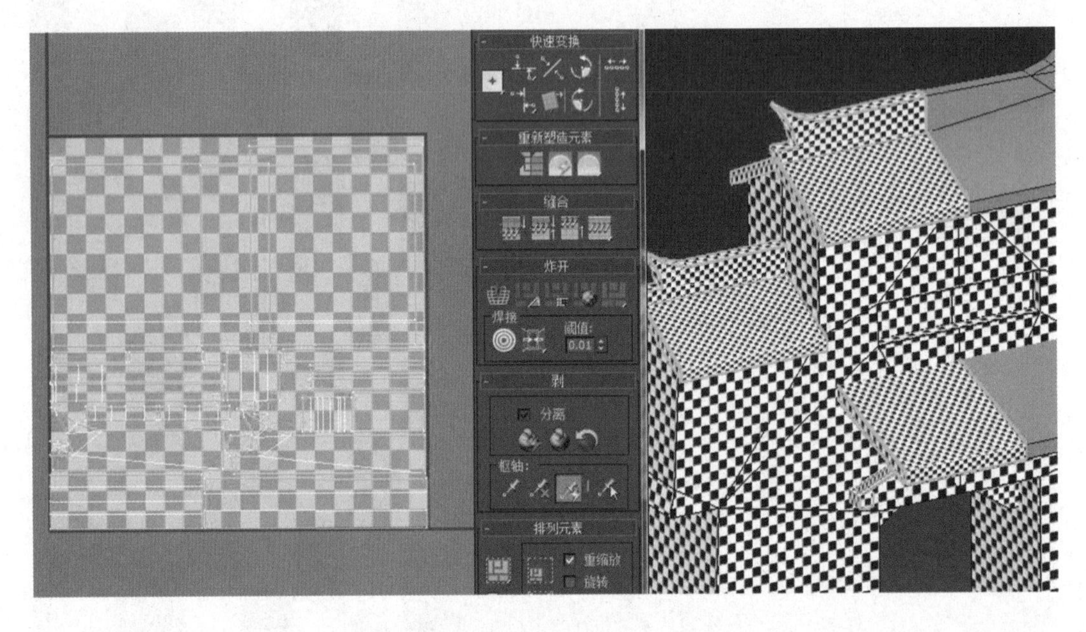

图 5 - 74

25. UV 线摆放完成后，单击编辑 UVW 窗口中的“工具”命令，单击“渲染 UVW 模版”按钮进入渲染 UVs 窗口，设置高度和宽度参数分别为 512（这里需根据项目要求设置贴图大小），再次单击渲染 UV 模版。单击“保存图像”按钮 ，设置保存类型为 BMP，文件命名为“清园门瓦片 UV”，避免与之前文件重名，如图 5 - 75 所示。

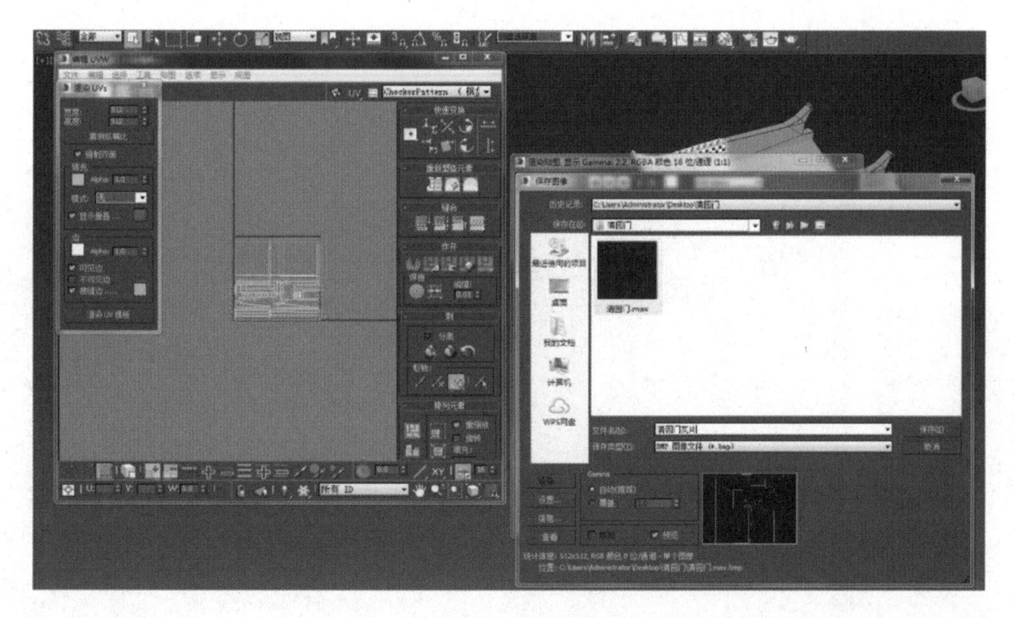

图 5-75

26. 保存好 UV 后，先单击“UVW 展开”按钮 UVW展开，再单击“塌陷全部”按钮，接着单击“是”按钮关闭 UV 窗口，接着按快捷键【M】弹出材质编辑器窗口，将带有棋盘格的材质球赋予到另一半屋顶模型上，以方便查看，如图 5-76 所示。

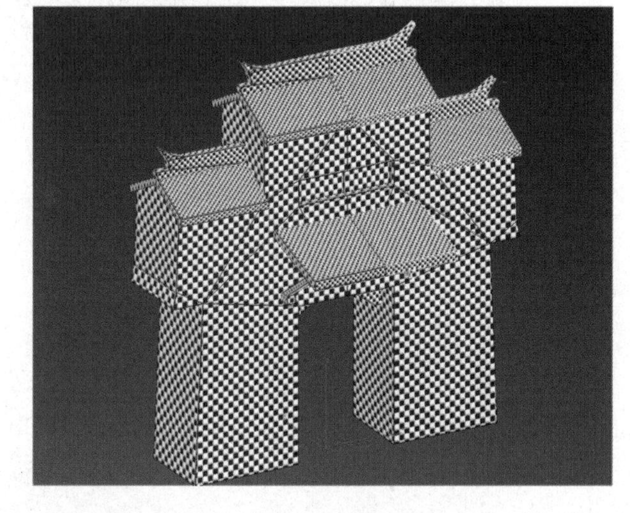

图 5-76

5.3　清园门模型贴图绘制

5.3.1　绘制清园门房檐、瓦片贴图

1. 先同时打开清园门 3ds Max 文件、Photoshop 软件，再把清园门瓦片、房檐 UV 贴图和参考图依次拖拽至 Photoshop 软件里，双击背景图层，弹出新建图层对话框，新建图层名称改为图层 0，单击“确定”按钮，如图 5-77 所示。

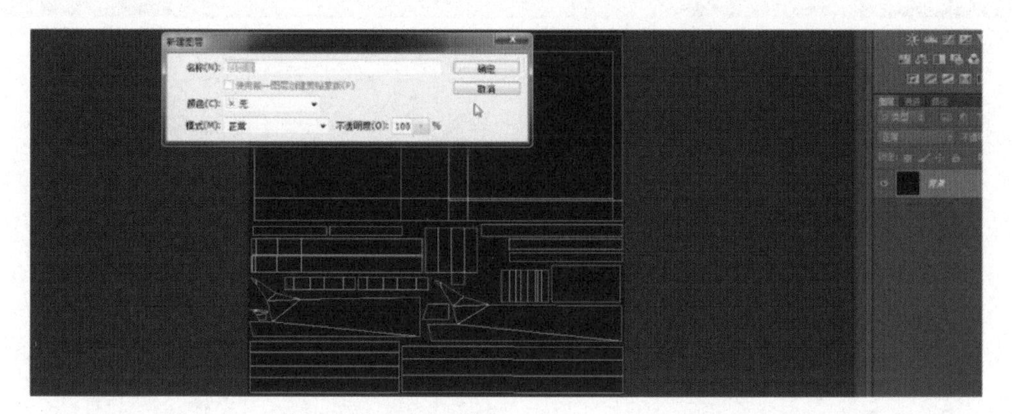

图 5-77

2. 单击图层命令窗口“正常”模式右边三角形按钮 正常 ，然后进入“滤色”模式，将图层 0 切入滤色模式，新建图层 1，将图层 0 移到图层最上面，根据画布 UV 线分布位置先填充瓦片底色，接着依次新建图层 2、3，再次框选屋脊和木头 UV 进行填充，如图 5 - 78 所示。

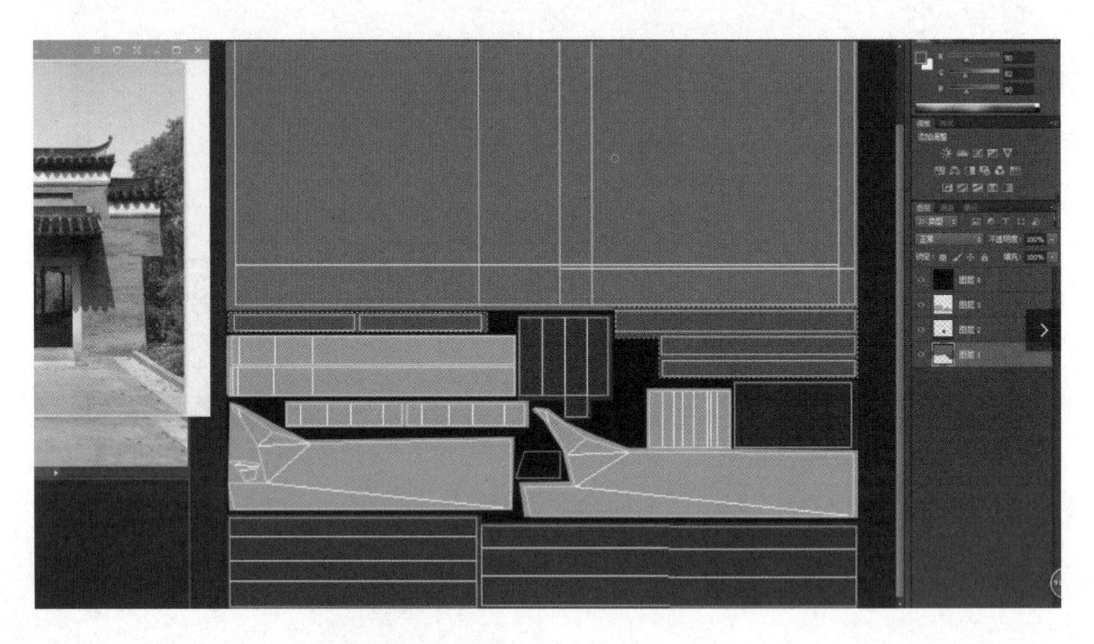

图 5 - 78

3. 接着在图层窗口中单击“创建新组”按钮 ，给不同材质的图层进行分组分类，并且命名好每组的名称，这样方便图层的管理、查找和绘制，如图 5 - 79 所示。

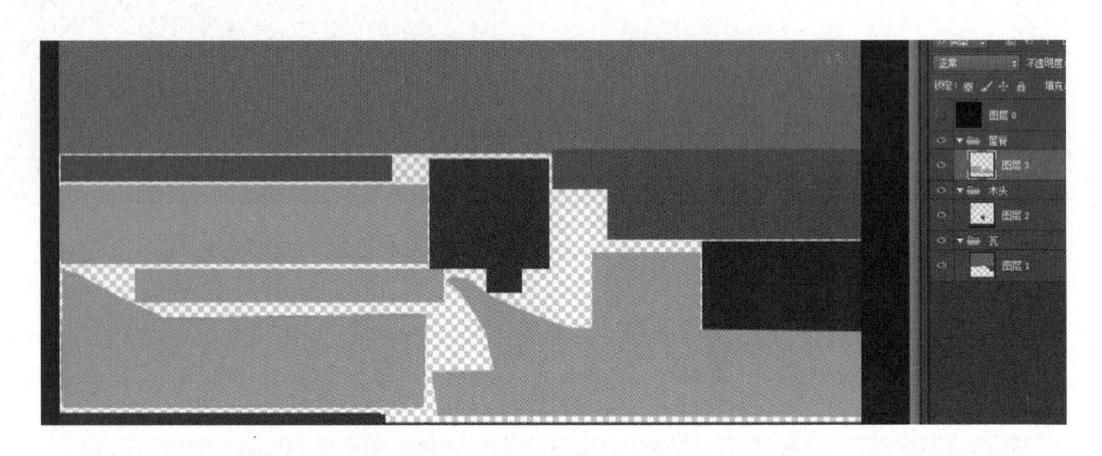

图 5 - 79

4. 先绘制屋脊贴图，调整或找准屋脊的固有色，再新建一个图层，使用画笔工具（快捷键 B）绘制添加不同颜色，丰富屋脊质感、结构和明暗关系，如图 5 - 80 所示。

5. 接着进一步绘制屋脊的结构，把结构暗部加深并提亮受光部，然后绘制出瓦片垒起的结构，再按快捷键【Ctrl＋S】保存到 Max 软件里查看效果，如图 5 - 81 所示。

6. 使用画笔绘制破损结构，给屋脊贴图添加一些视觉效果，如图 5 - 82 所示。

7. 接下来对屋脊石头的质感、明暗和光影关系进行刻画，需要表现出石头的暗部、亮部、固有色、反光、高光、流光，如图 5 - 83 所示。

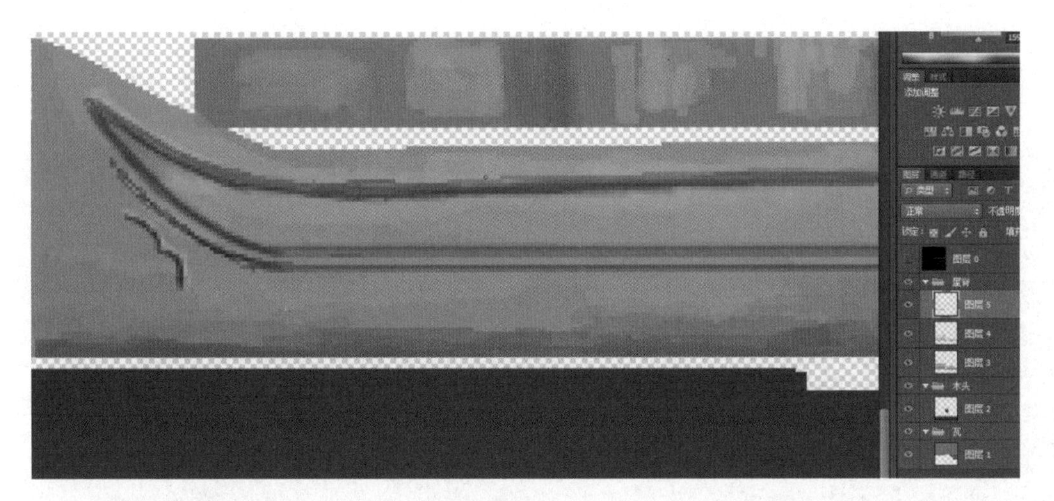

图 5－80

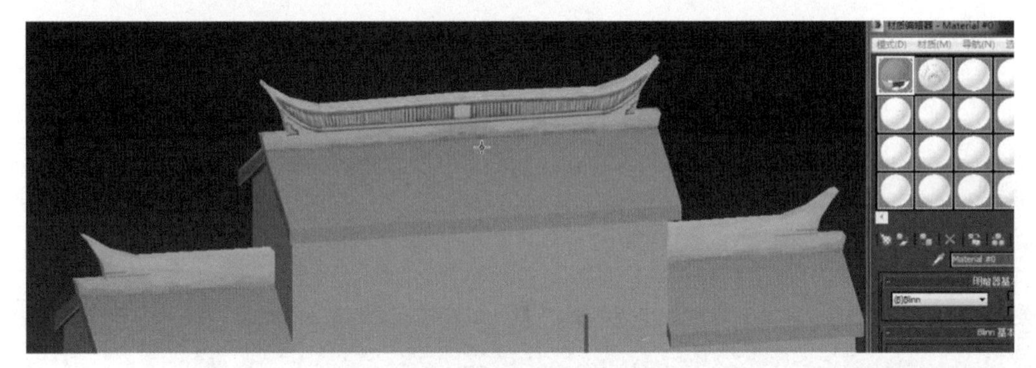

图 5－81

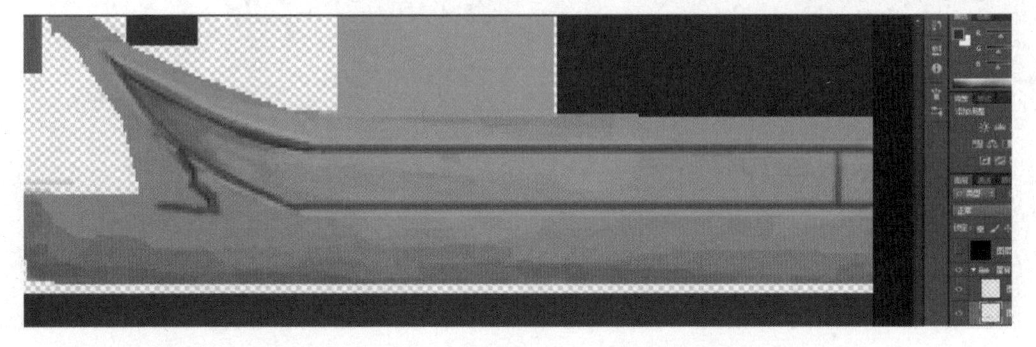

图 5－82

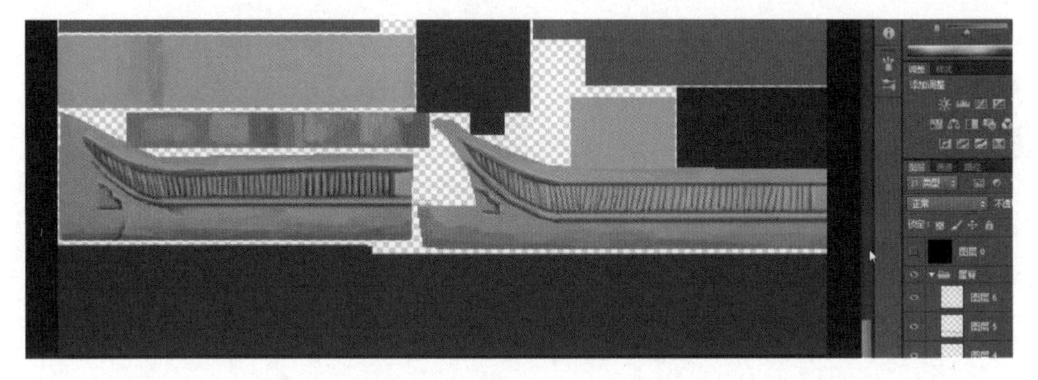

图 5－83

8. 单击木头固有色图层，使用矩形框选工具选出木头暗部位置，然后按快捷键【Ctrl+M】弹出曲线窗口，用调整曲线的参数或者填充颜色的方式制作出木头的暗部，如图 5-84 所示。

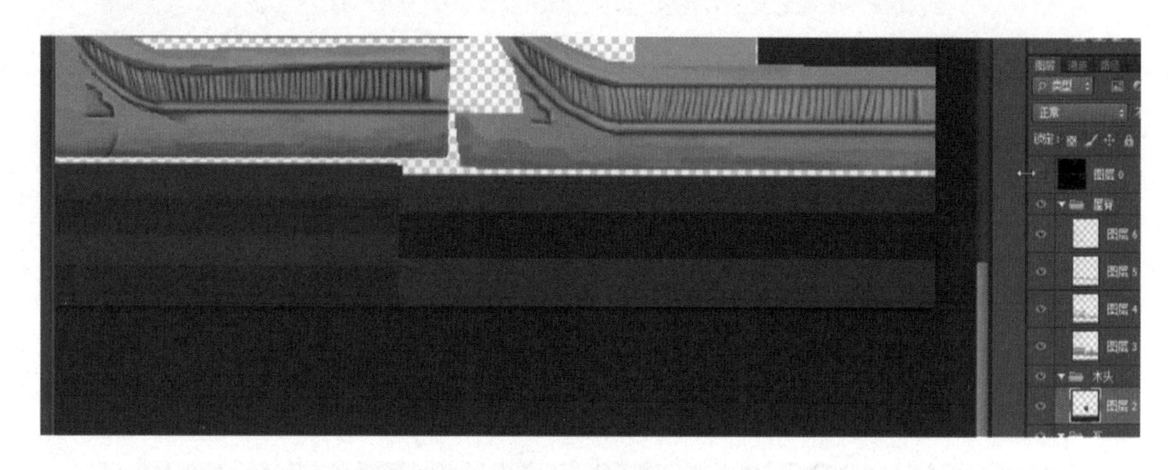

图 5-84

9. 在制作写实项目的时候，单独绘制瓦片的情况比较少，需要根据项目要求。这里使用现有的瓦片材质进行制作，先单击瓦片图层，将准备好的瓦片材质拖放到 Photoshop 软件里，然后根据瓦片 UV 线的位置调整贴图，把瓦片图层组移到图层列表上面，保存贴图后，再切换到 Max 软件里查看效果，如图 5-85所示。

图 5-85

10. 单击创建新的填充或调整图层按钮 ，选择“色彩平衡”命令，把瓦片颜色进行细微的调整。将文件保存到 3ds Max 软件中查看效果，若对模型上的瓦片不满意，可以单击“UVW 展开”按钮 UVW展开 进入编辑 UVW 窗口，对瓦片 UV 线的位置进行调整，如图 5-86 所示。

11. 关闭编辑 UVW 窗口，接着在 Photoshop 软件里使用画笔工具（快捷键 B）对瓦片进行调整绘制，如图 5-87 所示。

12. 这里我们采用三维绘画软件 BodyPaint 绘制木头纹理和屋脊的接缝效果，选择“保存木头贴图”，在 3ds Max 软件里导出清园门屋顶和木头的 OBJ 模型，打开 BodyPaint 软件，再将清园门屋顶和木头的 OBJ 模型拖拽到软件里，如图 5-88 所示。

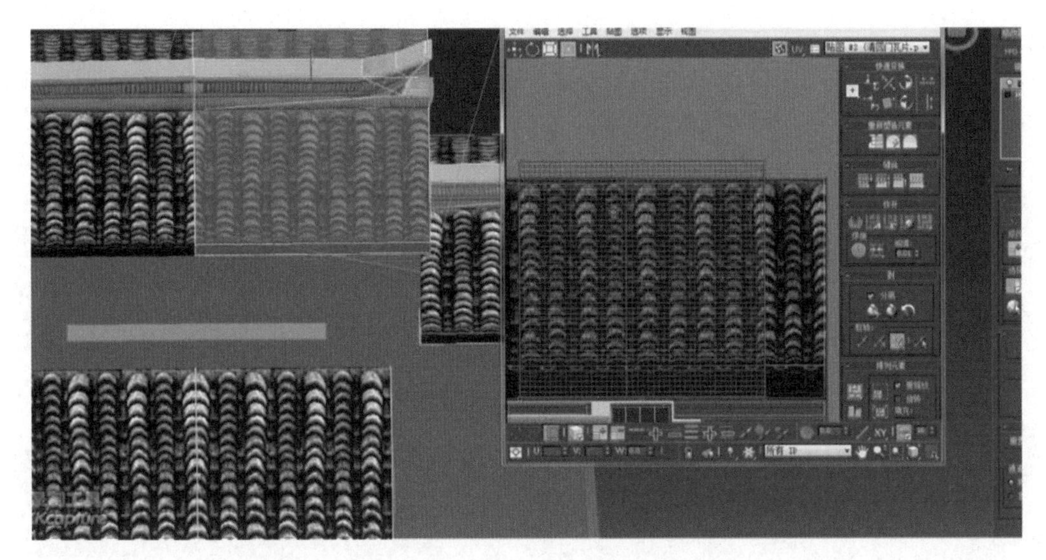

图 5－86

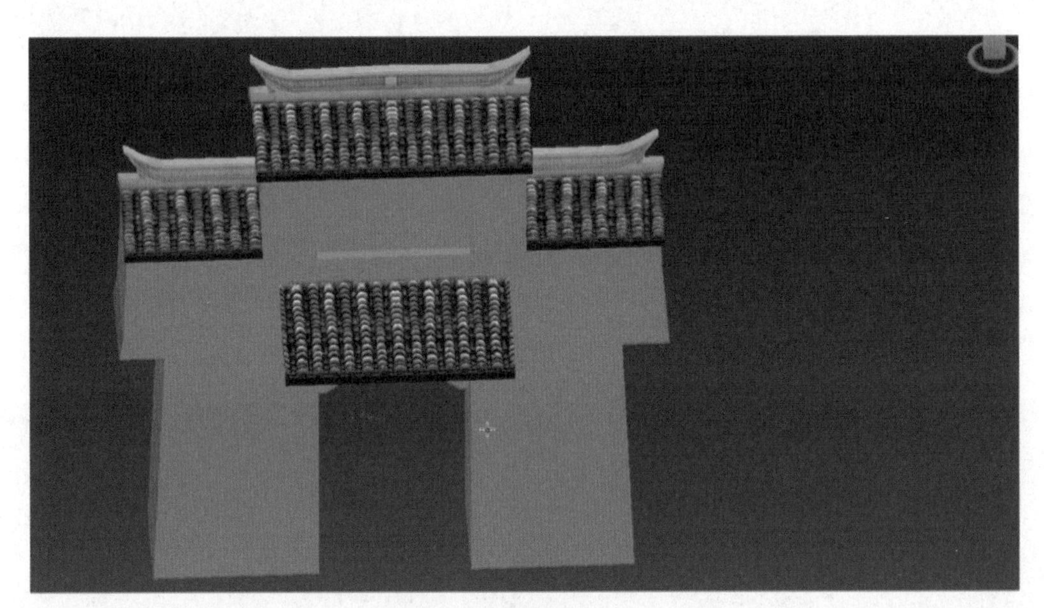

图 5－87

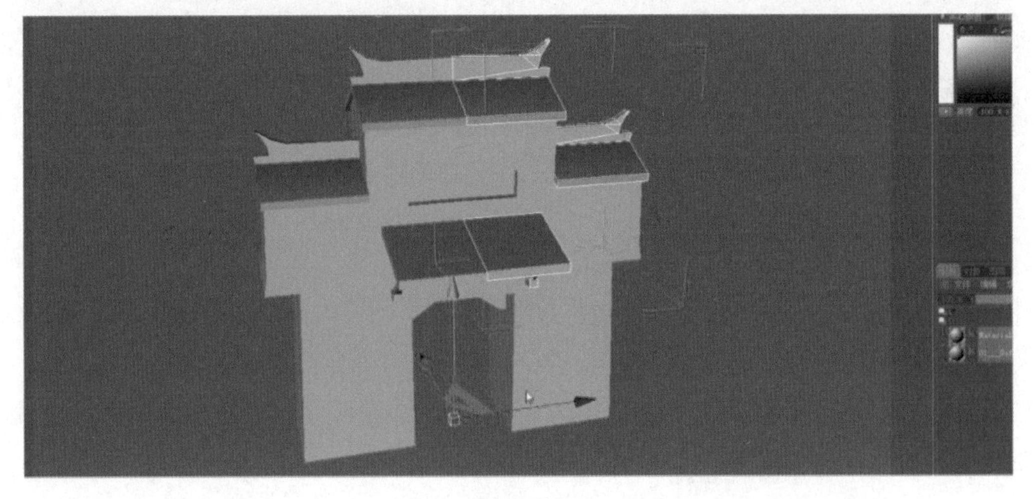

图 5－88

13. 接着将瓦片贴图赋予到 BodyPaint 软件的 OBJ 模型上，单击图层按钮打开图层窗口，单击“画笔”工具（快捷键 B），再次单击控制面板的“属性”按钮，选择笔刷并调整笔刷尺寸、压力和硬度，如图 5 - 89 所示。

图 5 - 89

14. 接着绘制屋脊、瓦片的接缝和高光效果，单击木头图层，随后新建图层，使用画笔工具绘画木头的纹理和细节，如图 5 - 90 所示。

15. 选择一个图层，单击鼠标右键保存纹理并替换 Photoshop 软件里的瓦片贴图，在 Photoshop 软件里随意画一笔，按快捷键【F2】或【Fn+F2】将 BodyPaint 软件保存替换的贴图覆盖 Photoshop 软件里原来的画布贴图，保存后查看效果，如图 5 - 91 所示。

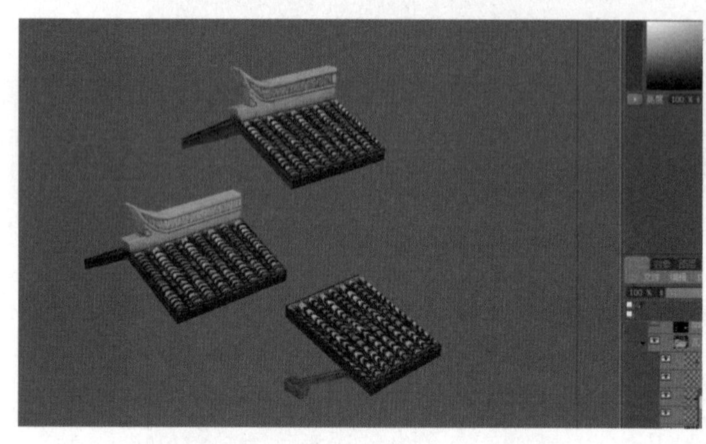

图 5 - 90

图 5 - 91

16. 接着使用画笔工具继续绘画木头的明暗关系和纹理结构，在木头图层组里单击创建新的填充或调整图层按钮，选择单击“曲线”命令，调整曲线的参数，将木头颜色压深，然后制作出木头的破旧和年代感，如图 5 - 92 所示。

17. 在瓦片图层组里新建一个渐变图层，单击工具栏的“渐变工具”（快捷键 G），接着单击菜单栏上“可编辑渐变”按钮，再次选择黑、白渐变，最后单击“确定”按钮，如图 5 - 93 所示。

图 5－92

18. 使用矩形框选工具（快捷键 M）框出瓦片 UV 贴图的位置，接着将鼠标放置到瓦片顶部，按住鼠标左键向下拖拽出一个渐变图层，把渐变图层放置到瓦片图层组的最上面，然后使用“正片叠底模式”叠加图层，制作出瓦片上暗下亮的光影关系，如图 5－94 所示。

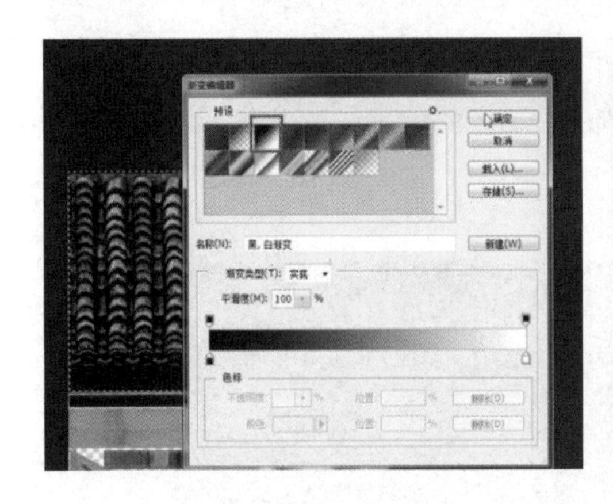

图 5－93

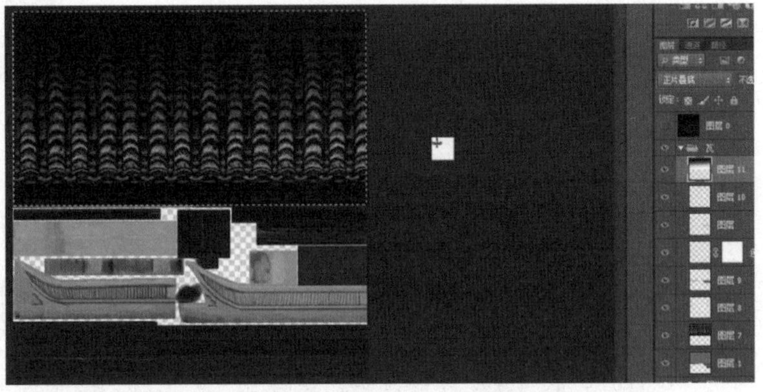

图 5－94

19. 这时发现叠加进去的渐变图层使瓦片光影关系变暗，单击“渐变编辑器窗口”按钮，修改两边色标的颜色，然后在瓦片位置上再次拉出渐变色，最后调整图层里的不透明度，按快捷键【Ctrl ＋ S】保存到 Photoshop 软件中，在 3ds Max 软件里查看效果，如图 5－95 所示。

图 5－95

20. 按住 Ctrl 键，单击鼠标左键选择屋脊图层组里的固有色图层，将一张材质贴图拖拽到 Photoshop 软件里，单击“正片叠底模式”叠加材质，调整材质图层的不透明度，然后使用曲线工具将屋脊贴图变暗，如图 5－96所示。

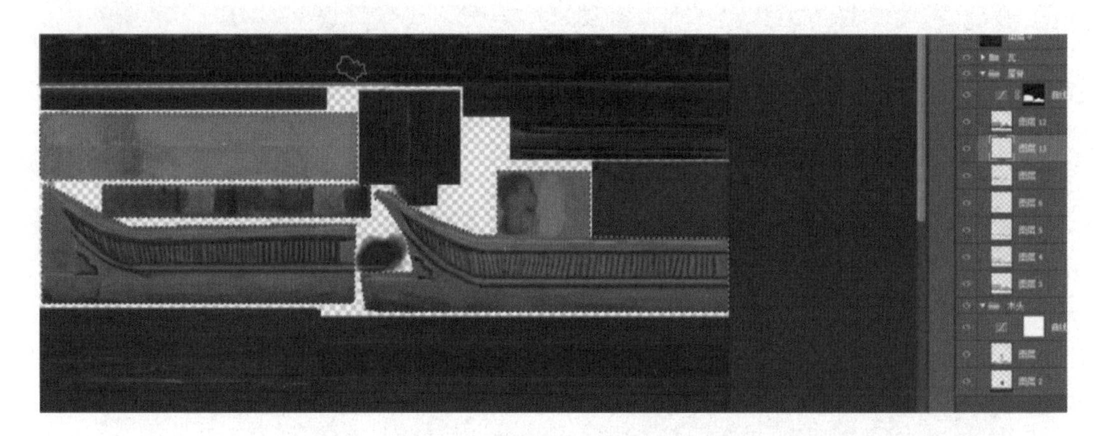

图 5－96

图 5－97

21. 接着再新建一个图层，使用画笔工具（快捷键 B）绘制屋脊的结构、细节和高光关系，最后按快捷键【Ctrl＋S】保存画布贴图，再次切换到 3ds Max 软件里查看最终效果，如图 5－97 所示。

5.3.2 绘制清园门墙体贴图

1. 在清园门文件夹中选择墙体 UV 图，将其拖拽导入 Photoshop 软件里，双击背景图层将图层 0 作为 UV 图层，接着单击“滤色模式”，新建图层 1 作为砖块图层，如图 5－98 所示。

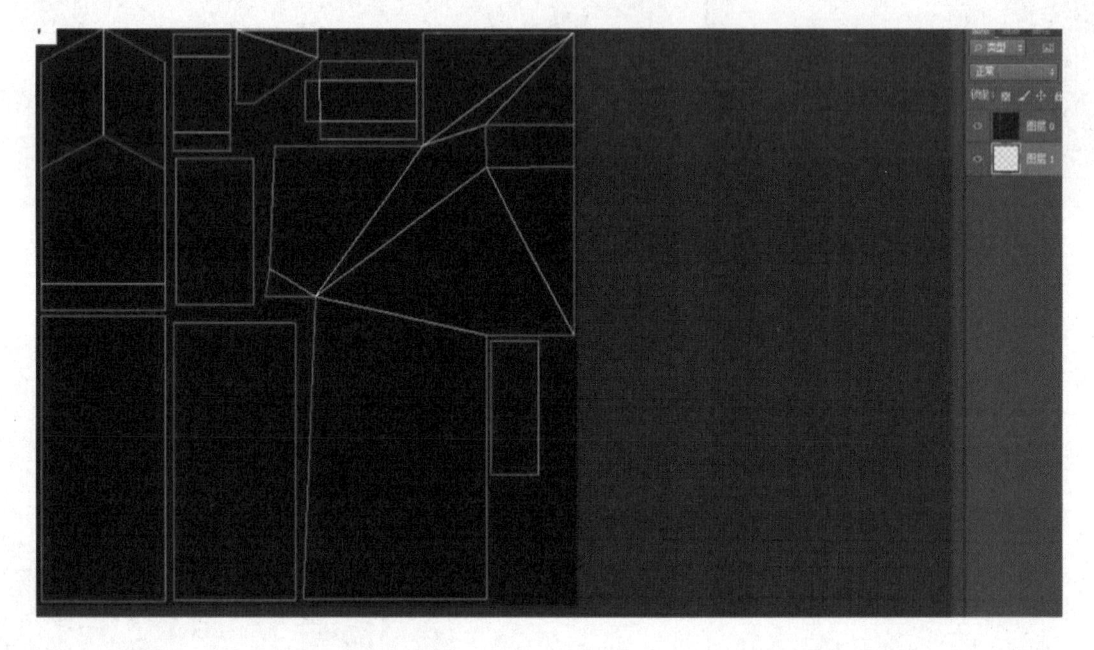

图 5－98

2. 单击“画笔”工具，按住快捷键【Alt＋鼠标左键】在参考图中吸取墙体的基本色，然后单击前景拾色器提取墙体底色，接着单击“矩形框选工具”（快捷键 M），根据出不同材质的 UV 线位置，在图层里填充不同的底色，最后将材质底色进行分组管理，如图 5－99 所示。

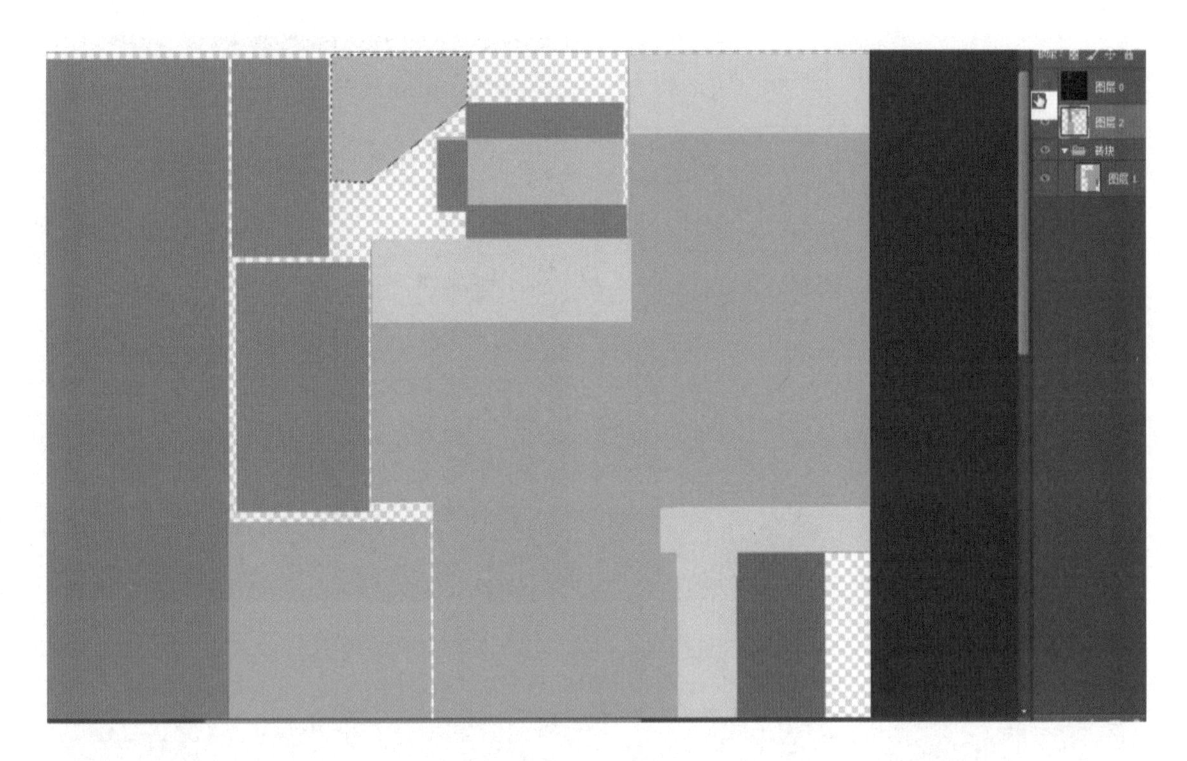

图 5 - 99

3. 按快捷键【Ctrl＋S】弹出存储为窗口，将文件命名为“清园门墙”，保存格式为 PSD。将贴图拖拽导入 3ds Max 软件里的空白材质球上，随后把材质赋予到模型上，如图 5 - 100 所示。

图 5 - 100

4. 新建一个图层，使用“画笔工具”（快捷键 B）绘制出门、墙、砖块的基本结构线，如图 5 - 101 所示。

5. 单击砖块图层组，新建一个图层，使用“画笔工具”（快捷键 B）绘制墙体砖块的基本结构并确定砖块的光源方向，如图 5 - 102 所示。

6. 接着再新建一个图层，继续绘制砖块的纹路和破损结构，如图 5 - 103 所示。

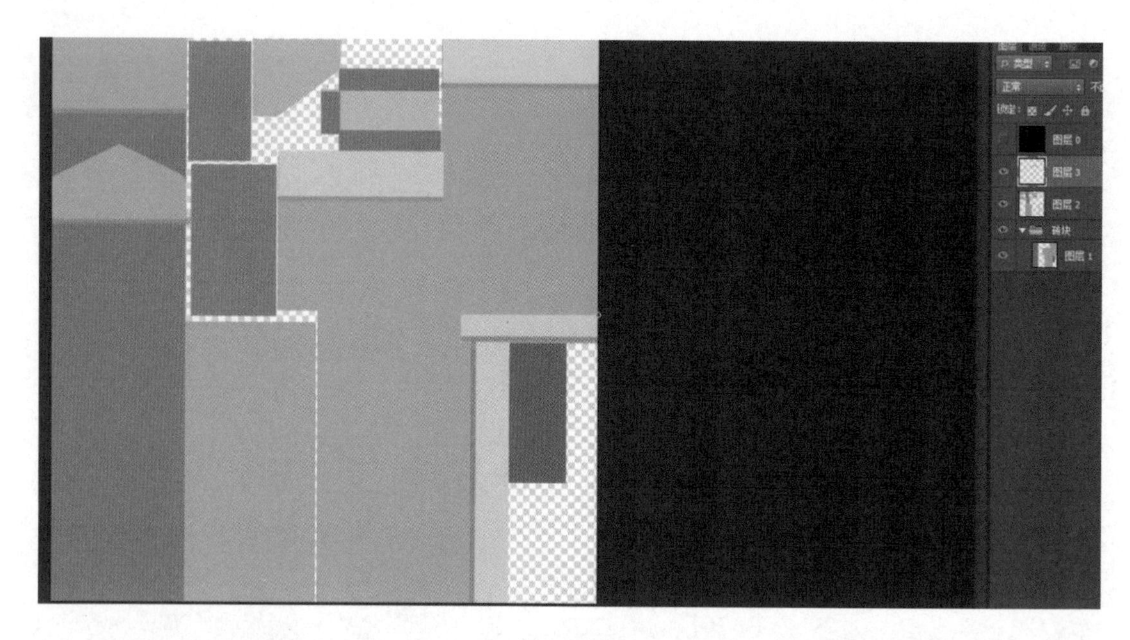

图 5 - 101

图 5 - 102

图 5 - 103

7. 复制新的砖块图层，使用“矩形框选工具”（快捷键 M）在画布中框选两边的砖块，单击鼠标右键选择“羽化”命令，输入参数，单击“确定”按钮使砖块虚化，如图 5 - 104 所示。

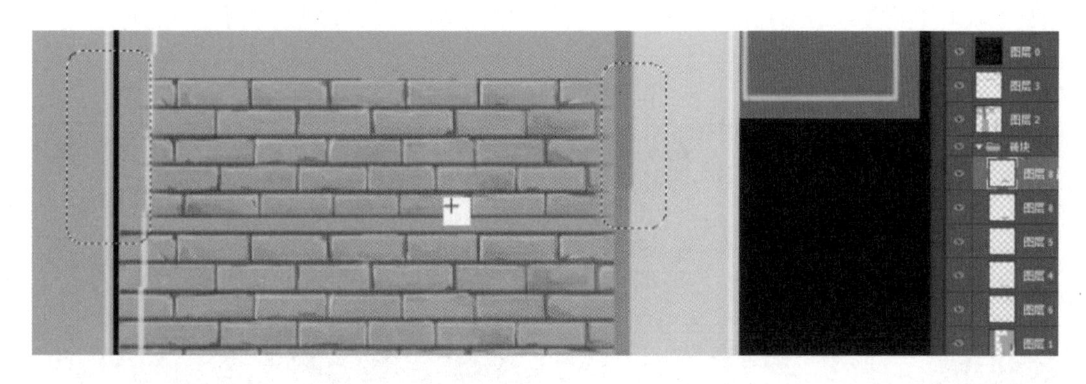

图 5 - 104

8. 连续复制出多张砖块图层，使用“移动工具”（快捷键 V）铺满整个墙面，如图 5 - 105 所示。

图 5 - 105

9. 合并所有复制的砖块图层（快捷键 Ctrl＋E），在砖块墙体上使用“矩形框选工具”（快捷键 M）框出不同位置的砖块，使用曲线工具压暗砖块后单击“色彩平衡”（快捷键 Ctrl＋B）调整砖块颜色，根据这个方法不断调整，使墙体颜色看起来更加丰富，如图 5 - 106所示。

图 5 - 106

10. 框选复制出砖块图层，将其放置到左边 UV 线位置，然后使用曲线调整砖块的明暗关系，如图 5 - 107所示。

图 5 - 107

11. 继续新建图层，单击工具栏的“渐变工具”，选择“黑白渐变模式”，框出墙体的渐变颜色，然后选择“柔光模式”进行叠加，如图 5 - 108 所示。

图 5 - 108

12. 接着单击选择“加深工具”（快捷键 O），加深砖块的颜色，制作出阴影的效果，如图 5 - 109 所示。

13. 使用“画笔工具”（快捷键 B）绘画门框和其他部分的结构，添加颜色使其色彩更加丰富，然后绘制出一些破损结构并加强结构线和屋顶投影的暗部关系，如图 5 - 110 所示。

14. 接着选择一张材质贴图导入画布中，使用“柔光模式”进行叠加，调整不透明度关系，如图 5 - 111所示。

图 5－109

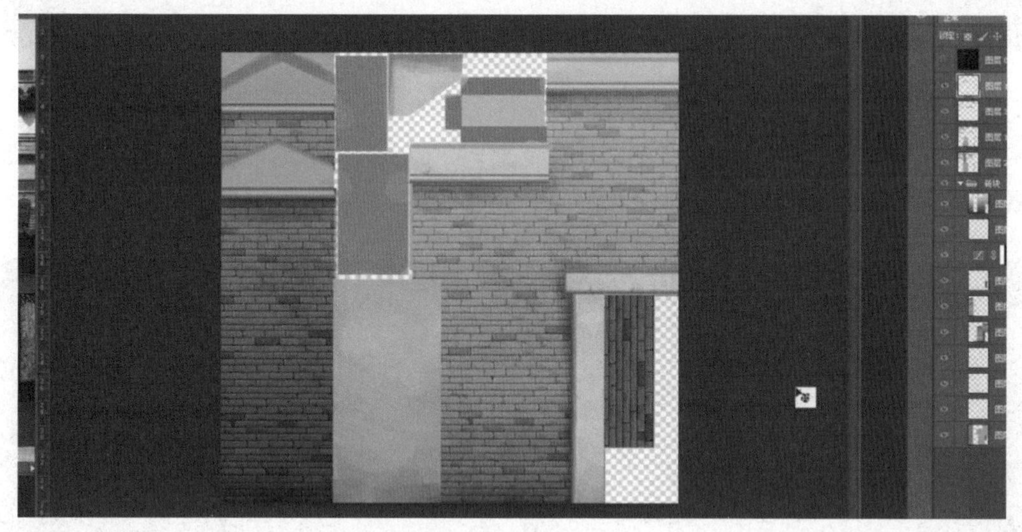

图 5－110

图 5－111

15. 新建一个图层，单击“前景拾色器”，将R、G、B参数修改为128，提取灰色，如图5-112所示。

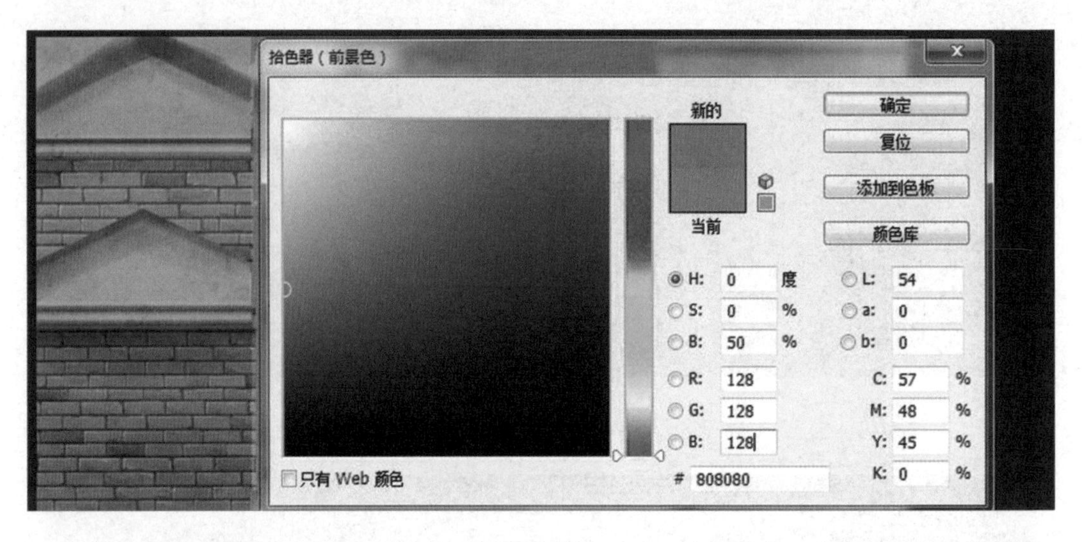

图5-112

16. 在新建的图层里填充灰色，单击“正片叠底模式”，对墙体的整体明暗关系、细节及光影关系进行细化，保存后得到最终效果，如图5-113所示。

图5-113

第6章 游戏场景廊亭案例制作

6.1 廊亭模型制作

6.1.1 房檐、屋脊模型的制作

1. 打开 3ds Max 软件，将界面切换到透视图（快捷键 Alt+W），单击“创建”按钮，在标准基本体中单击“长方体”按钮 长方体，按住鼠标左键向上移动创建一个长方体，在使用移动命令的情况下，单击右键界面下边 X、Y、Z 坐标轴的三角形按钮 X: 0.0 Y: 0.0 Z: 0.0 将几何体坐标归 0，如图 6-1 所示。

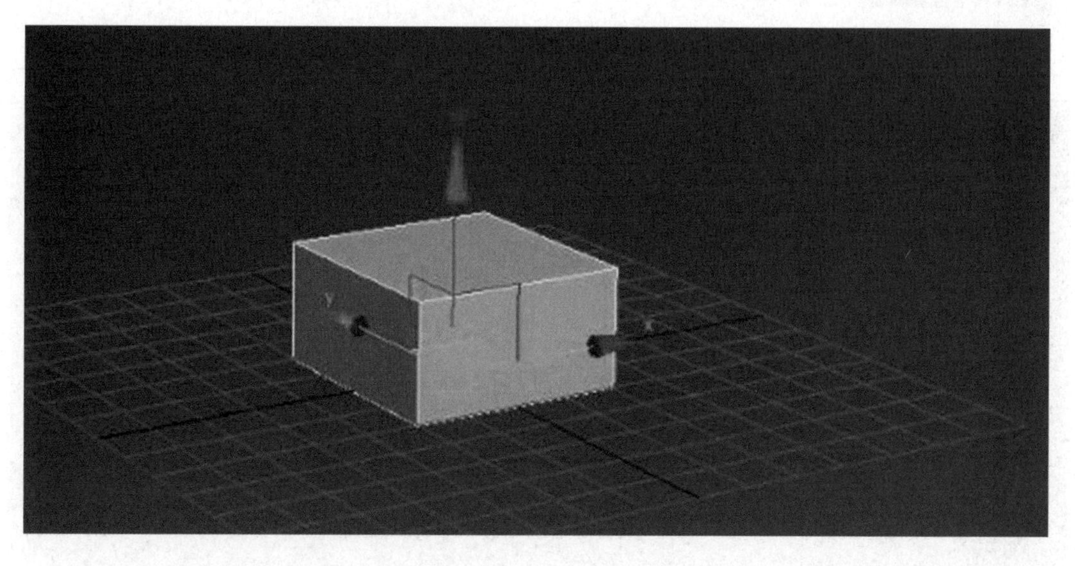

图 6-1

2. 单击键盘上的快捷键【M】，弹出材质编辑器窗口，选择一个空白材质球，先在材质球编辑器窗口中单击“将材质指定给选定对象”按钮，再单击“视口中显示明暗处理材质”按钮，赋予圆柱体材质球，在 Blinn 基本参数中单击“漫反射长方形边框”，弹出颜色选择器窗口后调整灰度，方便制作时

统一材质颜色，调整好材质球灰度后单击“确定”按钮，如图 6－2 所示。

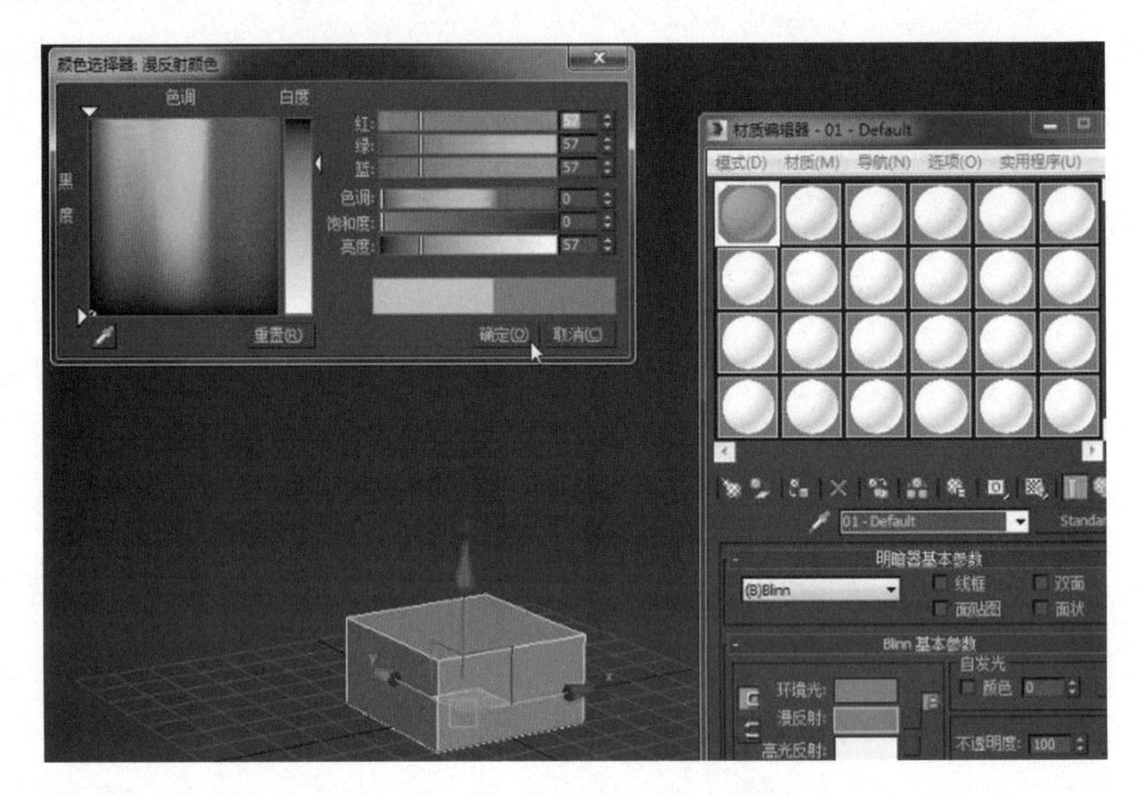

图 6－2

3. 单击关闭材质编辑器窗口，单击鼠标右键选择“将几何体转为可编辑多边形”，在编辑点层级（快捷键 1）的情况下，框选几何体上面的点，使用缩放工具调整屋顶模型比例，然后在切换编辑线层级（快捷键 2）上框选几何体的几根竖线，单击鼠标右键选择连接，制作出屋顶边缘厚度结构，如图 6－3 所示。

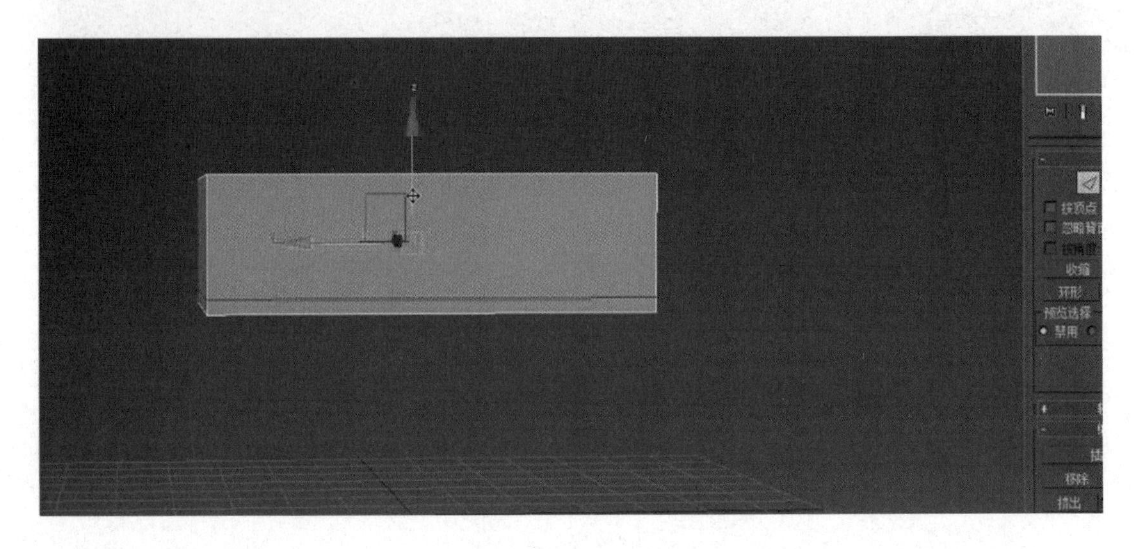

图 6－3

4. 在编辑点层级（快捷键 1）的情况下，选择几何体上面的四个点，使用缩放工具（快捷键 R）制作出屋顶的基本形状，然后再选择几何体下面的点调整出屋顶的面宽，如图 6－4 所示。

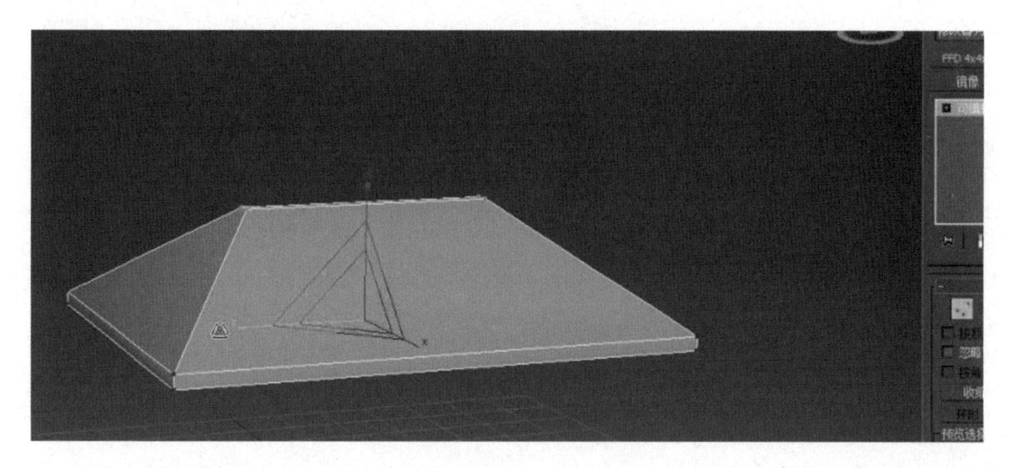

图 6－4

5．在做模型的时候可以检查一下是否为前视图，如不是可单击角度旋转器里的上视图 （快捷键 T），将界面转换成顶视图；在界面中可以单击“角度捕捉切换工具” ，使用“旋转工具”（快捷键 E）向左旋转 90 度，使屋顶模型正面为前视图，如图 6－5 所示。

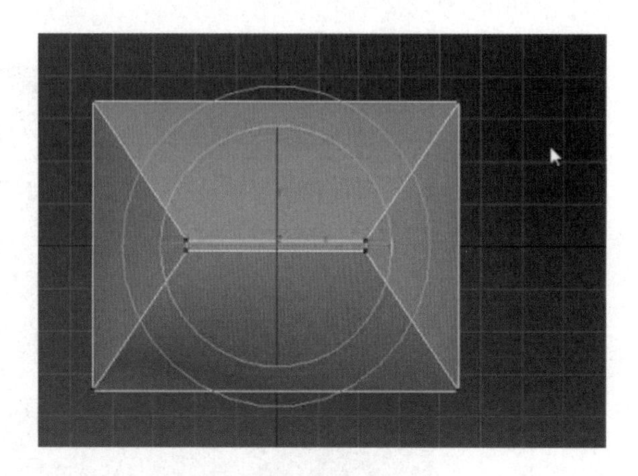

图 6－5

6．接着将界面切换到透视图（快捷键 P），在编辑线层级 的情况下，框选屋顶的四根斜线，单击“连接”按钮 连接 添加一根线，调整线条的位置后再次单击“连接边确定”按钮，如图 6－6 所示。

图 6－6

7．在编辑点层级 （快捷键 1）的情况下，选择这四个点，使用缩放工具（快捷键 R）等比例制作屋顶瓦片的弧度，如图 6－7 所示。

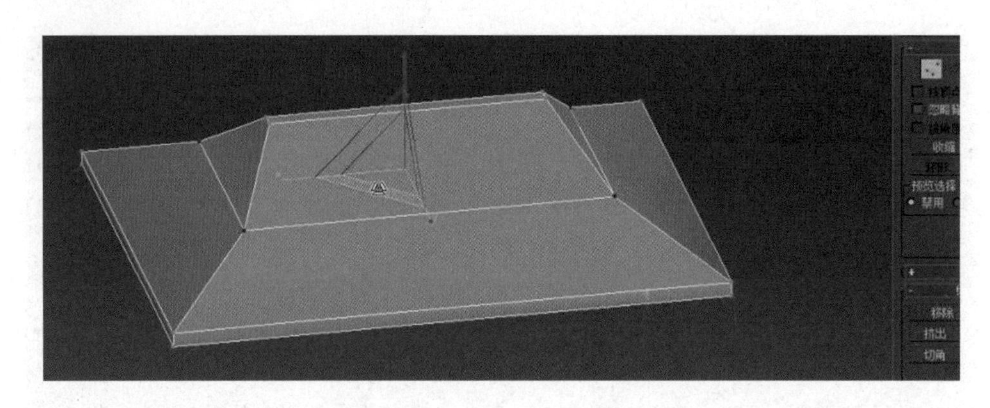

图 6-7

8. 在编辑线层级 [icon] 的情况下，选择一根线条，单击“选择”命令里的“环形” 环形 按钮，环选四根线条，如图 6-8 所示。

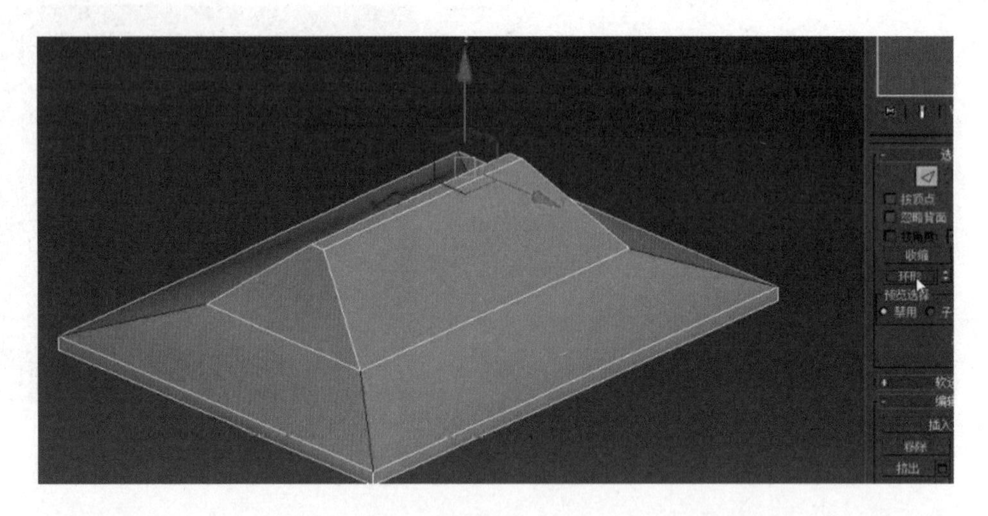

图 6-8

9. 单击鼠标右键选择“连接”方块按钮，并添加一根线条；单击连接边滑块按钮的参数，调整线条的位置，然后向下移动调整出线条弧度，如图 6-9 所示。

图 6-9

10. 接着制作屋顶的一个单角，在编辑线层级的情况下，先在角的两侧添加线条，然后选择边角的点制作出屋顶的翘角，再次对屋顶的基本模型进行调整，如图 6 - 10 所示。

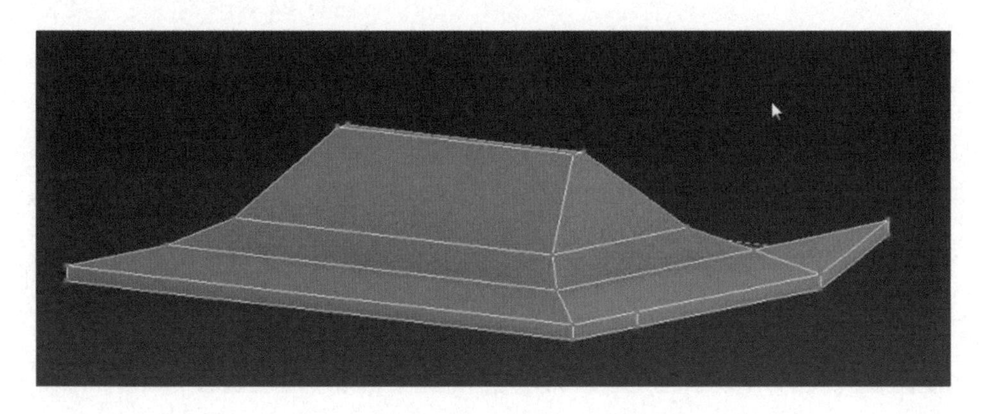

图 6 - 10

11. 选择模型角度，在编辑点层级 ▪ 的情况下，单击鼠标右键选择“插入顶点”按钮 插入顶点，在模型线中间添加一个点，把它和其他的点相连，然后调整翘角的弧度，使其模型线看起来圆润一些，如图 6 - 11所示。

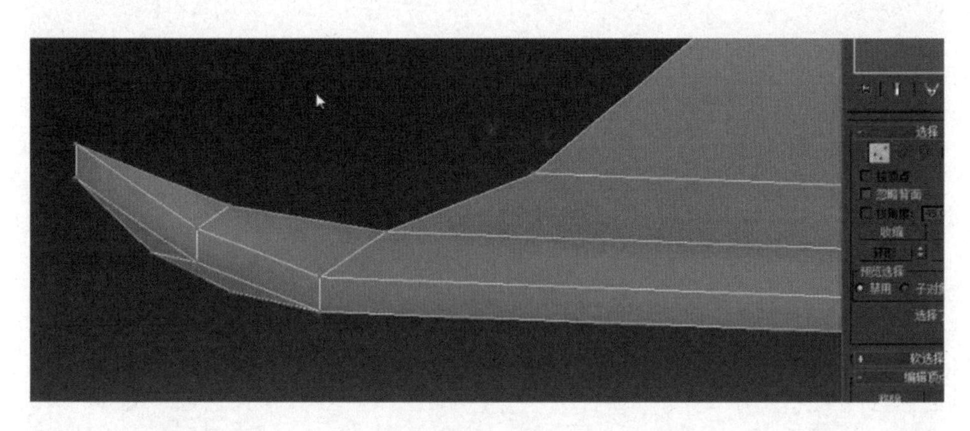

图 6 - 11

12. 为了方便屋顶模型的制作，在这里只需要制作四分之一的模型，将模型前、后、左、右各添加一根线条，平均分成相等的四部分，如图 6 - 12 所示。

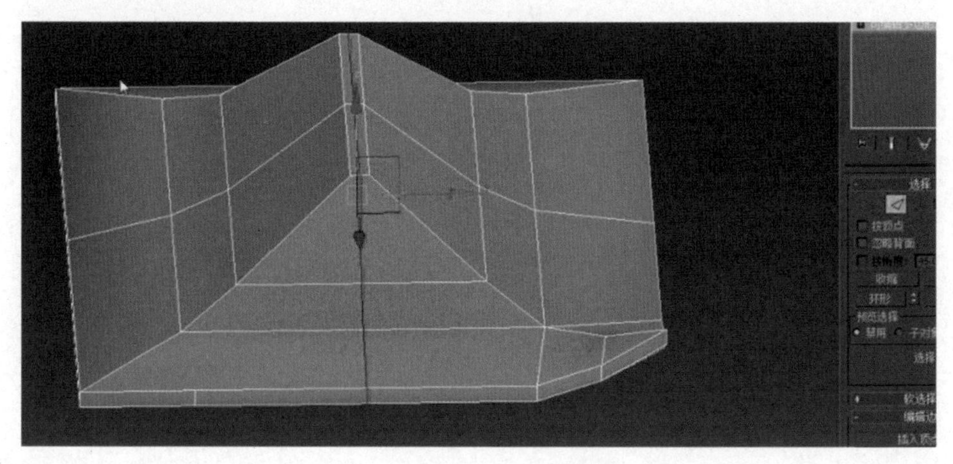

图 6 - 12

13. 在编辑面层级或线层级的情况下，选择其他四分之三的模型，单击键盘上的 Delete 键将其删除，如图 6 - 13 所示。

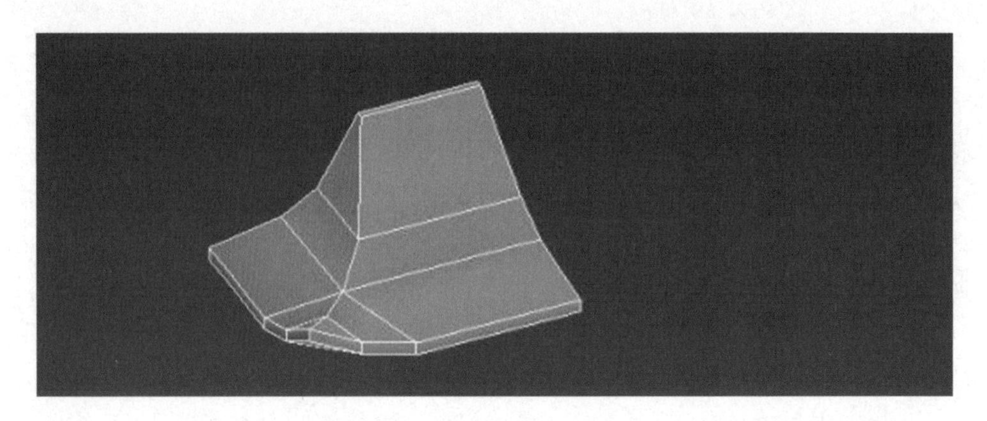

图 6 - 13

14. 接着单击工具栏中的“镜像”按钮 ，根据各个坐标轴方向镜像出其他三部分的屋顶模型，如图 6 - 14 所示。

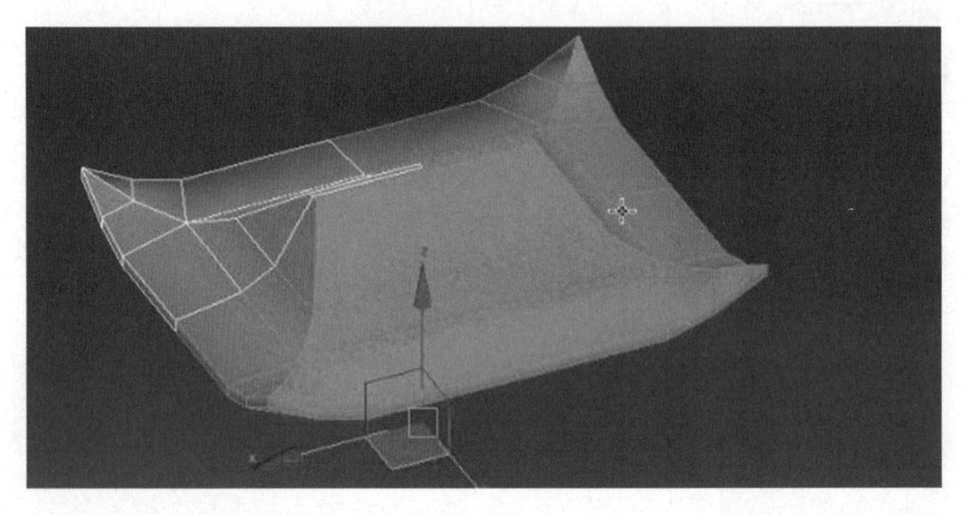

图 6 - 14

15. 继续检查模型布线情况，调整瓦檐的弧度，然后制作出垂脊的直角形状，如图 6 - 15 所示。

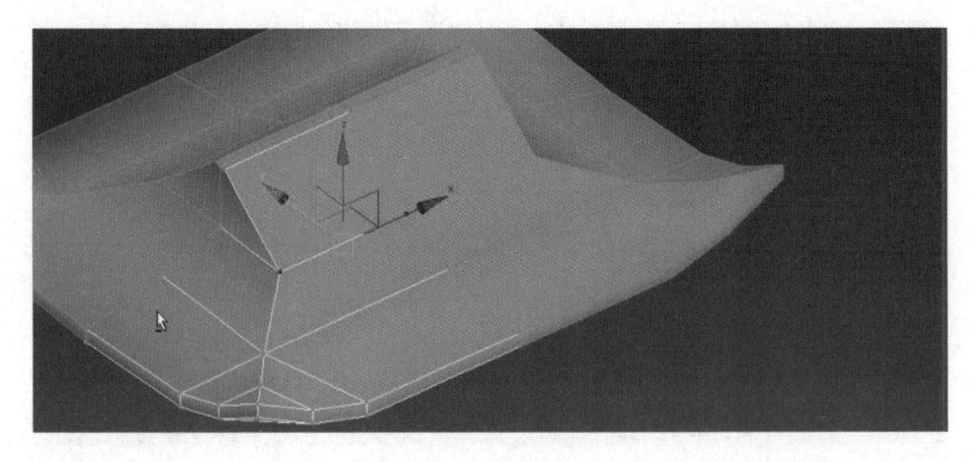

图 6 - 15

16. 接着编辑屋顶底面，调整出屋顶底面的弧度，如图 6－16 所示。

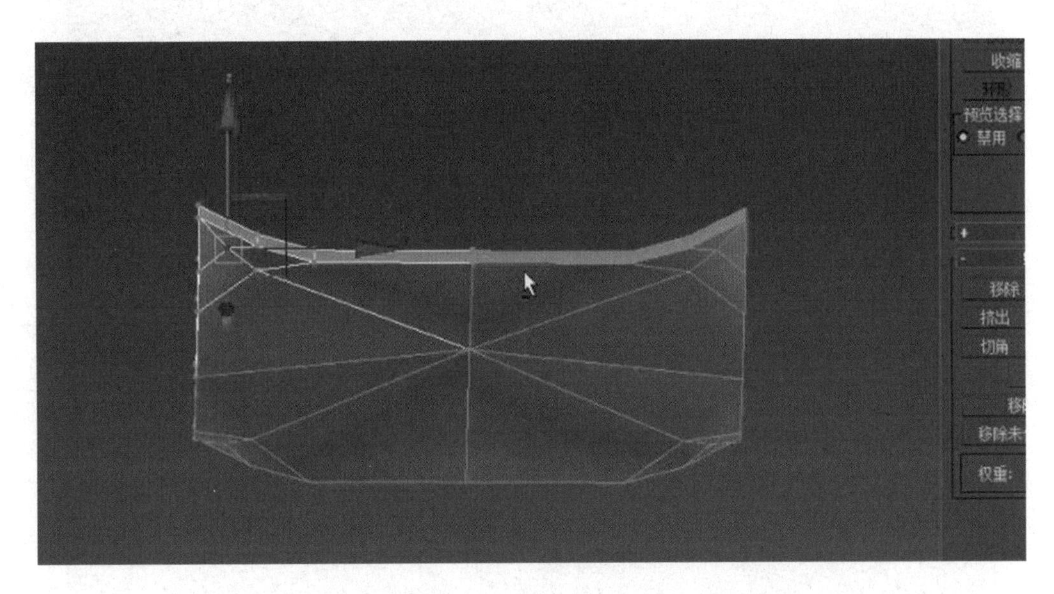

图 6－16

17. 在控制面板中单击“创建”按钮，单击“长方形”命令创建一个新的几何体，将其坐标轴归 0，单击快捷键【M】打开材质编辑器窗口，赋予它一个灰色材质球，再次关闭材质编辑器窗口，如图 6－17所示。

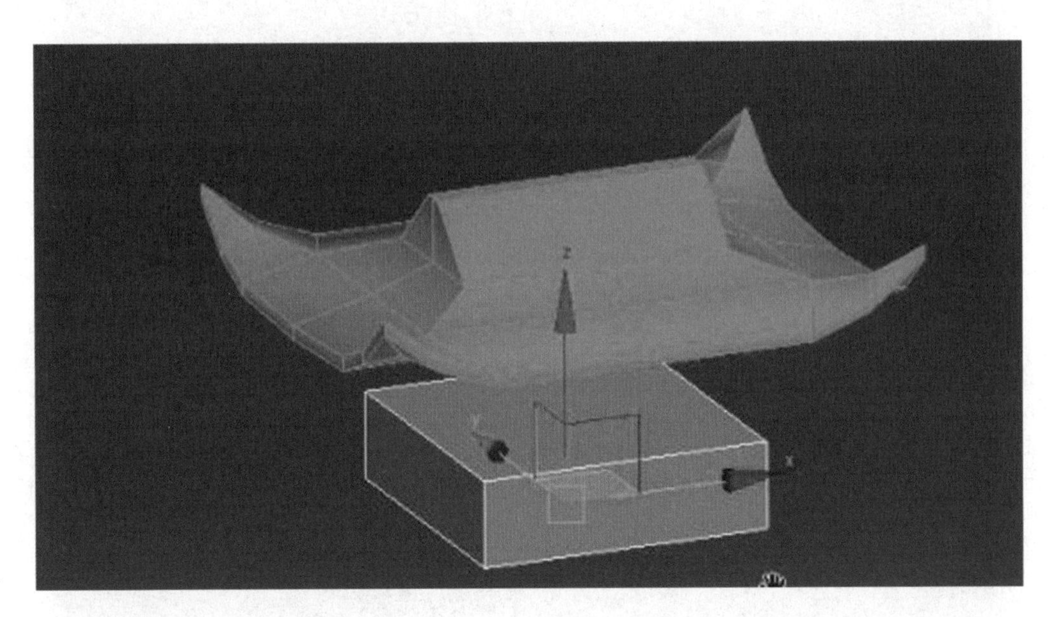

图 6－17

18. 单击“将几何体转换可编辑多边形”，在编辑点层级 上选择几何体，使用移动工具将几何体移到左边适当的位置上，用作侧旁的屋顶，然后再单击“镜像”按钮镜像出另一半，如图 6－18 所示。

19. 在编辑线层级的情况下，选择几何体的竖线，单击右键选择连接加线，通过调整模型的点或线制作出屋顶形状，如图 6－19 所示。

20. 单击“左视图”按钮 左 （快捷键 L），将界面切换到左视图，通过加线，制作出屋顶侧面的结构，如图 6－20 所示。

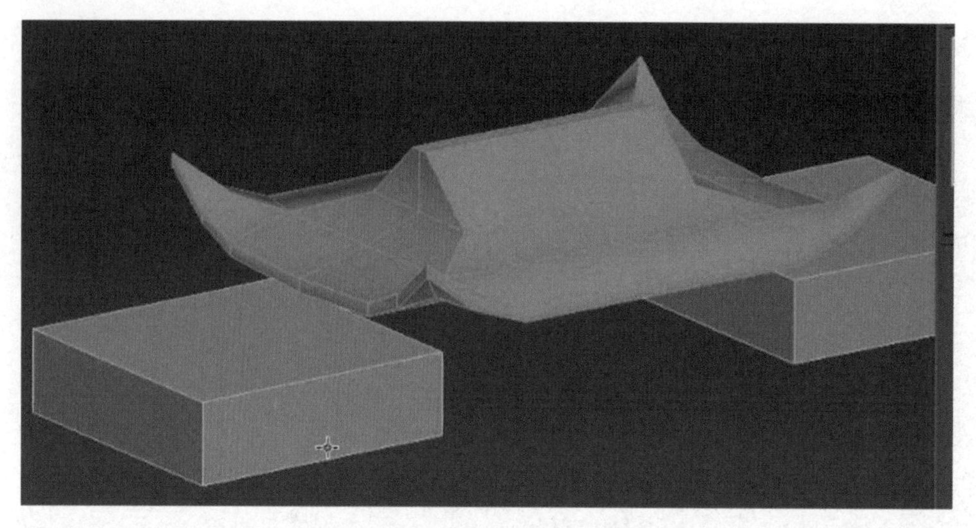

图 6 - 18

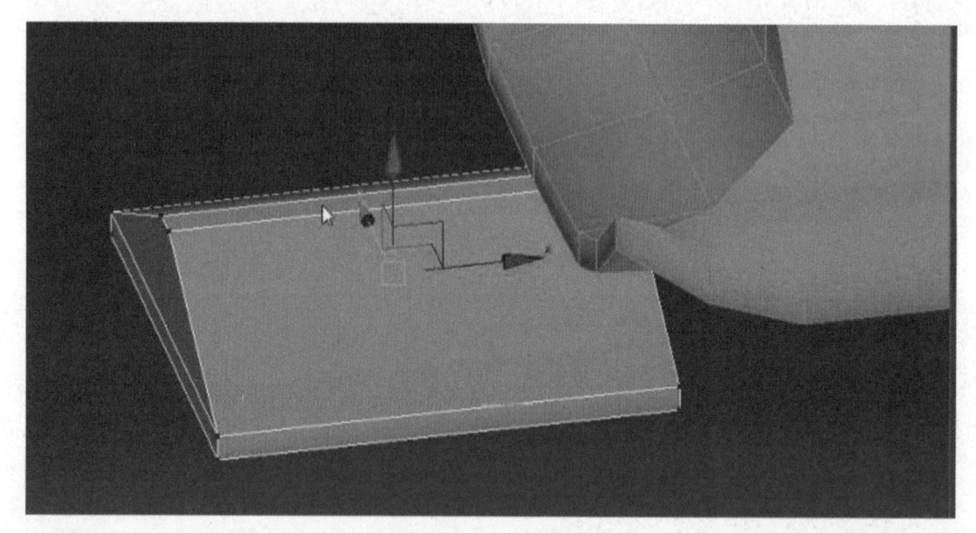

图 6 - 19

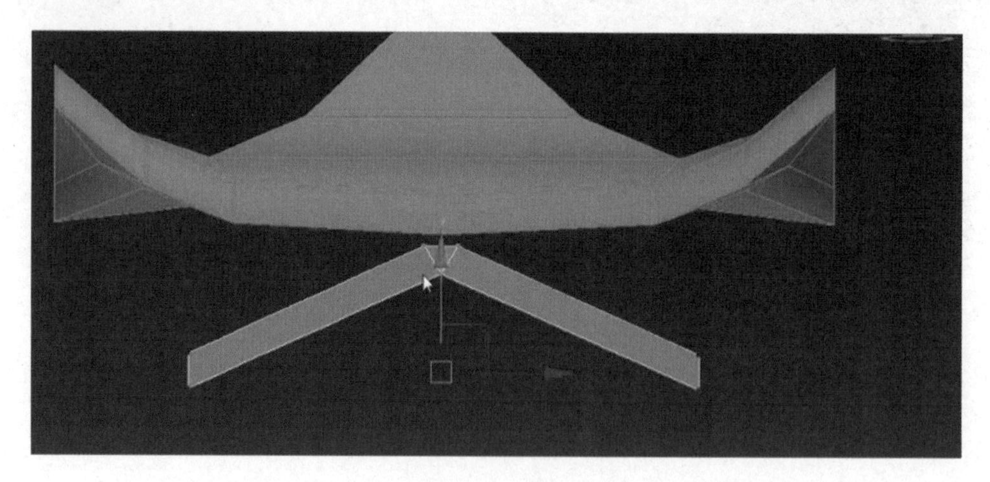

图 6 - 20

21. 在编辑面层级 上选择正屋顶的顶面，单击右键“挤出”出正脊的结构，由于是在四分之一的模型上挤出，正中间的面需要删除，调整正脊侧面的结构，然后再次分离，如图 6 - 21所示。

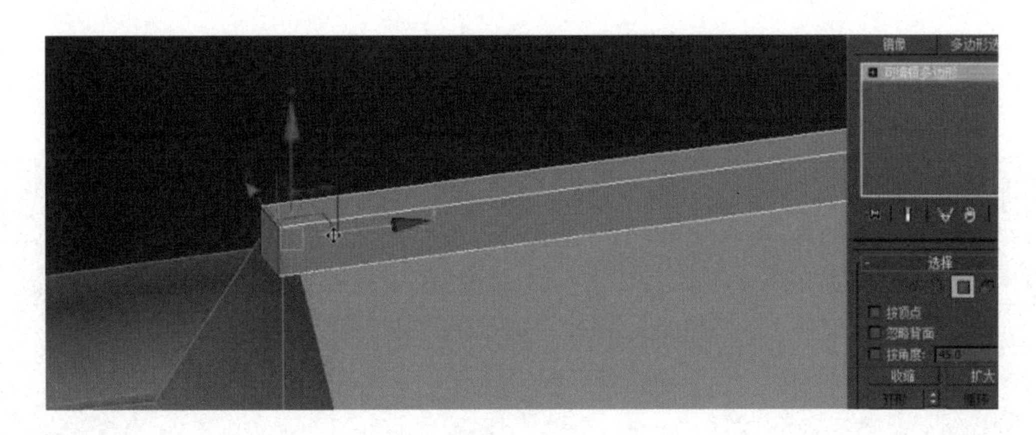

图 6－21

22. 接着单击“镜像”按钮，依次根据坐标轴镜像出其他部分屋顶的正脊，使其形成一个完整的正脊形状，然后调整正脊的高度，如图 6－22 所示。

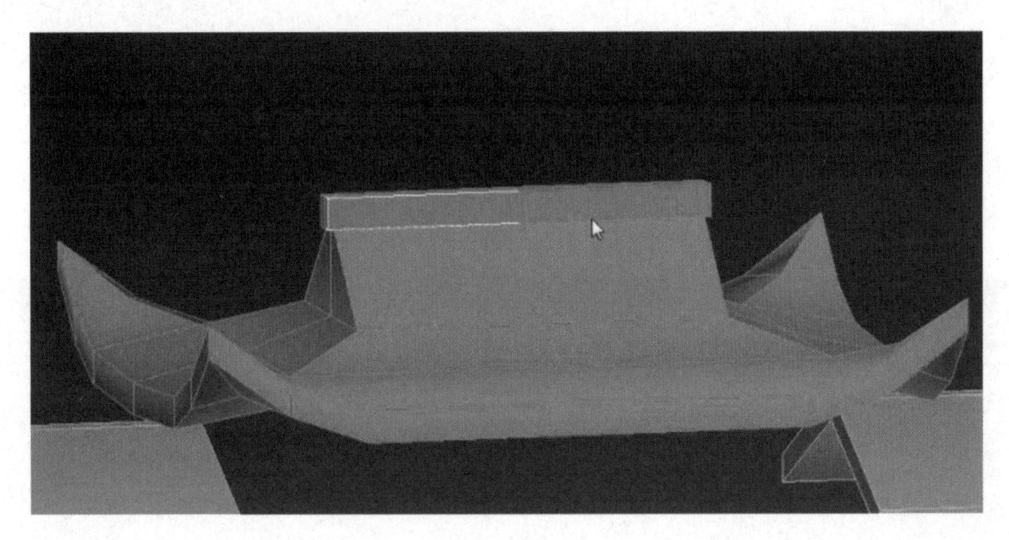

图 6－22

23. 在制作正脊侧面伸出部分的模型时，正脊底面悬空，这时需要补上一个面，在编辑线层级的情况下，选择下边的线条，按住 Shift 键并移动鼠标左键复制出一个面，然后选择需要的点进行合并可按快捷键【Ctrl＋Alt＋C】，如图 6－23 所示。

图 6－23

24. 接着制作正屋屋顶的垂脊部分模型，考虑制作方便，在编辑面层级 的情况下，直接单击屋顶上的面，在移动工具状态下按住 Shift 键并向上移动鼠标左键复制一个面，如图 6 - 24 所示。

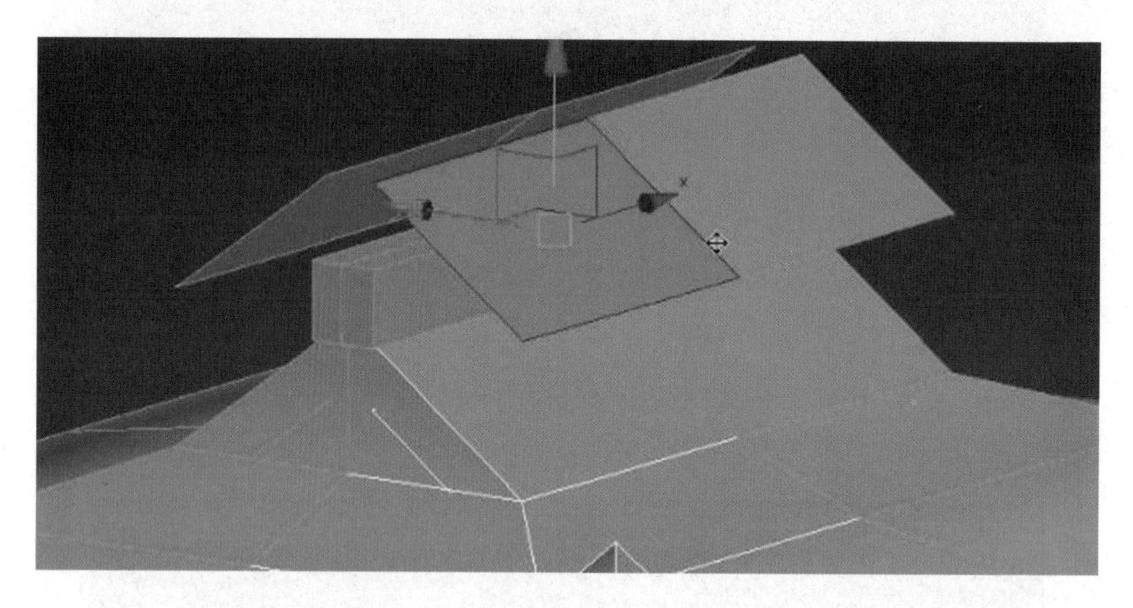

图 6 - 24

25. 将面调整至需要制作垂脊结构的形状，然后将面片挤压出垂脊结构的高度，如图 6 - 25 所示。

图 6 - 25

26. 在编辑面层级 的情况下，选择垂脊模型的正面，然后挤压出垂脊下段的结构，将垂脊模型进行调整，如图 6 - 26 所示。

27. 接着删除垂脊模型上看不到的面，检查正脊模型和垂脊模型衔接的接缝关系，如图 6 - 27 所示。

28. 在制作屋顶模型的时候，有些模型会自动打上光滑组，这时可将不需要光滑组的面进行关闭；在编辑面层级 的情况下，选择屋顶边檐的面，关闭控制面板中多边形的光滑组，如图6 - 28 所示。

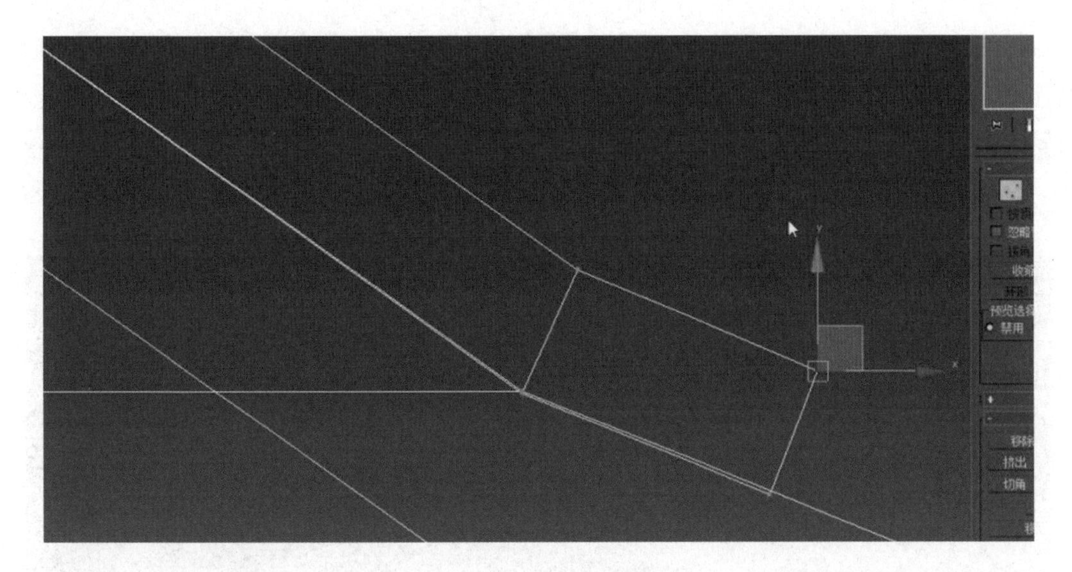

图 6 - 26

图 6 - 27

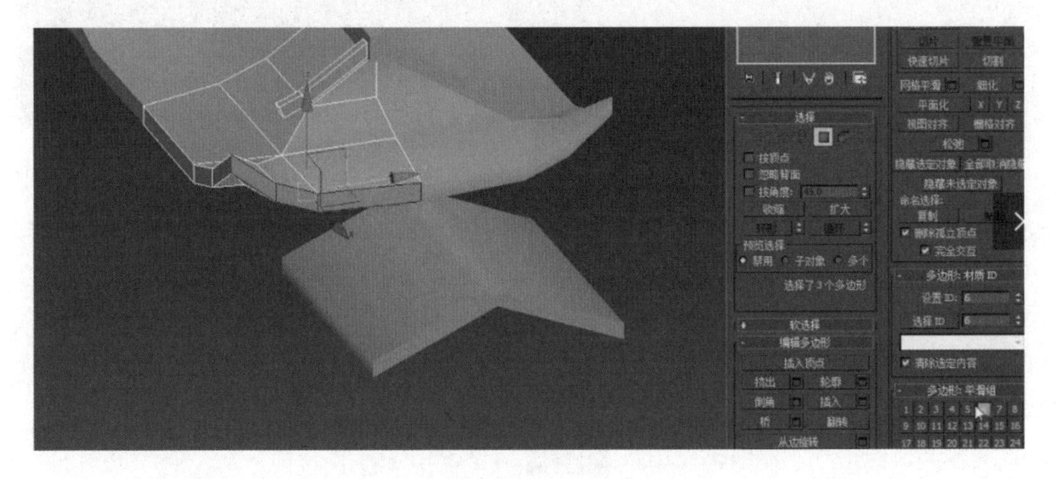

图 6 - 28

29. 接下来制作屋顶的戗脊模型，制作方法是通过使用一根线创建图形的几何体（也可以通过创建几何体来制作），在编辑线层级 的情况下，单击需要创建模型的线条，再次单击控制面板中编辑边按钮里的 利用所选内容创建图形 命令，弹出创建图形窗口，这里我们选择线性条件创建图形，如图 6-29 所示。

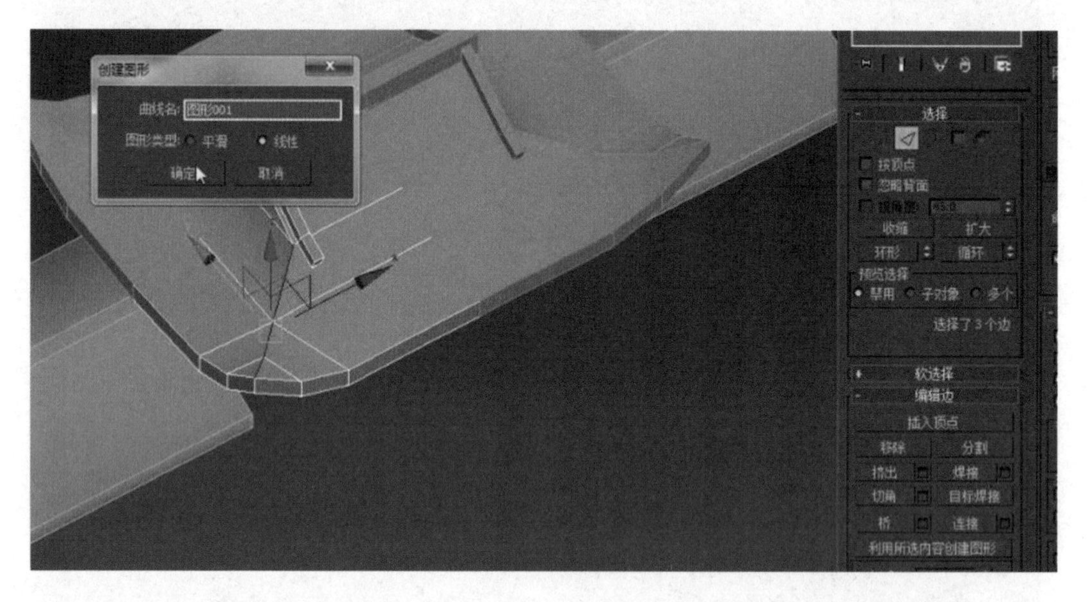

图 6-29

30. 单击创建图形窗口中的“确定”按钮，创建出一根绿色的线条，如图 6-30 所示。

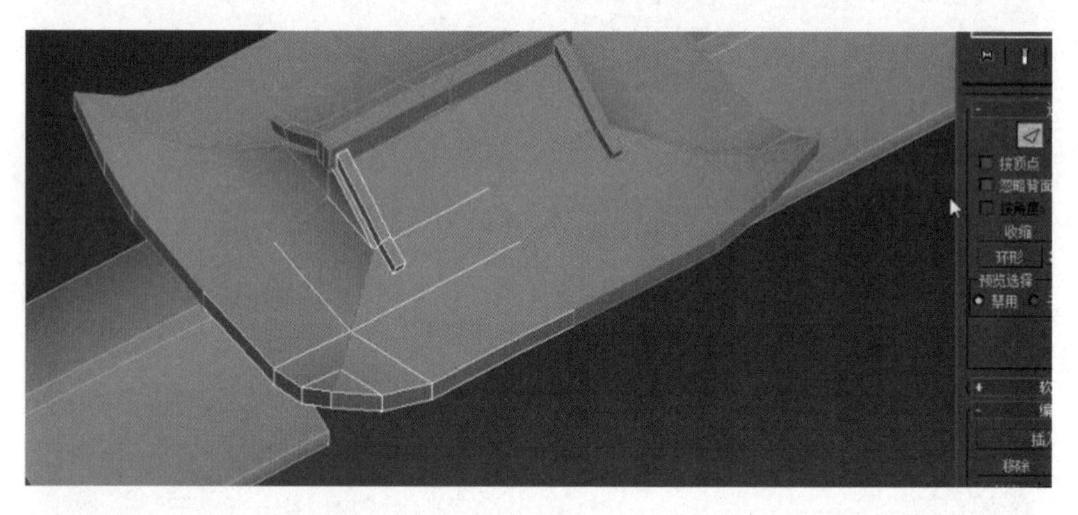

图 6-30

31. 关闭编辑命令，选择刚刚创建的绿色线条，在控制面板中单击“打开渲染”命令；勾选“在渲染中启用”和“在视口中启用”，设置“边”的参数为 4、“角度”的参数为 45，“厚度”参数可以根据需求来设置，创建出戗脊模型的基本形状，如图 6-31 所示。

32. 单击鼠标右键选择“将模型转换为可编辑多边形”，再通过加线、挤压调整出戗脊模型的结构和弧度，如图 6-32 所示。

33. 接着制作旁屋的正脊，在编辑面层级 的情况下，选择顶面，然后挤出正脊的结构，并进行适当的调整，如图 6-33 所示。

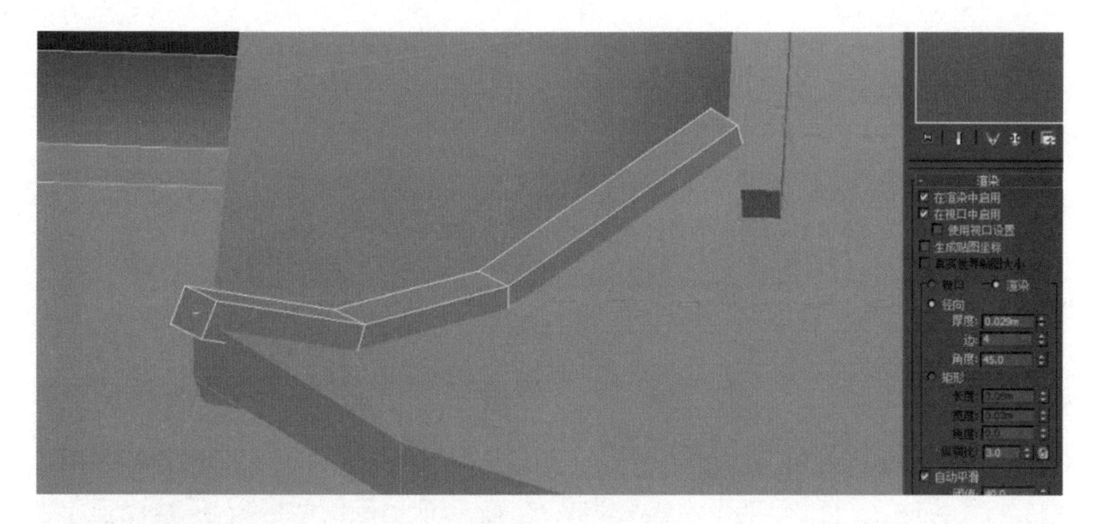

图 6－31

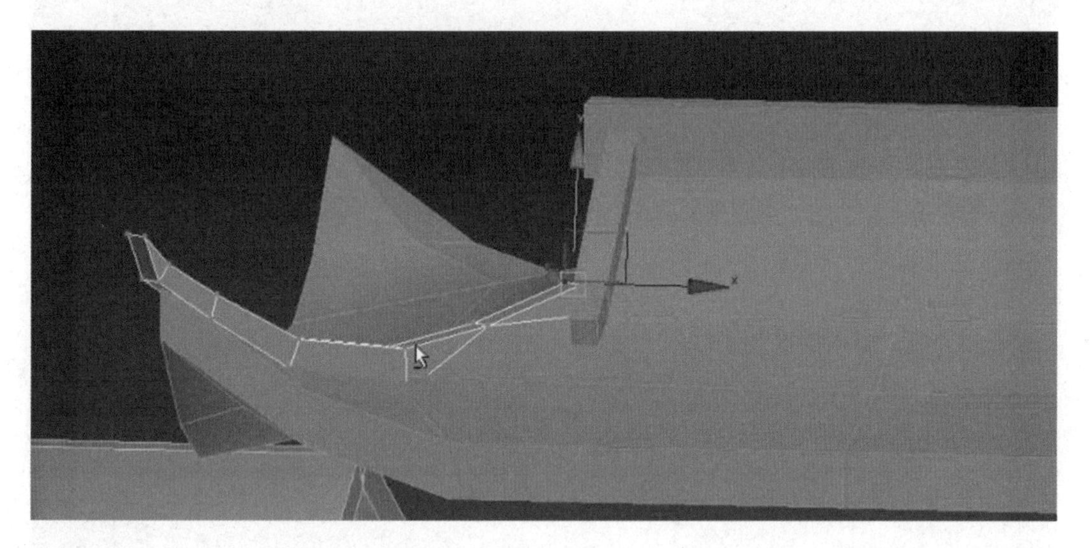

图 6－32

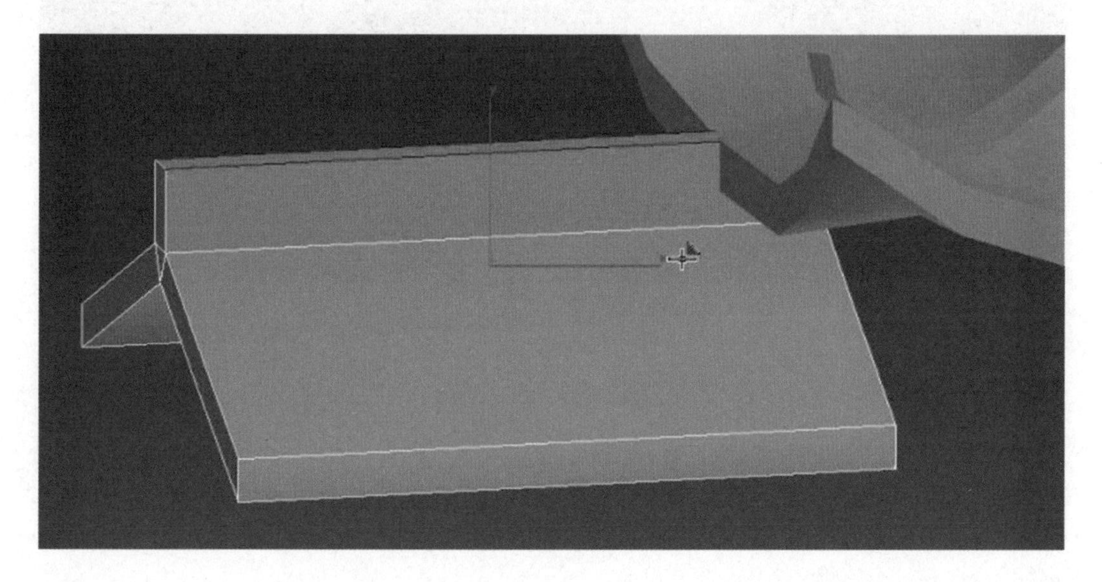

图 6－33

34. 接着选择屋顶的面，在移动工具状态下按住 Shift 键并向上移动鼠标左键复制一个面，然后在通过“挤压”制作出旁屋的垂脊平行结构，如图 6 - 34 所示。

图 6 - 34

35. 旁屋的正脊模型有一部分结构插到了正屋的屋顶里，这时需要加线固定位置，然后删除不要的面，并将点连接起来，如图 6 - 35 所示。

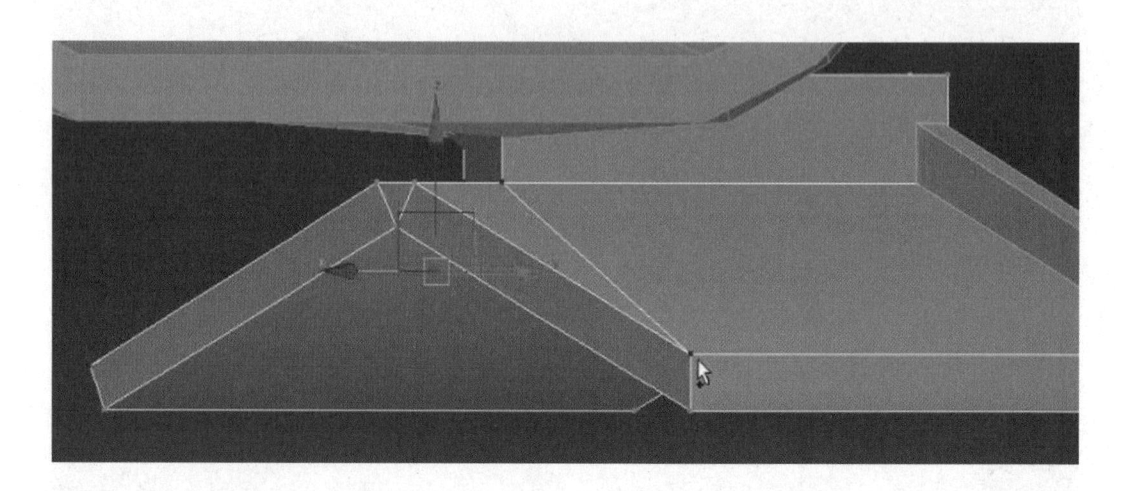

图 6 - 35

36. 接着创建一个新的几何体，然后将其坐标归 0，再把几何体调整到正屋的正脊上，如图 6 - 36 所示。

37. 根据提供的原画形状，通过对几何体进行加线、调整，制作出鱼尾擅模型，如图 6 - 37 所示。

38. 接着继续加线调整鱼尾擅模型的弧度，在编辑面层级的情况下，将鱼尾擅模型的底面删除，然后再镜像出另外一边的鱼尾擅模型，如图 6 - 38 所示。

图 6－36

图 6－37

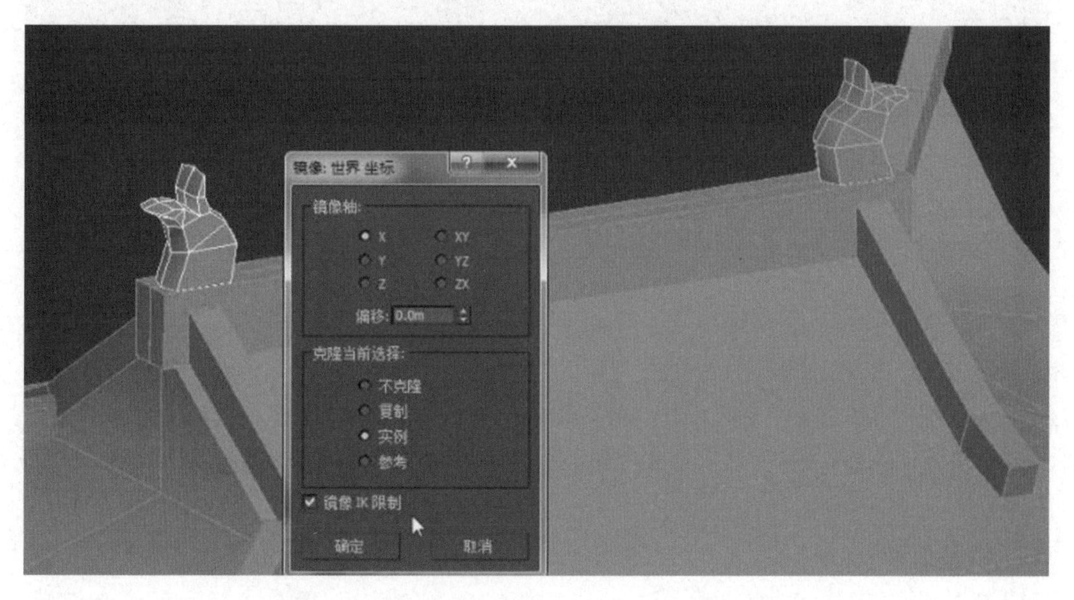

图 6－38

39. 在编辑几何体层级 的情况下，选择鱼尾擅模型，按住快捷键【Shift＋鼠标左键】向左边移动复制出另一个鱼尾擅模型，如图 6－39 所示。

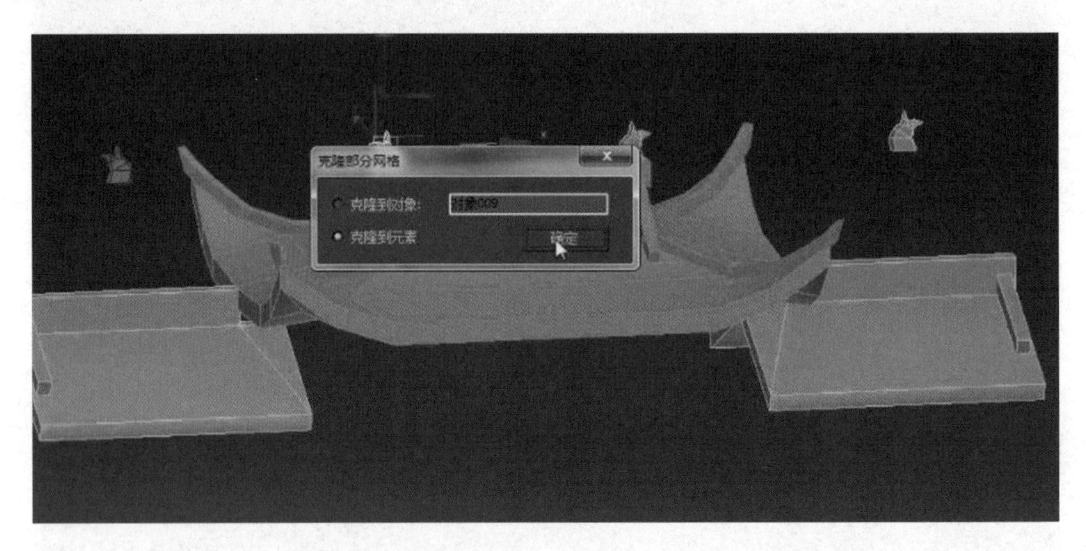

图 6－39

40. 将复制出来的鱼尾擅模型放置在旁屋的正脊上，屋顶的所有模型就基本完成了，如图 6－40 所示。

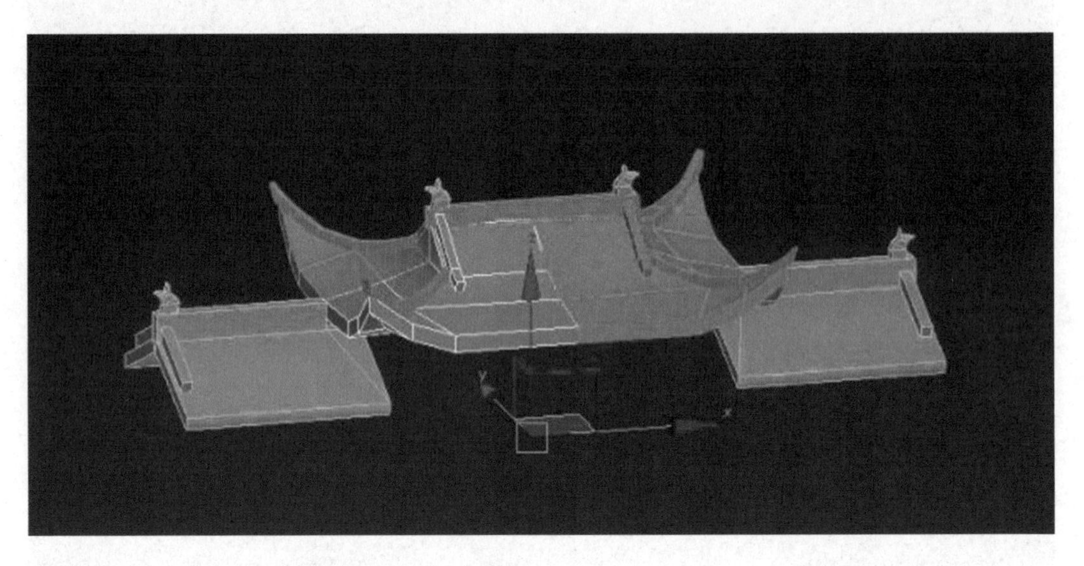

图 6－40

6.1.2 立柱、横梁和地板模型的制作

1. 接下来制作廊亭的立柱、横梁和地板模型，单击控制面板中的“圆柱体”按钮 圆柱体 ，创建出一个圆柱体，如图 6－41 所示。

2. 接着将圆柱体 X、Y、Z 坐标轴归 0，在参数命令里修改“高度分段”的参数为 1，“边数”的参数为 8（参数可根据项目需求而定），然后给其赋予一个灰色材质球，并使用缩放工具将圆柱体等比例缩小，如图 6－42 所示。

3. 将圆柱体转为可编辑多边形并作为立柱模型，在编辑点层级 上选择立柱模型的点，再次将立柱模型移动至与戗脊模型垂直的位置，然后调整立柱的适当高度，如图 6－43 所示。

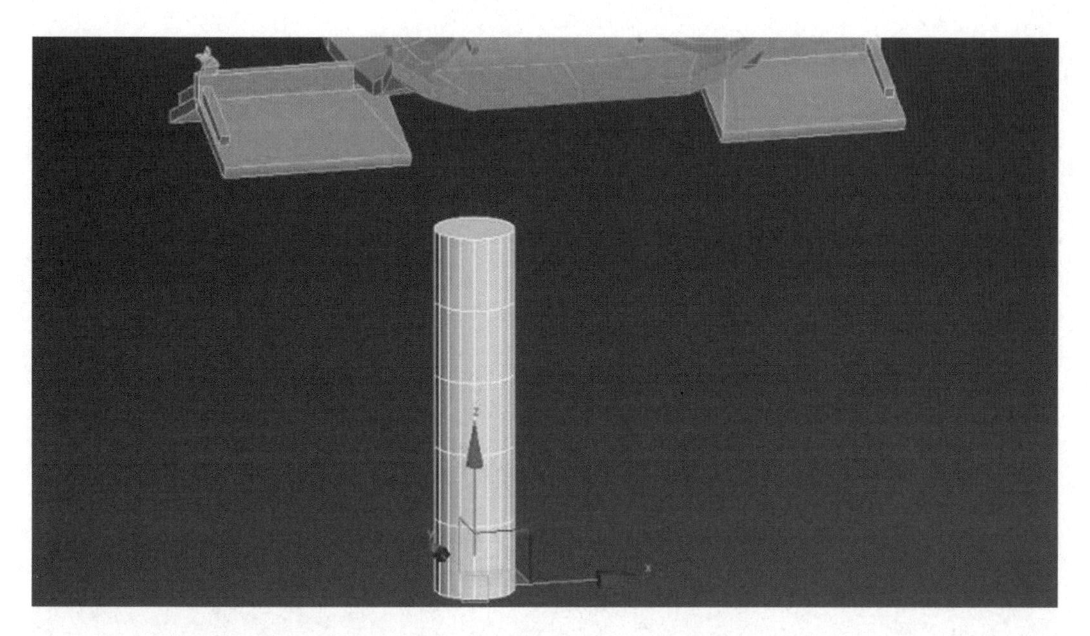

图 6 - 41

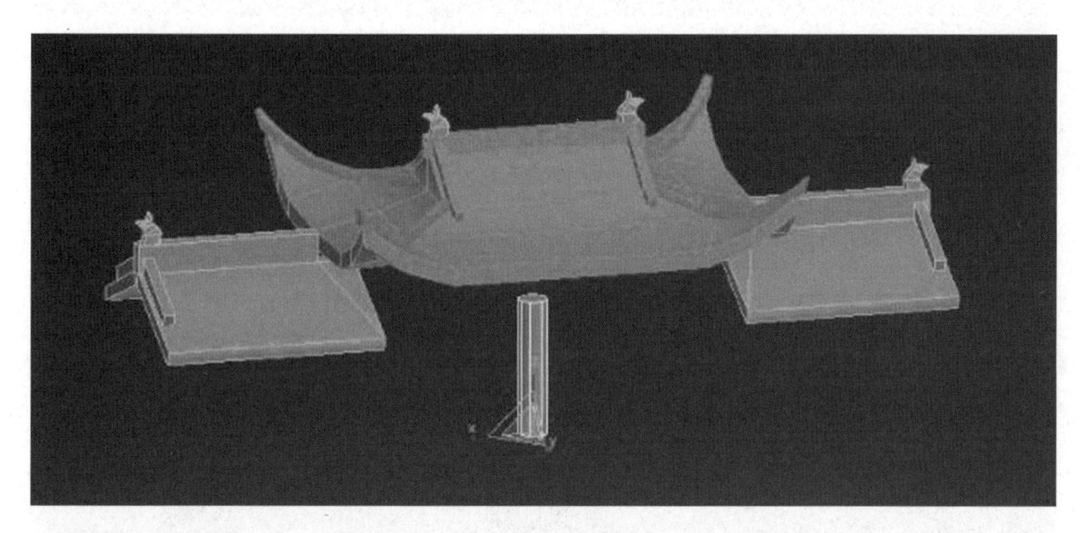

图 6 - 42

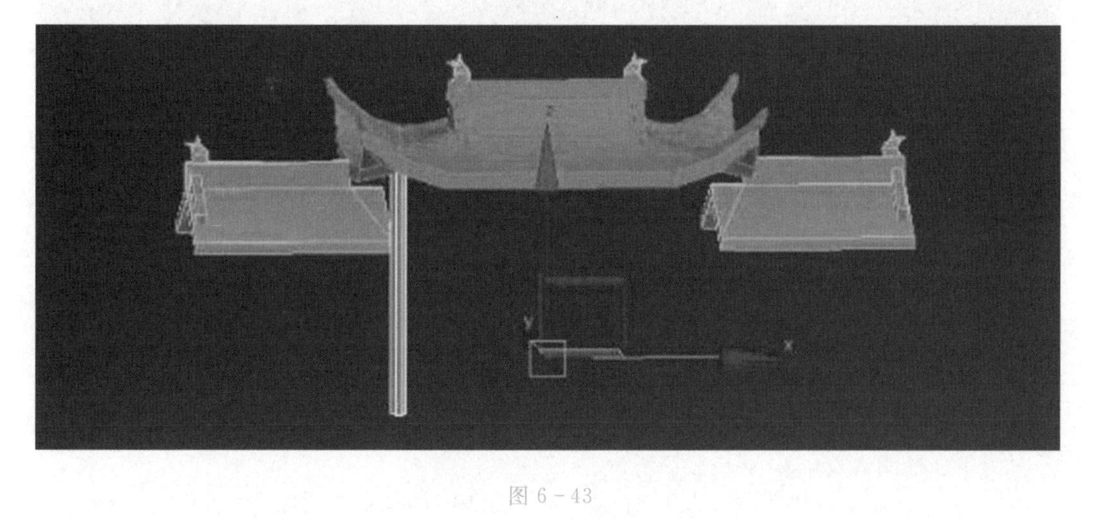

图 6 - 43

4. 接着根据坐标轴依次镜像出主屋的其他立柱模型，如图 6 - 44 所示。

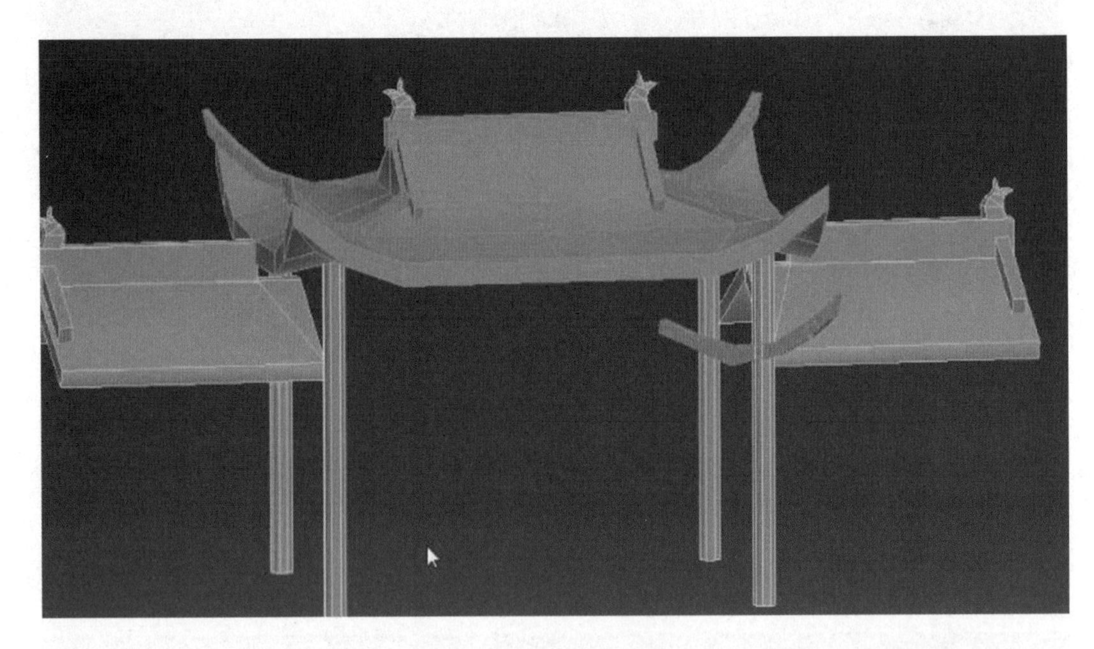

图 6 - 44

5. 在主屋立柱模型的基础上选择一根立柱，按住快捷键【Shift＋鼠标左键】复制出另一根立柱，并且将立柱移动到旁屋的适当位置，然后根据坐标轴镜像出其他立柱，如图 6 - 45 所示。

图 6 - 45

6. 在控制面板中单击“长方形”，创建一个几何体，将几何体的坐标轴进行归 0，然后转换成可编辑多边形，使用“缩放”工具将几何体缩小，如图 6 - 46 所示。

7. 在编辑点层级 的情况下，选择几何体的点并调整横梁的长度，将其调至旁屋侧面的立柱上，然后再次调整立柱的高度，如图 6 - 47 所示。

8. 通过复制的方式复制出其他的横梁，调整到适当的位置后搭建横梁的结构模型，如图 6 - 48 所示。

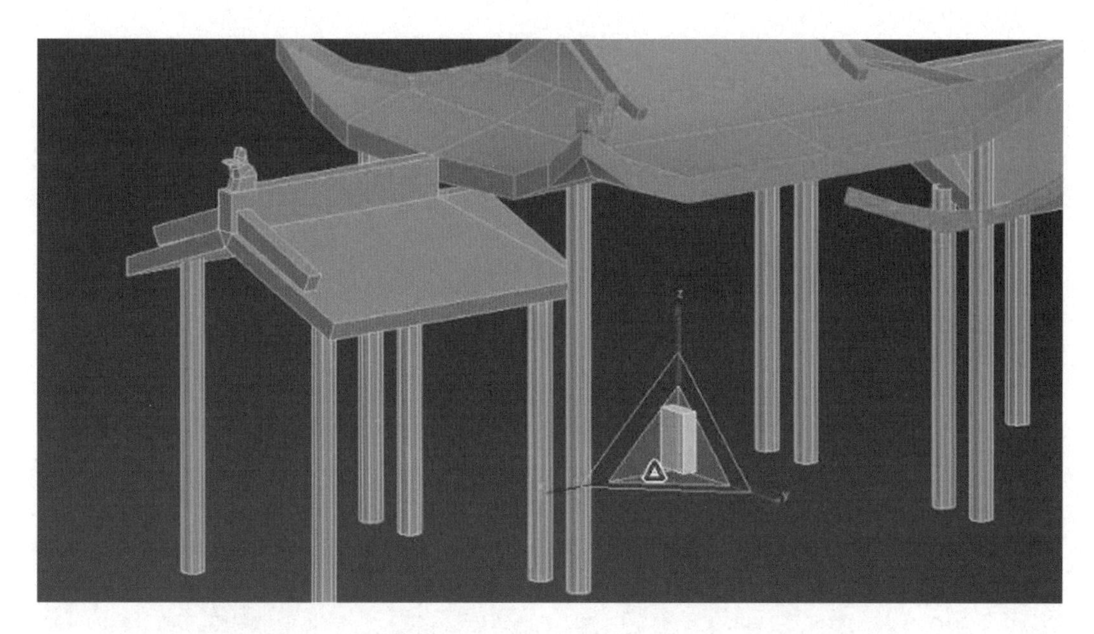

图 6 - 46

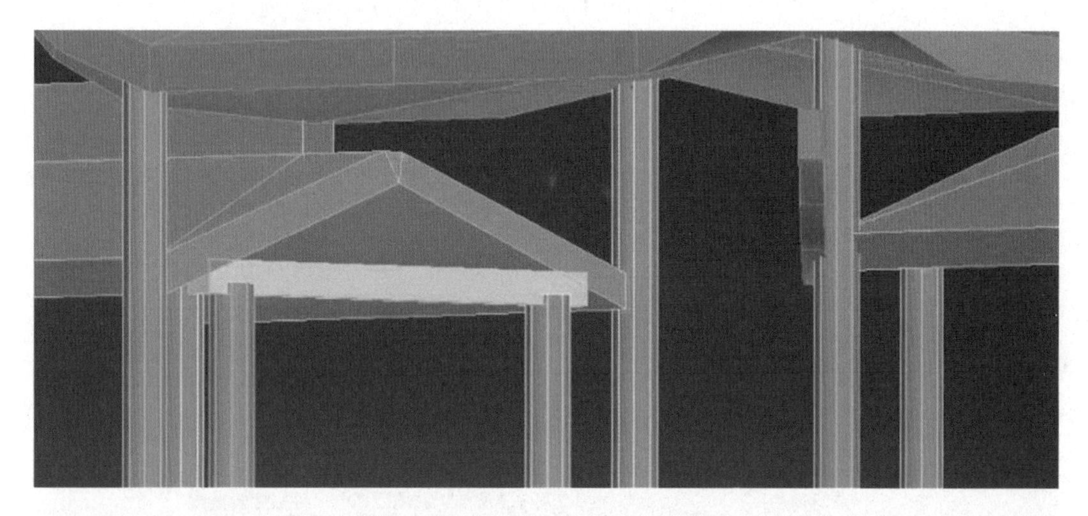

图 6 - 47

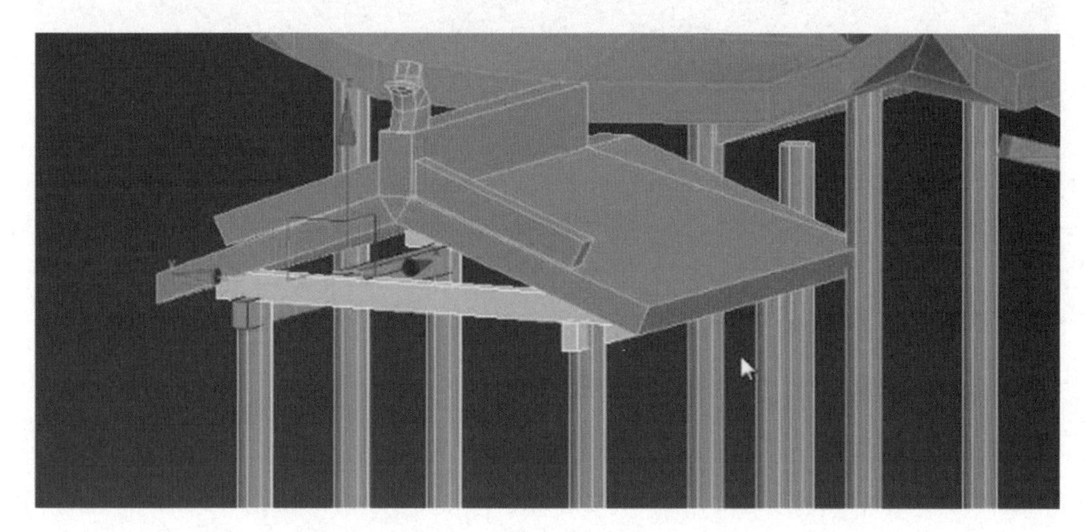

图 6 - 48

9. 在编辑几何体层级 的情况下，直接选择旁屋正面横梁，按住快捷键【Shift＋鼠标左键】复制出一个几何体用作主屋正面的横梁，随后调整位置和大小比例，如图 6－49 所示。

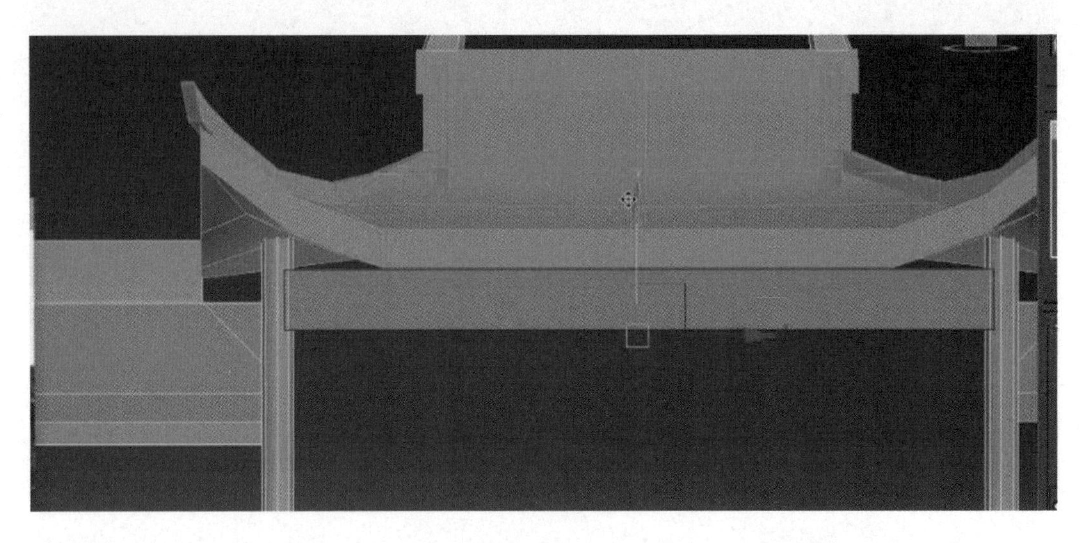

图 6－49

10. 接着对横梁与立柱之间的关系进行调整，在编辑几何体层级 的情况下，选择正梁并复制出一个几何体，用作檐坊结构，如图 6－50 所示。

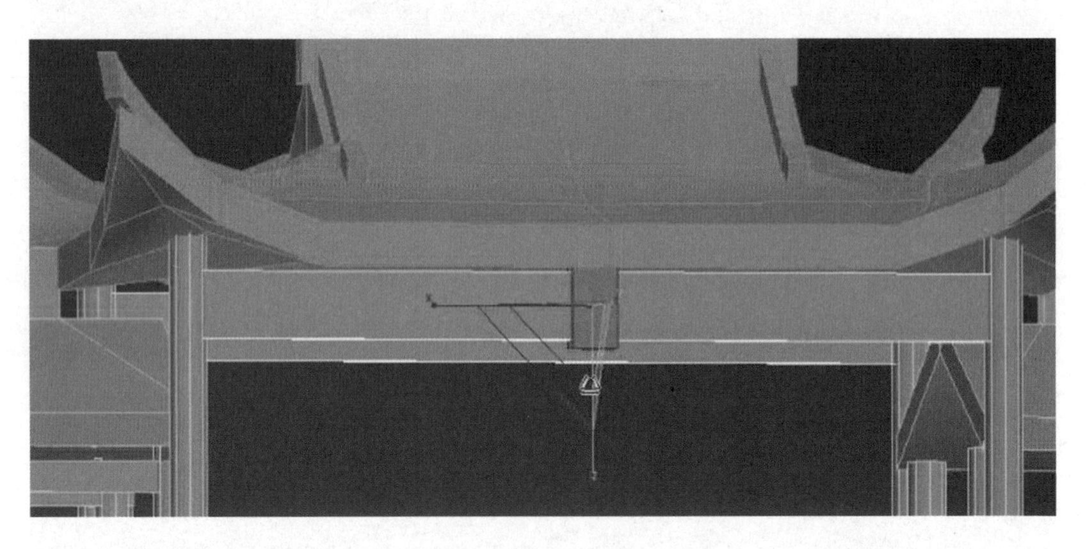

图 6－50

11. 在编辑线层级 的情况下，选择几何体的竖线，单击右键选择“连接”添加线条，再调整出檐坊的形状结构，然后将檐坊模型进行分离，接着根据坐标轴依次镜像出檐坊其他部分的模型，如图 6－51所示。

12. 在控制面板中，单击“长方形”按钮创建一个几何体，将其坐标轴进行归 0，再按快捷键【M】弹出材质编辑器窗口后给几何体赋予一个灰色材质球，方便统一模型颜色，然后将其转换成“可编辑多边形”并作为地面的基本模型，如图 6－52 所示。

13. 接着调整地面的厚度，在编辑线层级 的情况下，选择给几何体中间添加一根线，然后删除另一半模型，接着调整出地面的宽度，挤出几何体前面的凸出部分并形成地面模型的基本形状，如图 6－53所示。

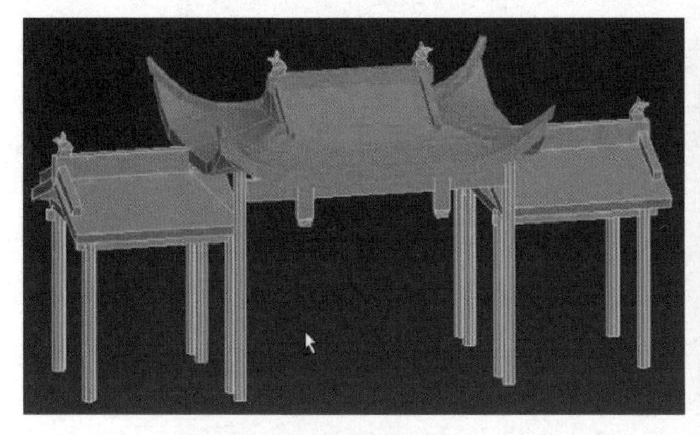

图 6 - 51

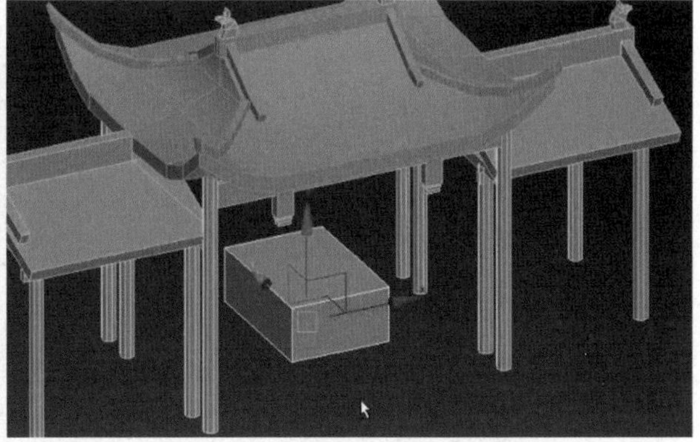

图 6 - 52

14. 在编辑面层级的情况下，选择模型前面的面用作台阶，按住快捷键【Shift＋鼠标左键】复制出一块面，选择左边的两个点调整台阶模型的宽度，然后通过加线将面分成三段，如图 6 - 54 所示。

15. 在编辑面层级 的情况下，选择其他两个面，依次通过挤压的方式制作台阶模型，如图 6 - 55 所示。

图 6 - 53

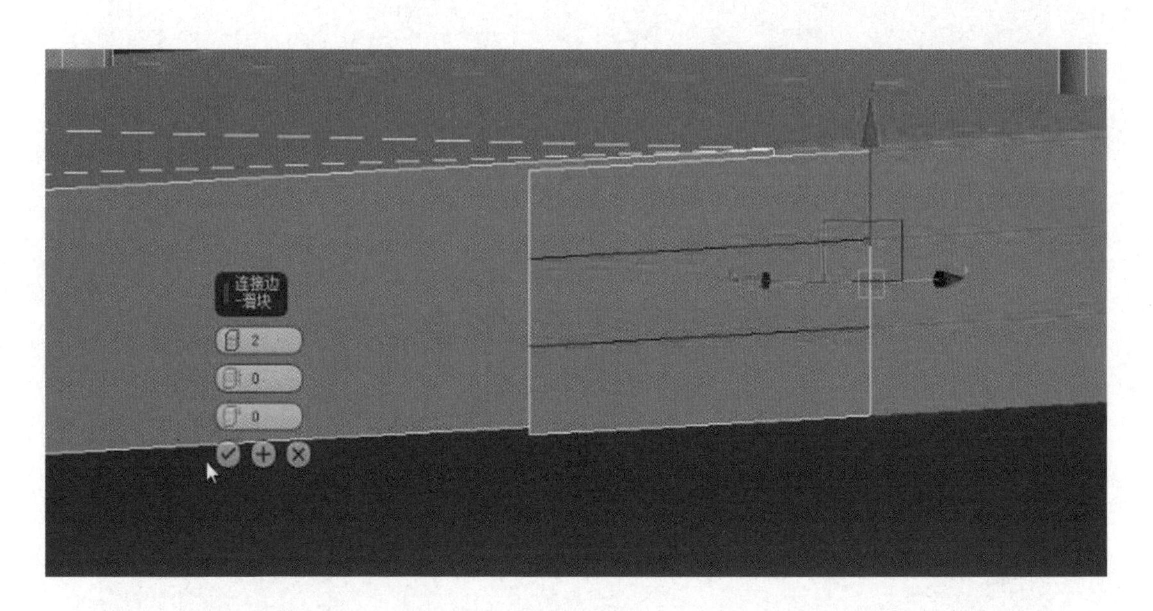

图 6 - 54

16. 在编辑线层级 的情况下，选择地面侧边的线条，单击右键选择“连接”，将地面分成四份，然后再删除四分之三的地面模型，如图 6 - 56 所示。

17. 为了方便模型拆分 UV 和结构，通过加线和合并点的形式将台阶和地面衔接起来，再将四边形以上的多边形连接成三边形或四边形，然后将看不见的面删除，如图 6 - 57 所示。

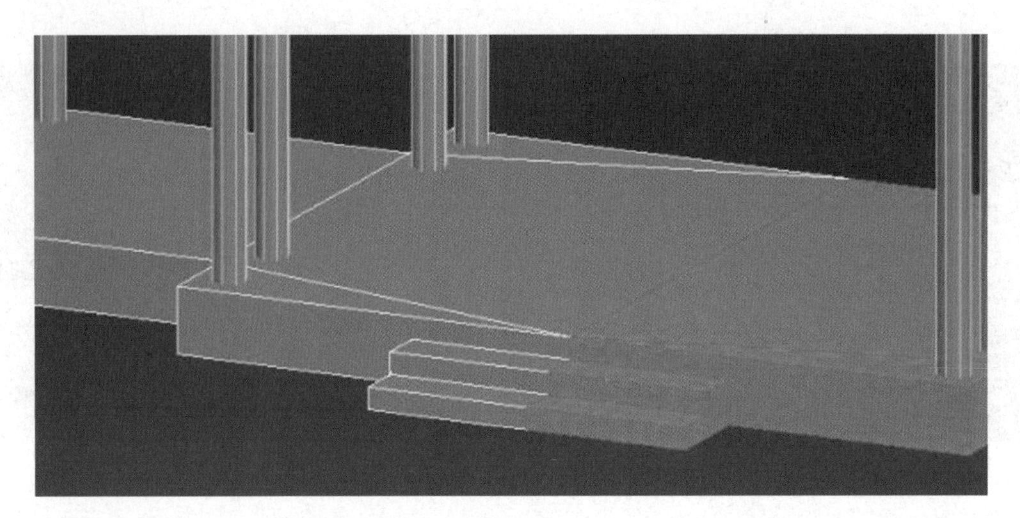

图 6－55

图 6－56

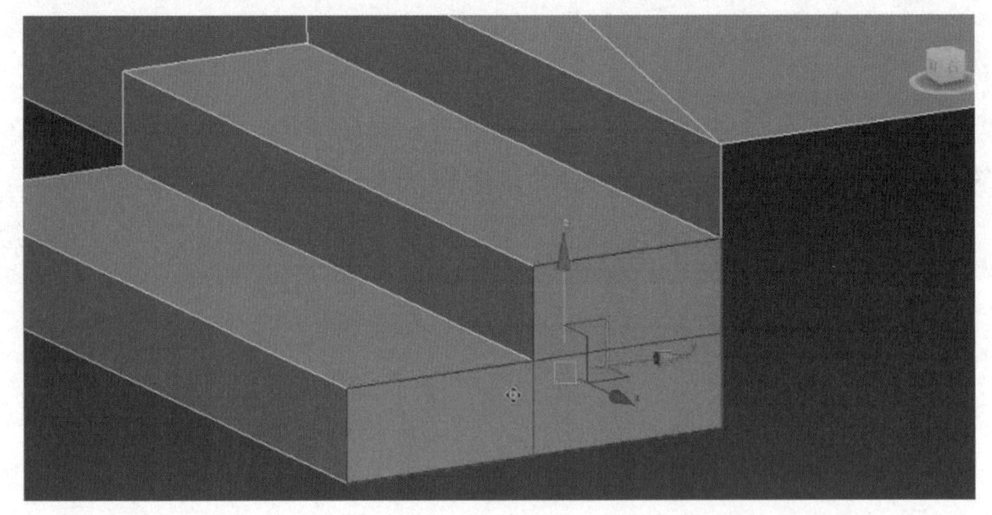

图 6－57

18. 根据地面坐标轴依次镜像出其他四分之三的地面，从而得到整体模型，如图 6－58 所示。

图 6－58

19. 将模型所有隐藏或看不到的面删除，如图 6－59 所示。

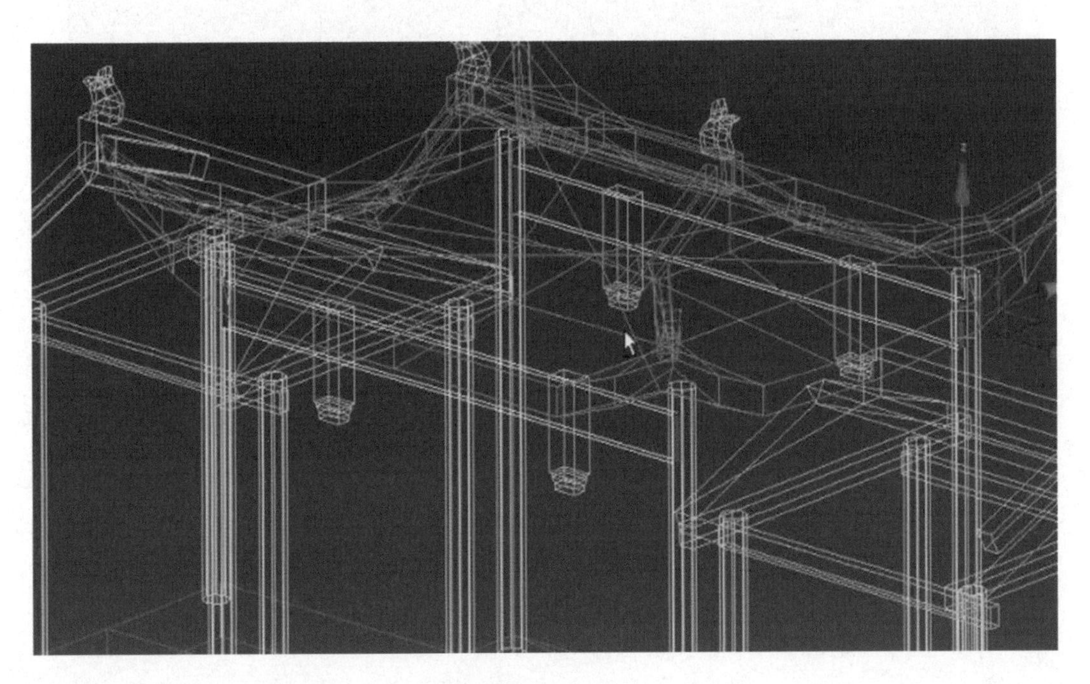

图 6－59

20. 接着制作隔空坊模型，在编辑面层级 的情况下，选择正梁的一个面，按住快捷键【Shift＋鼠标左键】复制出一个面用作隔空坊，然后依次复制出面并调整位置，如图 6－60 所示。

21. 做完廊亭的模型后要检查比例，如有问题要再次调整，接着将模型命名为“廊亭”并保存到新建的文件夹中（前面有讲过模型的保存步骤），从而得到一个完整的模型，如图 6－61 所示。

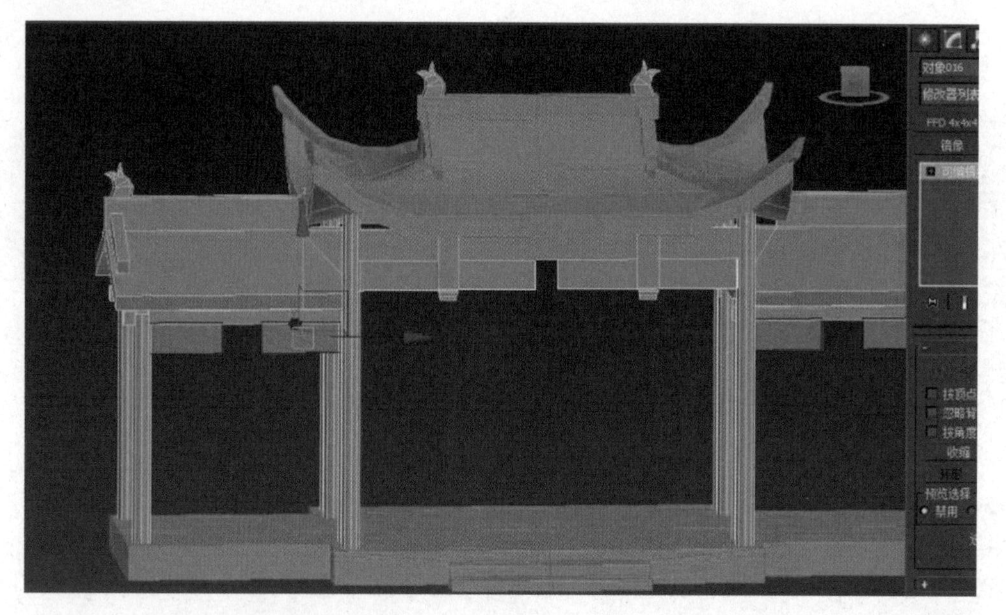

图 6 - 60

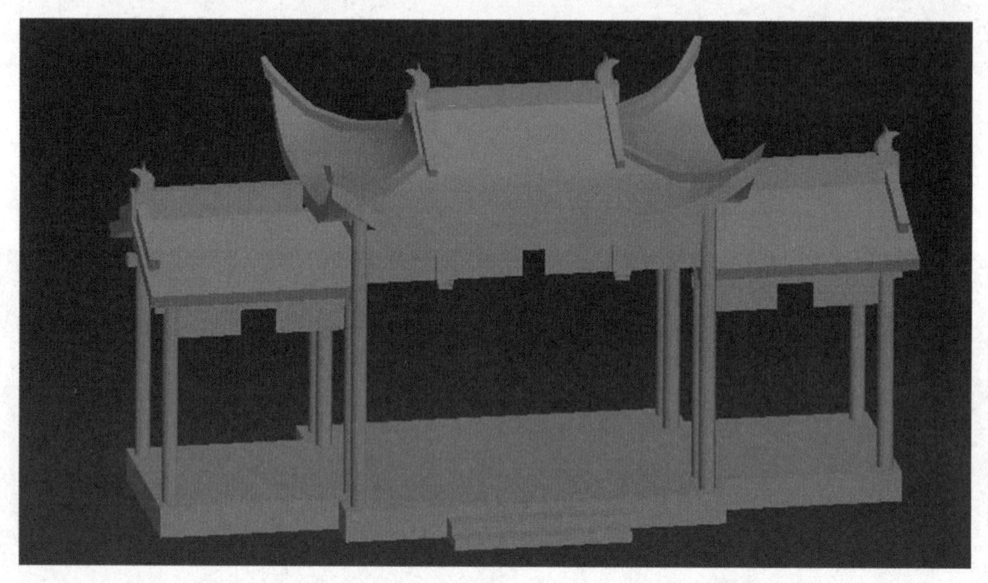

图 6 - 61

6.2 廊亭模型 UV 拆分

6.2.1 房檐、屋脊模型 UV 展开和提取 UV 线

1. 廊亭模型基本都是对称制作的，在这里我们只需拆分 UV 的四分之一，单击选择四分之一屋顶模型，单击鼠标右键选择“将其转换成可编辑多边形”，然后单击控制面板中的“附加”命令 附加 ，依次将其他部分模型附加成一个整体，这样方便后续删除，如图 6 - 62 所示。

2. 在编辑线层级 的情况下，选择正梁的线条，单击鼠标右键选择“连接”按钮进行连线，将正梁一分为二，如图 6 - 63 所示。

图 6 - 62

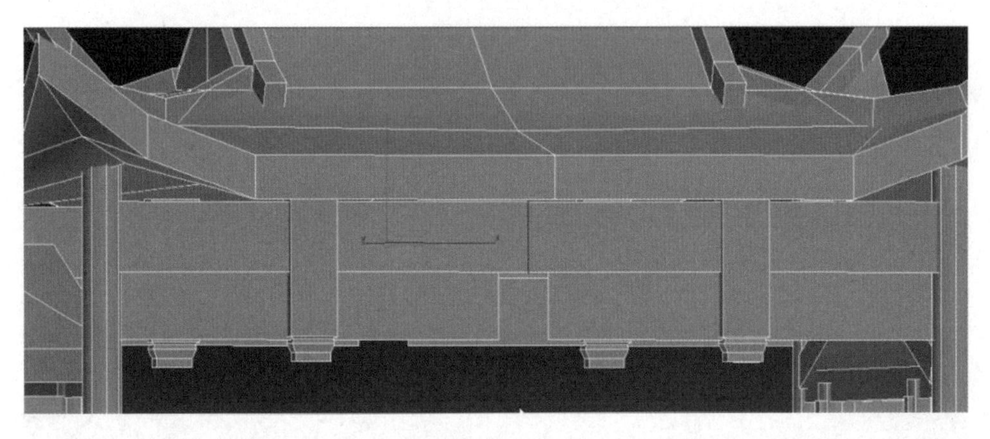

图 6 - 63

3. 接着在编辑线层级 的情况下，选择右边另一半模型的面，单击 Delete 键将其删除，如图 6 - 64所示。

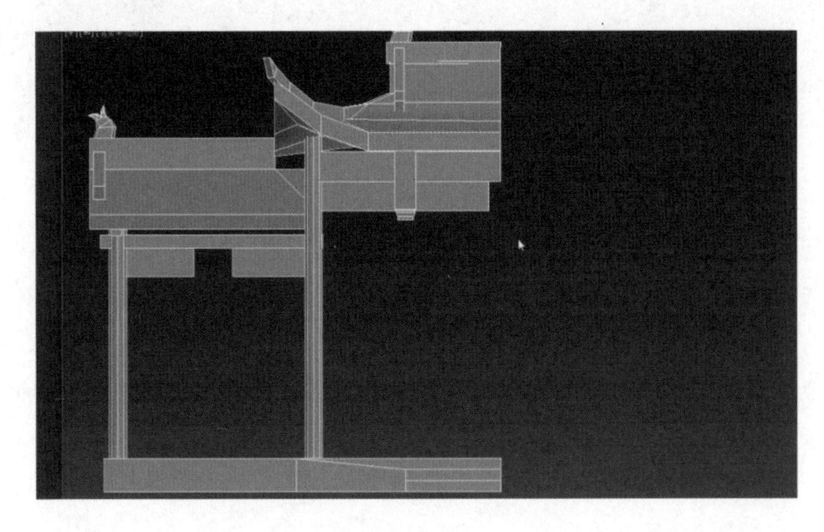

图 6 - 64

4. 单击界面角度旋转器的“左视图”按钮 左 （快捷键 L），将界面切换到左视图，在编辑线层级 （快捷键 2）的情况下，对旁屋的正脊和横梁进行加线，如图 6－65 所示。

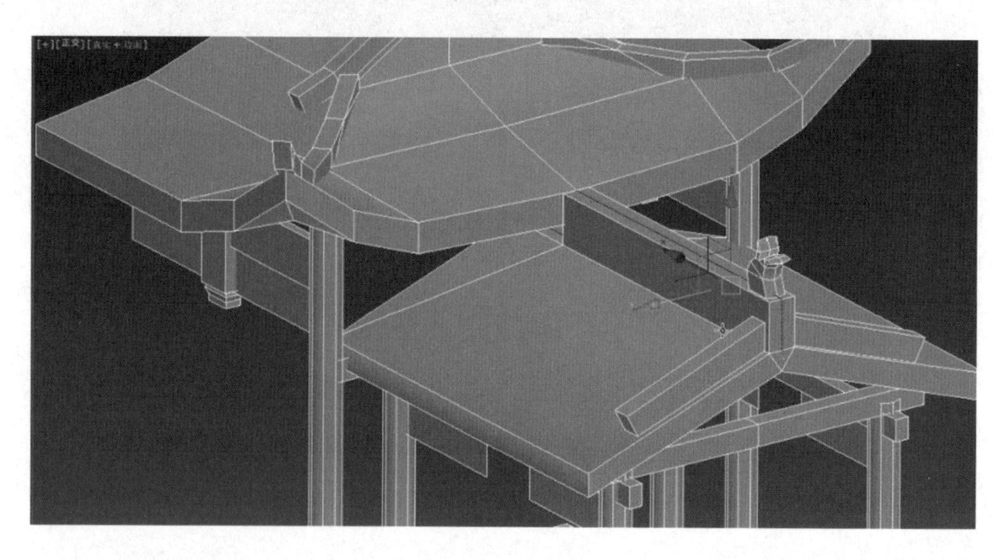

图 6－65

5. 在编辑面层级 （快捷键 4）的情况下，选择另一半模型的面，单击 Delete 键将其删除，从而得到四分之一的模型结构，如图 6－66 所示。

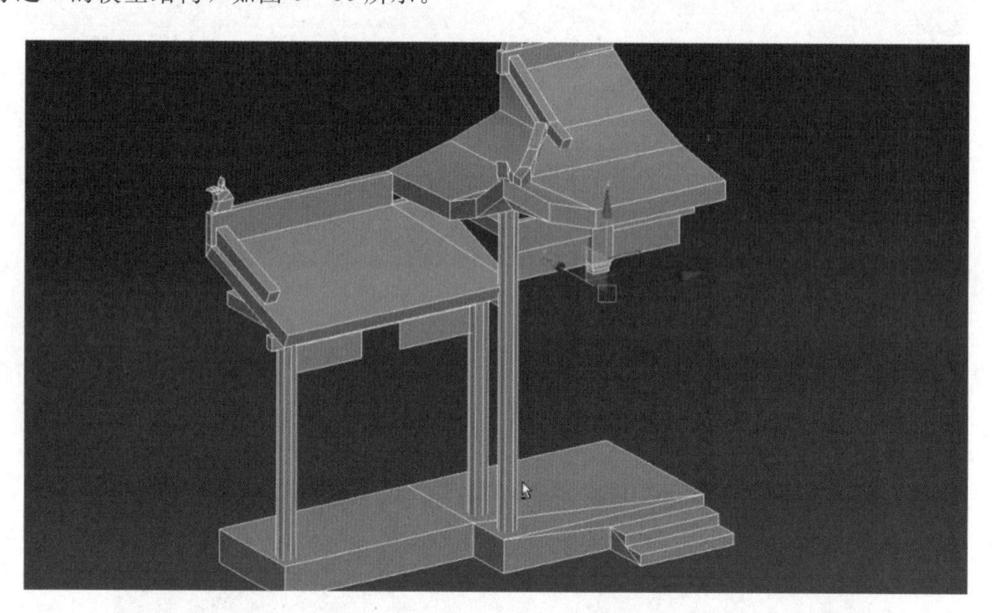

图 6－66

6. 接着将模型拆分成两部分并拆分 UV，在编辑面层级 （快捷键 4）的情况下，选择地面、立柱、横梁和隔空模型组成另一半模型，单击“分离”按钮将模型分成两部分，如图 6－67 所示。

7. 这里先拆分屋顶部分模型的 UV，按快捷键【M】弹出材质编辑器窗口，单击选择一个默认的空白材质球，在 Blinn 基本参数命令中单击漫反射右边方块按钮 漫反射: ，弹出材质/贴图浏览器窗口，然后在窗口中单击“棋盘格”按钮 棋盘格 ，再次单击“确定”按钮。设置瓷砖部分 U 和 V 边框里的参数，如 30∶30，然后单击“将材质指定给选定对象”按钮 ，再单击窗口中“显示明暗处理材质”按钮 ，将材质球赋予模型，如图 6－68 所示。

图 6 - 67

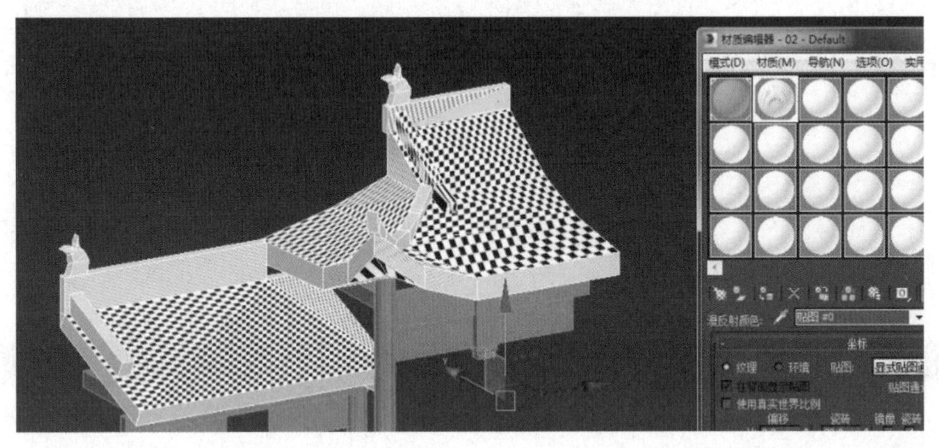

图 6 - 68

8. 关闭材质编辑器窗口，在控制面板中单击“UVW 展开”按钮 UVW展开 ，接着再次单击“打开 UV 编辑器”按钮 打开UV编辑器 ，进入编辑 UVW 窗口，如图 6 - 69 所示。

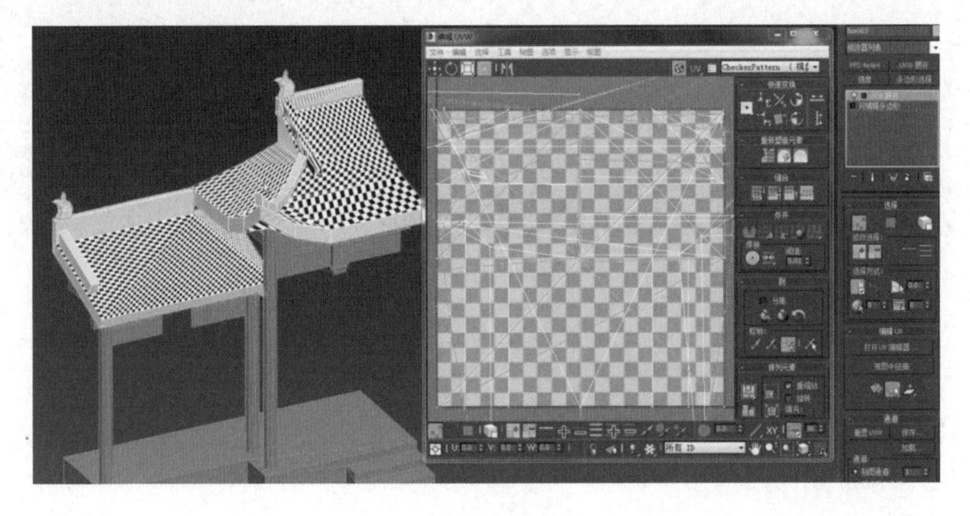

图 6 - 69

9. 接着在编辑 UVW 窗口中单击面层级 （快捷键 3），选择 UV 工作区域内的所有 UV 线，将其平移到工作区域外，这样方便后续拆分时查看 UV 线，再单击投影的“平面贴图”按钮 ，根据屋顶模型 UV 坐标方向对齐 Z 坐标轴，映射出主体模型的 UV 线，然后将其平移到工作区域外，如图 6 - 70 所示。

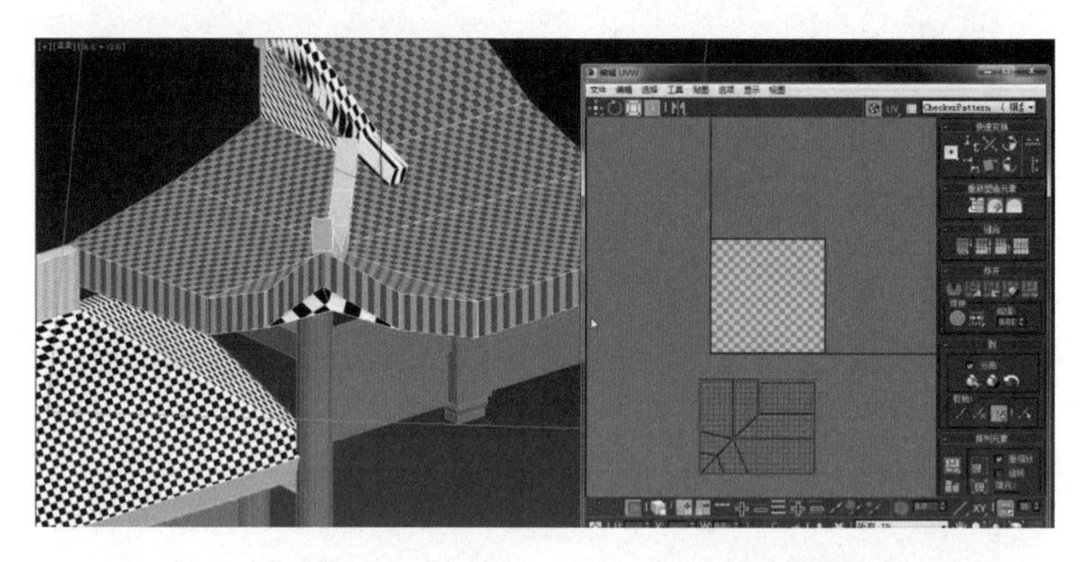

图 6 - 70

10. 在编辑线层级 （快捷键 2）的情况下，选择侧面与正面公用的边角 UV 线，再次单击“断开”按钮 将其 UV 线断开，接着在面层级 （快捷键 3）的情况下，通过选择未需调整的 UV 线，平移调整廊亭正屋屋顶的顶面、侧面和正面 UV 棋盘格比例，如图 6 - 71 所示。

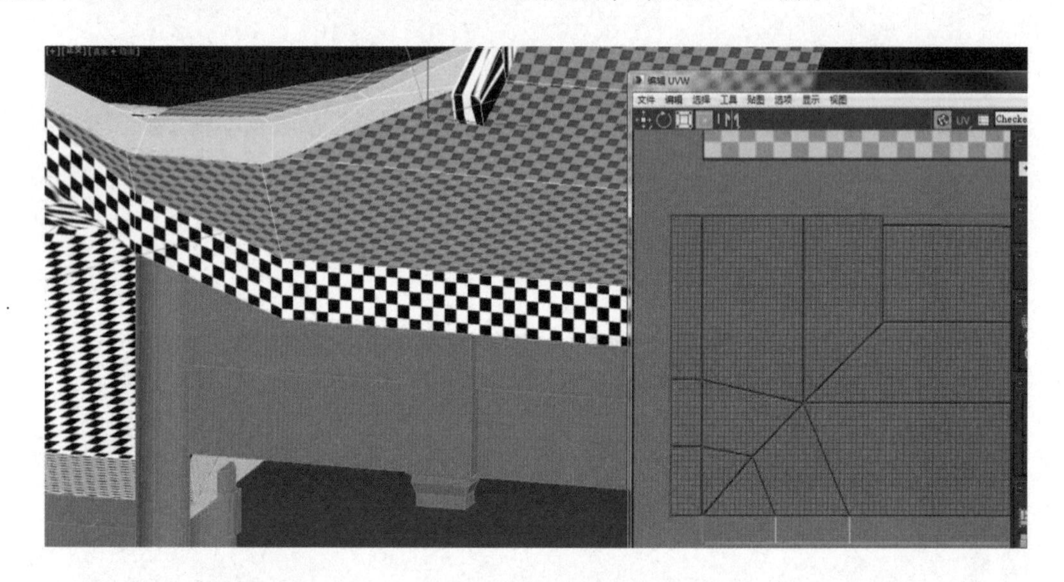

图 6 - 71

11. 接着选择旁屋的屋顶模型 UV，同理，根据上一步廊亭屋顶 UV 线的拆分方法和流程，拆分出旁屋的屋顶 UV 线，如图 6 - 72 所示。

12. 在编辑面层级 的情况下，选择廊亭屋顶模型底面的 UV，单击所有的底面 UV 线，再次单击投影的“平面贴图”按钮 ，根据屋顶模型 UV 坐标方向对齐 Z 坐标轴，映射出主体模型的 UV 线，如图 6 - 73 所示。

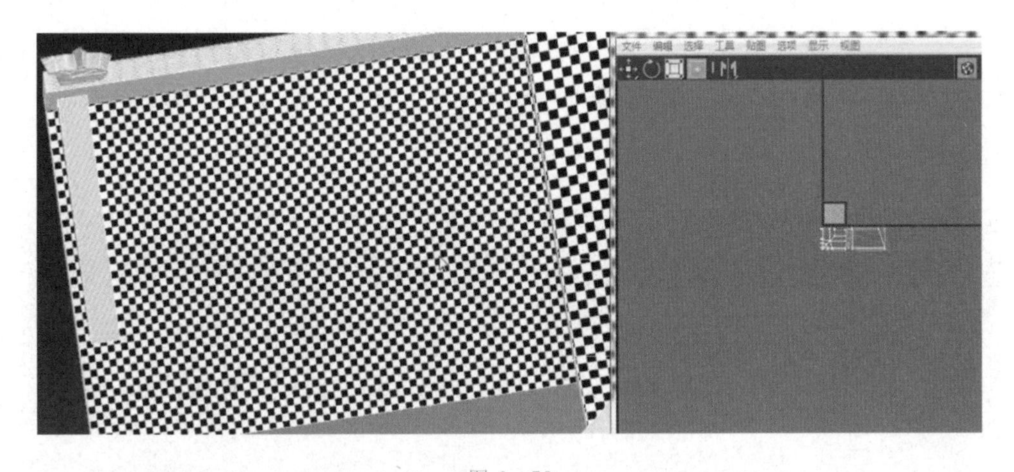

图 6 - 72

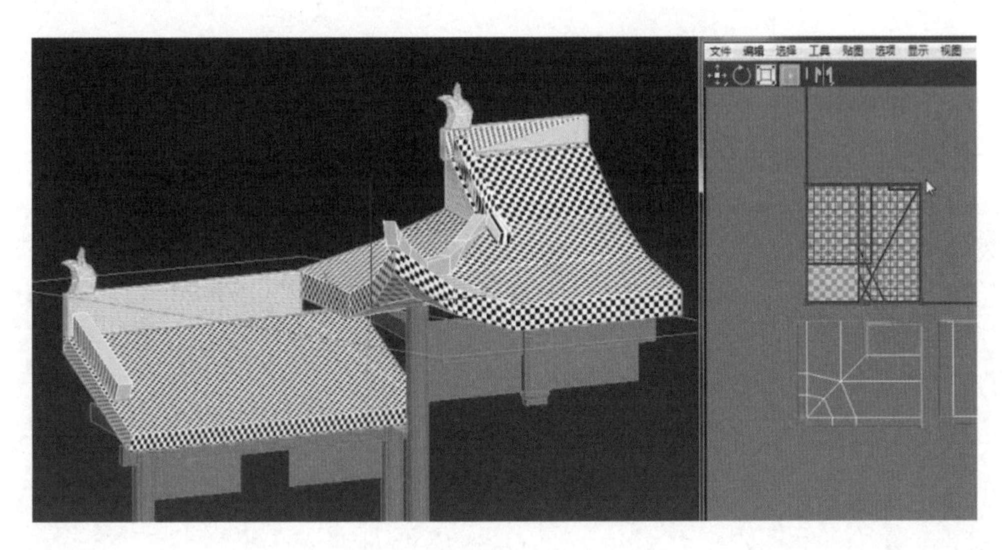

图 6 - 73

13. 将底面 UV 缩小并平移出来，接着编辑选择正屋正脊的 UV，单击投影的“平面贴图”按钮 ，根据屋顶模型 UV 坐标方向对齐 Y 坐标轴，映射正脊模型的 UV 线。将其平移到工作区域外，然后在线层级 （快捷键 2）上选择侧面和顶面的直角 UV 线，单击“断开”按钮 ，将其进行断开分离，如图 6 - 74 所示。

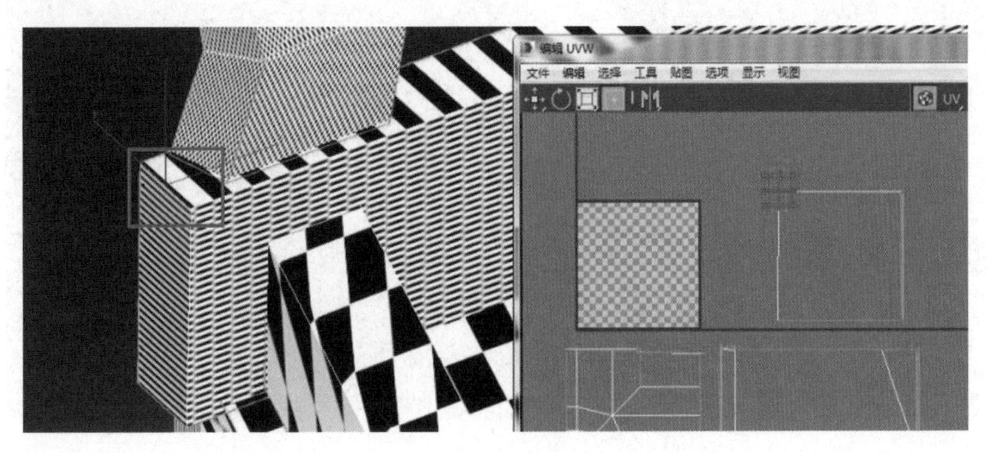

图 6 - 74

14. 在面层级 （快捷键 3）上选择正屋正脊所有的 UV 线，单击“拉直选定项”按钮 ，平展出正脊的 UV 线，然后在点层级 （快捷键 1）上调整 UV 线棋盘格比例关系，如图 6－75 所示。

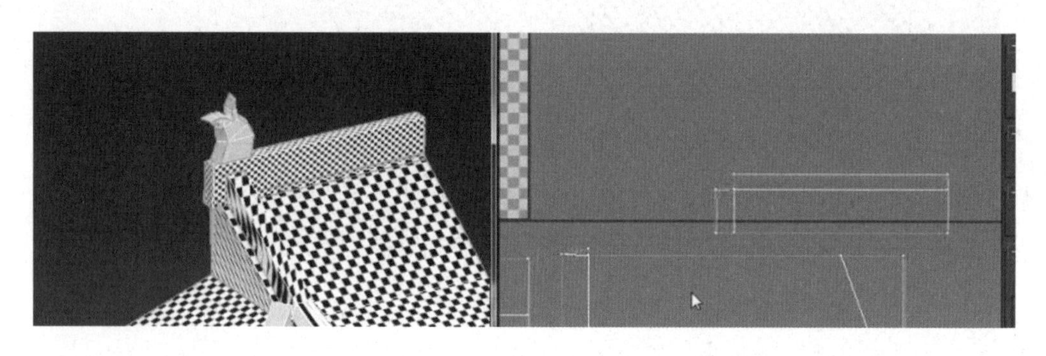

图 6－75

15. 在面层级 （快捷键 3）上选择旁屋的正脊模型 UV，同理，根据正屋正脊模型拆分 UV 的方法和流程拆分出旁屋正脊模型的 UV 线，如图 6－76 所示。

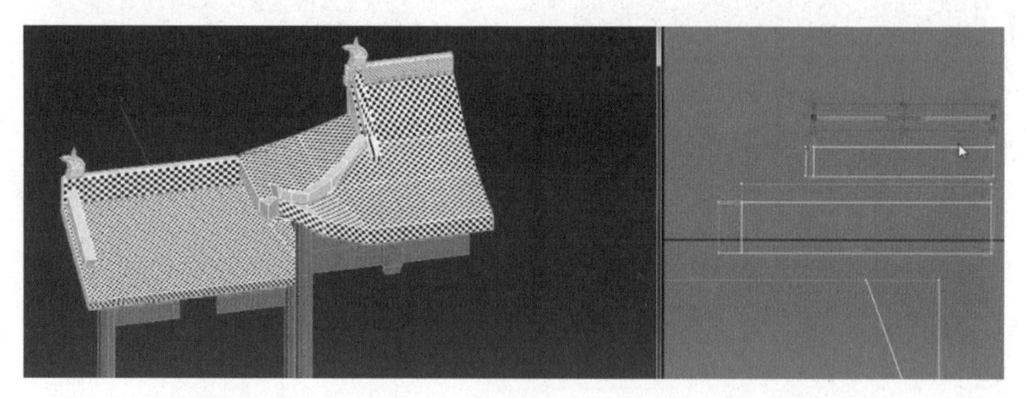

图 6－76

16. 接着在面层级 （快捷键 3）上选择廊亭正屋的垂脊模型 UV，单击投影的“平面贴图”按钮 ，再根据屋顶模型 UV 坐标方向对齐 X 坐标轴，映射垂脊模型的 UV 线，在线层级 （快捷键 2）上选择垂脊模型正面的两根 UV 线，将其断开分离，如图 6－77 所示。

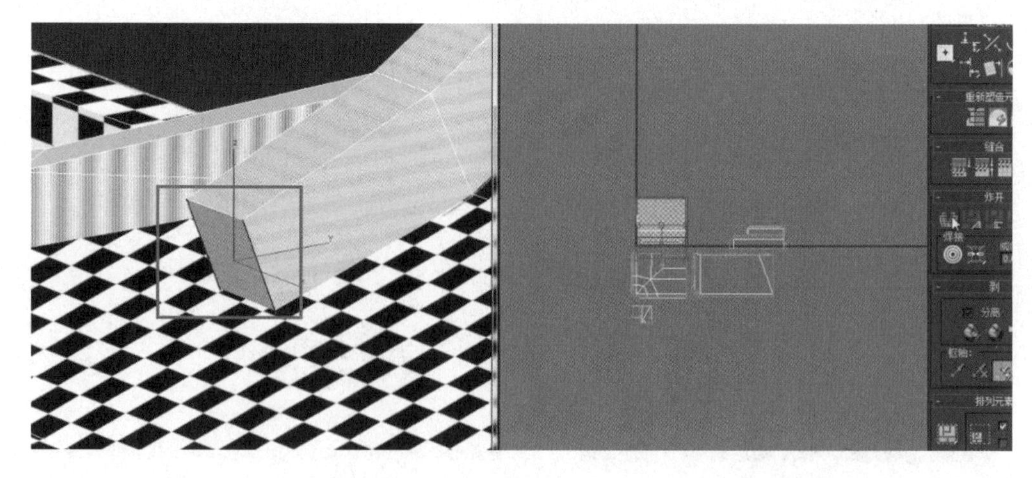

图 6－77

17. 在面层级（快捷键 3）上选择所有正屋垂脊的 UV 线，单击“拉直选定项”按钮，平展出垂脊的 UV 线，然后在点层级（快捷键 1）上调整 UV 线棋盘格比例关系，如图 6-78 所示。

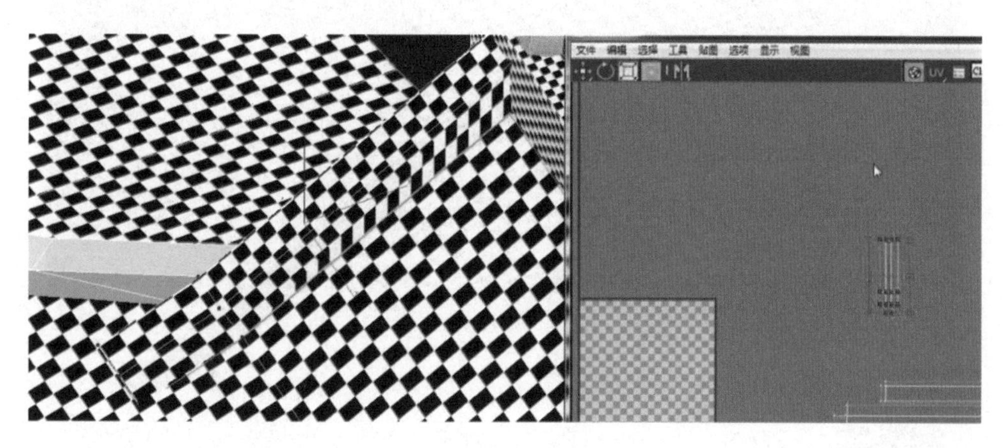

图 6-78

18. 接着在面层级（快捷键 3）上选择旁屋的垂脊 UV，单击投影的“平面贴图”按钮，再根据屋顶模型 UV 坐标方向对齐 X 坐标轴，映射垂脊模型 UV 的线，在线层级（快捷键 2）上选择垂脊模型正面的两根 UV 线，将其断开分离，如图 6-79 所示。

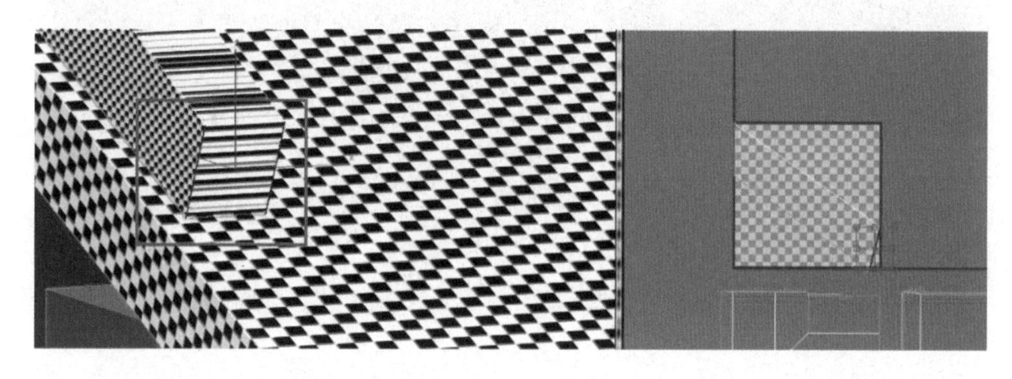

图 6-79

19. 在面层级（快捷键 3）上选择旁屋的垂脊 UV，由于不能使用拉直选定项平展 UV，只能单击编辑 UVW 窗口工具栏里的“松弛”按钮将 UV 展开，如图 6-80 所示。

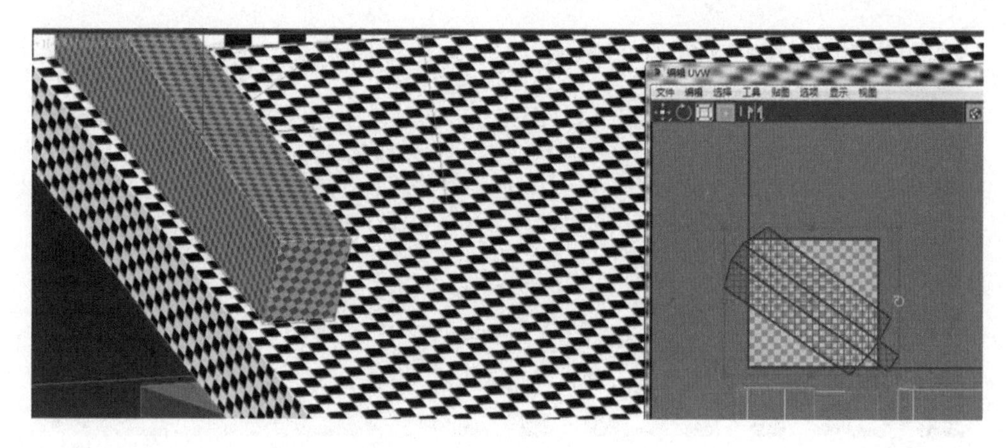

图 6-80

20. 接着在点层级 （快捷键 1）上继续调整 UV 线棋盘格比例关系，如图 6－81 所示。

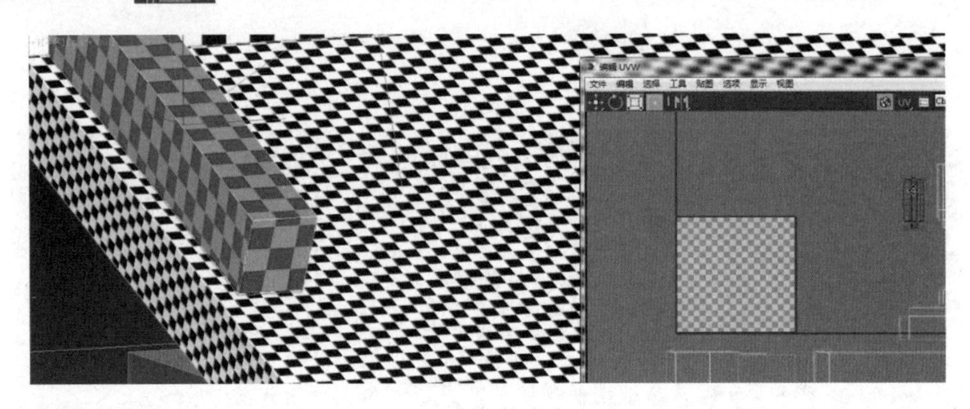

图 6－81

21. 接下来对鱼尾擅模型 UV 进行拆分，正屋和旁屋的鱼尾擅模型都是一样的，所以要拆分公用 UV，在面层级 （快捷键 3）上继续选择鱼尾擅的 UV，单击投影的“平面贴图”按钮 ，根据模型 UV 坐标方向对齐 Y 坐标轴，映射鱼尾擅模型的 UV 线，依次再映射出另一个鱼尾擅模型的 UV 线，如图 6－82 所示。

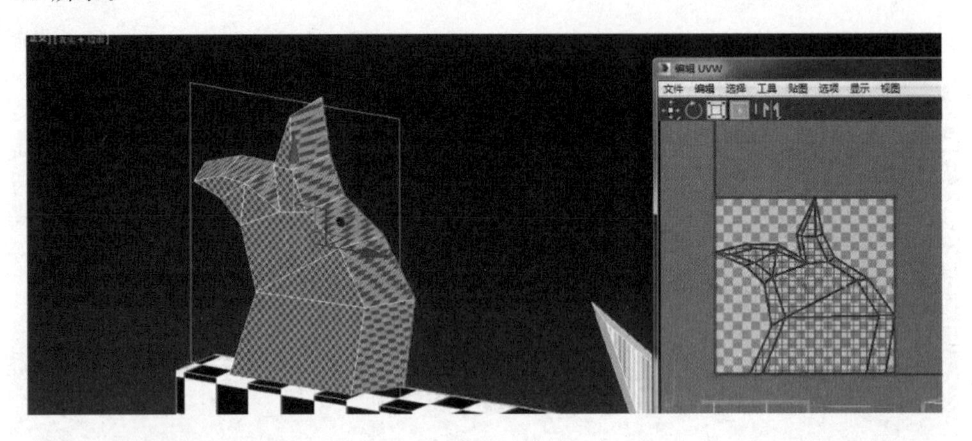

图 6－82

22. 断开两个鱼尾擅模型菱角的 UV 线，单击编辑 UVW 窗口的“工具”按钮，进入后选择“松弛”命令，并在弹出的松弛工具窗中选择 由多边形角松弛 命令，然后单击“开始松弛”按钮将 UV 松弛展开，如图 6－83 所示。

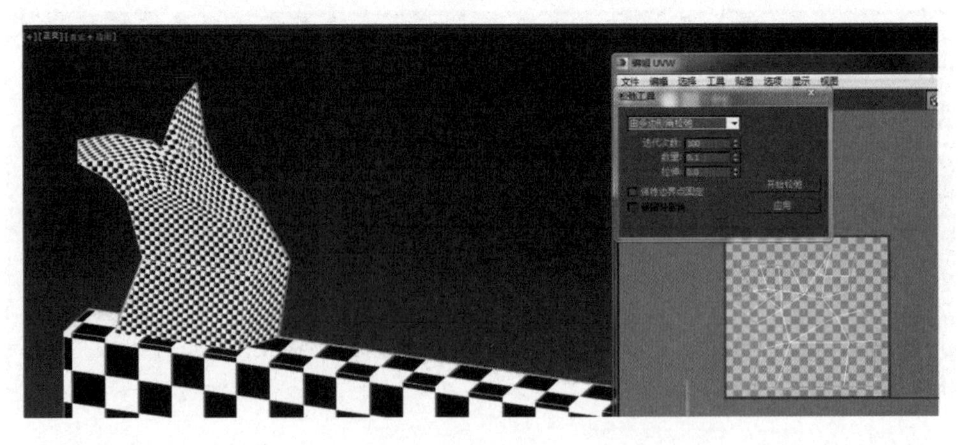

图 6－83

23. 继续将旁屋正脊凹陷部分模型的 UV 展开，接着选择戗脊模型的底面和前后面，将其断开分离，再通过使用松弛命令将其展开，如图 6 - 84 所示。

图 6 - 84

24. 接着编辑剩下的戗脊 UV，单击工具里的“松弛”命令将其展开，如图 6 - 85 所示。

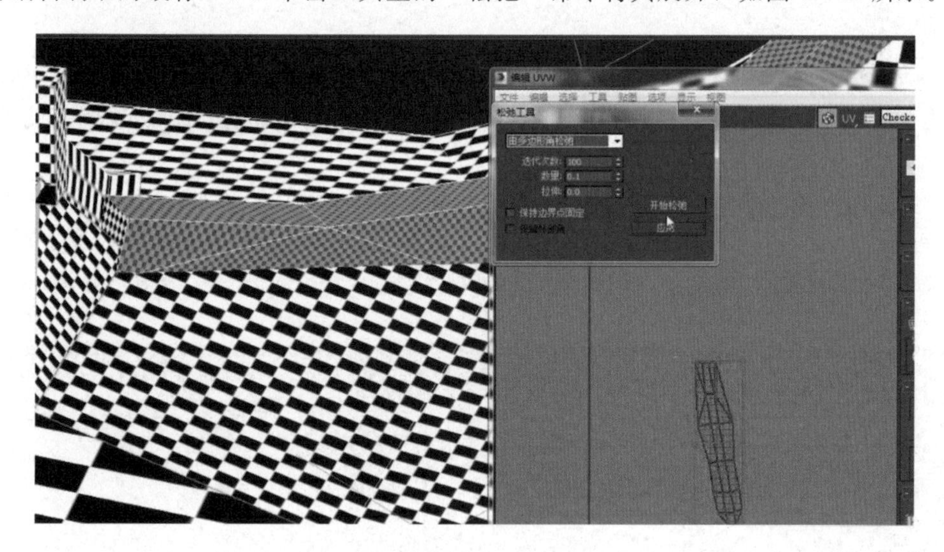

图 6 - 85

25. 因为展开的戗脊模型 UV 线是斜的，所以先将 UV 线拉直，根据 UV 线形状在编辑点层级上选择横线和竖线 UV 的点，点击“水平对齐到轴”按钮 和“垂直对齐到轴”按钮 理直 UV 线，如图 6 - 86 所示。

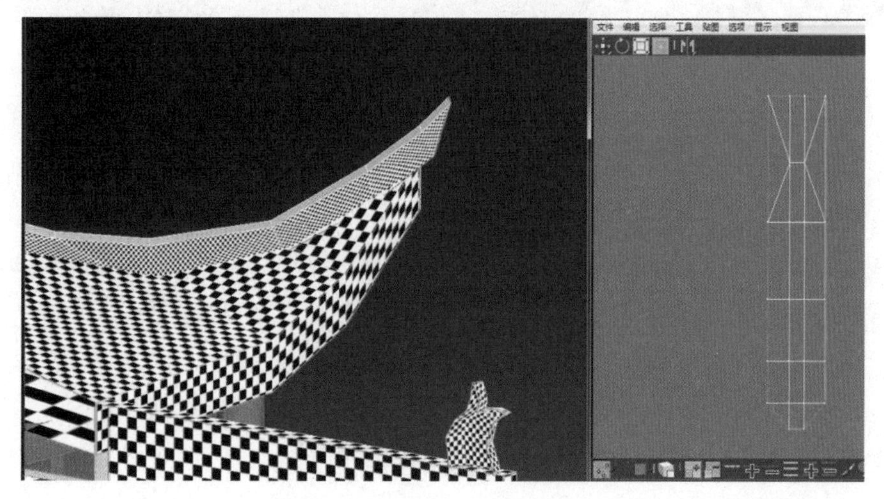

图 6 - 86

26. 接着调整屋顶所有 UV 线的棋盘格比例关系，把公用的 UV 线进行合并，然后摆放瓦片公用部分的 UV 线，如图 6 - 87 所示。

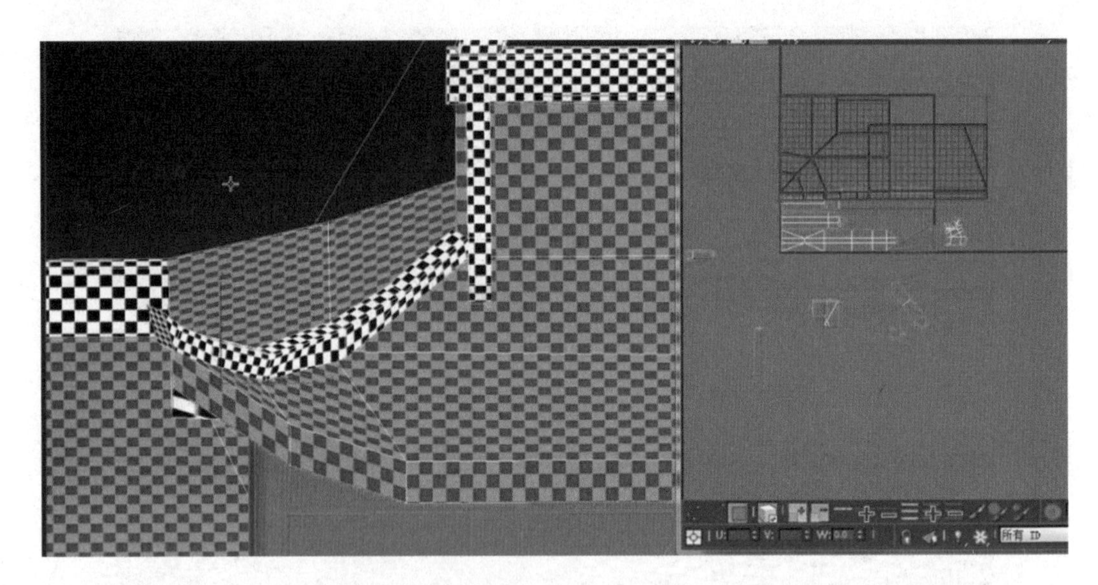

图 6 - 87

27. 由于正屋瓦片的 UV 线与其他部分瓦片的 UV 线是公用的，所以工作区域上部分的空间都用来摆放瓦片 UV 线，可以将侧面 UV 线断开后再旋转放置到公用 UV 线的位置上，如图 6 - 88 所示。

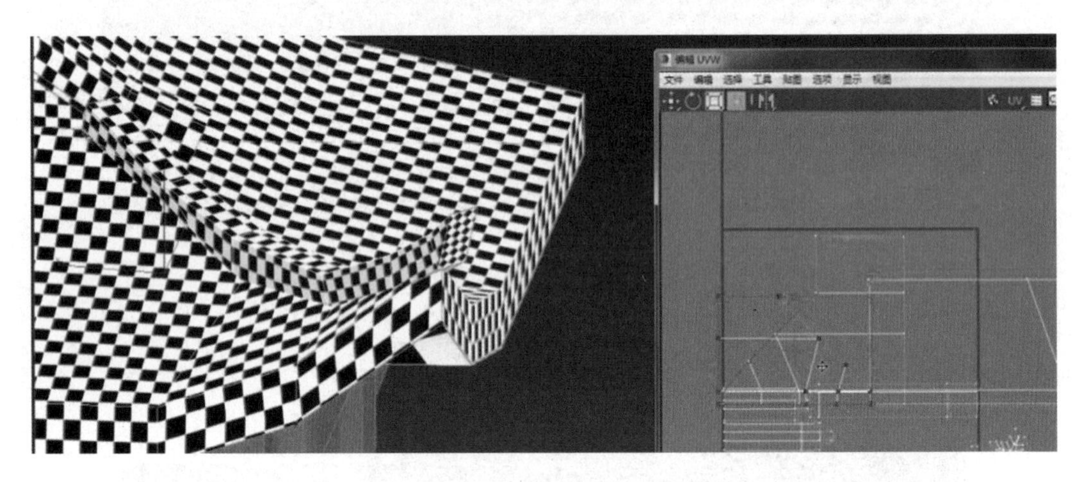

图 6 - 88

28. 然后把屋顶模型的 UV 线与其他部分的 UV 线依次合理地摆放到 UV 的工作区域里，底面部分和看不见面的 UV 线尽量摆放在小空间里，充分合理利用 UV 空间，使其达到贴图最大精度，如图 6 - 89 所示。

29. UV 线摆放完成后单击编辑 UVW 窗口中的“工具”命令，单击“渲染 UVW 模版”按钮进入渲染 UVs 窗口，设置高度和宽度参数分别为 512（这里需根据项目要求设置贴图大小），单击“渲染 UV 模版”，再次单击“保存图像”按钮，弹出保存图像窗口后设置保存类型为 BMP，文件命名为“廊亭屋顶 UV”，找到之前新建的廊亭文件夹，将其文件夹打开后单击“保存”按钮进行保存（保存路径可以根据自己需求来设定），然后用右键单击控制面板 UVW展开 里的“塌陷全部”按钮，结束拆分 UV 命令，如图 6 - 90 所示。

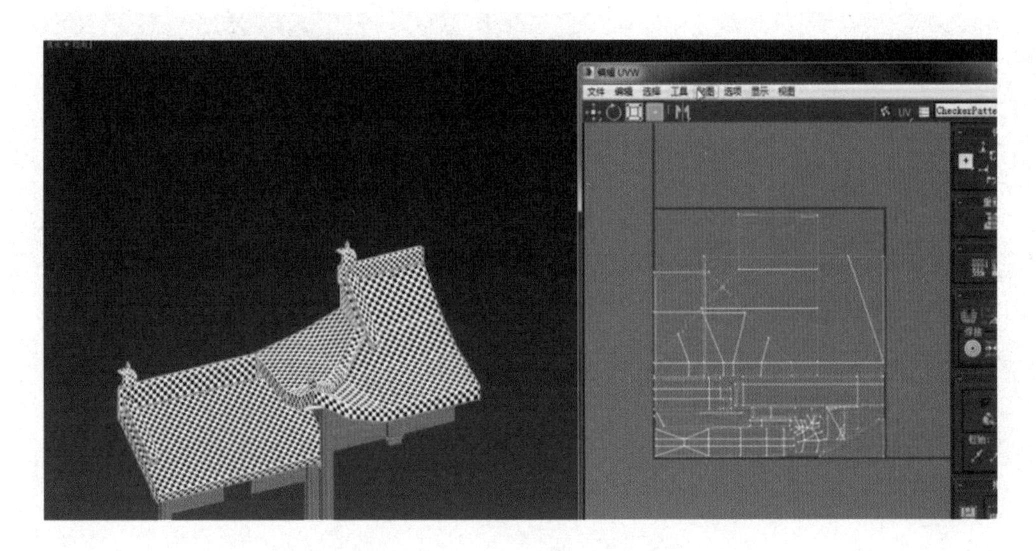

图 6 - 89

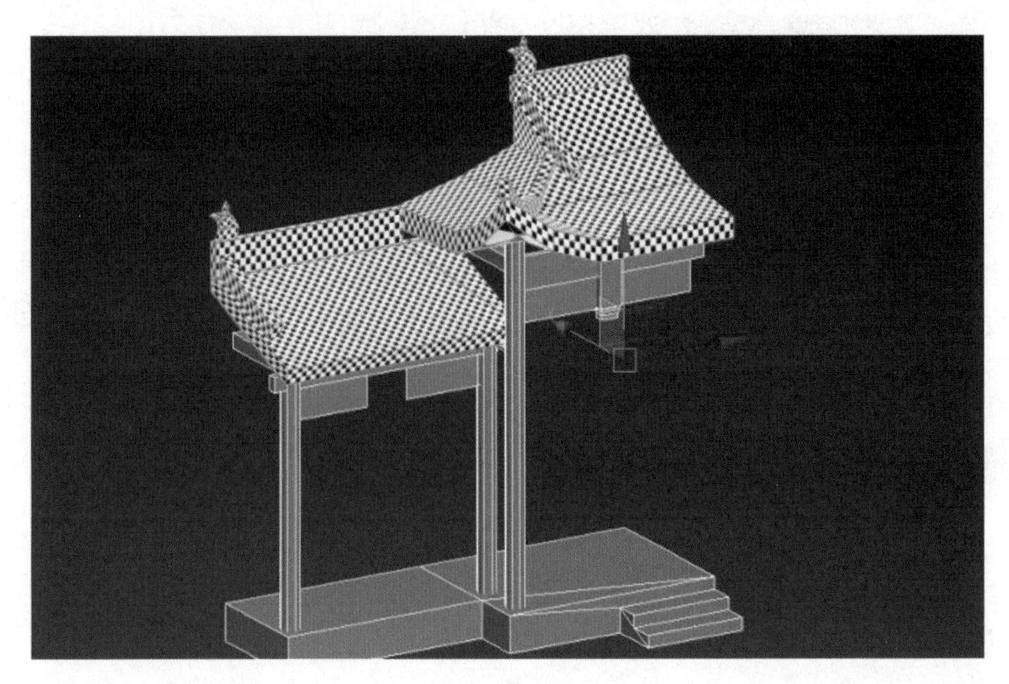

图 6 - 90

6.2.2　立柱、横梁和地板模型 UV 展开和提取 UV 线

1. 廊亭屋顶模型的 UV 拆分完成后，接着继续对廊亭的立柱、横梁和地面进行拆分，选择模型后按快捷键【M】弹出材质编辑器窗口，将带有棋盘格的材质球赋予到模型上，关闭材质编辑器窗口。单击控制面板中的“UVW 展开”按钮 UVW展开 ，进入编辑 UV 命令，再单击“打开 UV 编辑器”按钮 打开UV编辑器 ，进入编辑 UVW 窗口，如图 6 - 91 所示。

2. 在面层级（快捷键 3）上框选工作区域内的所有 UV 线，将其全部移动到工作区域外，接着选择台阶正面的 UV，单击投影的“平面贴图”按钮，再根据台阶模型 UV 坐标方向对齐 Y 坐标轴，映射出台阶模型的 UV 线，如图 6 - 92 所示。

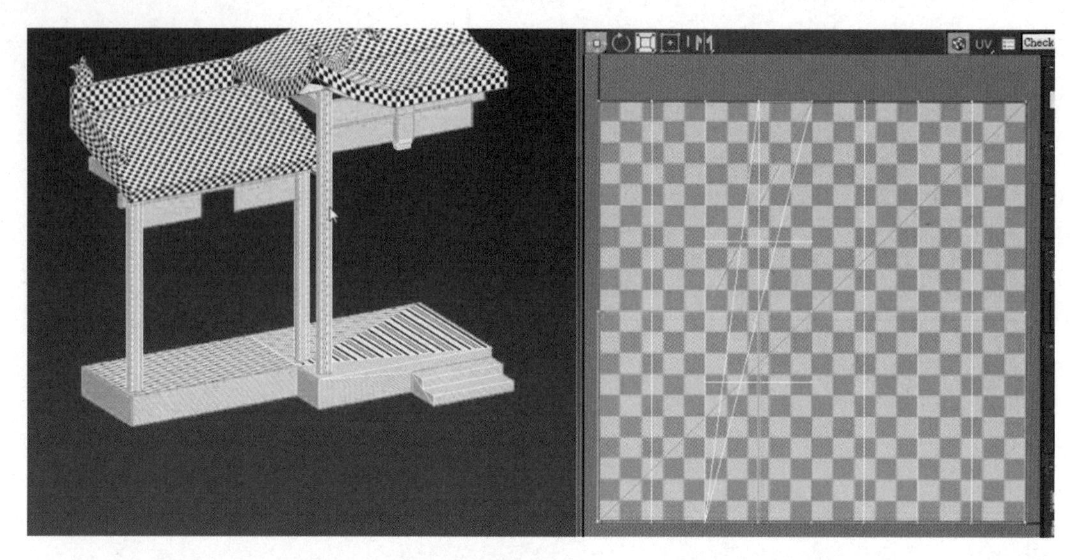

图 6-91

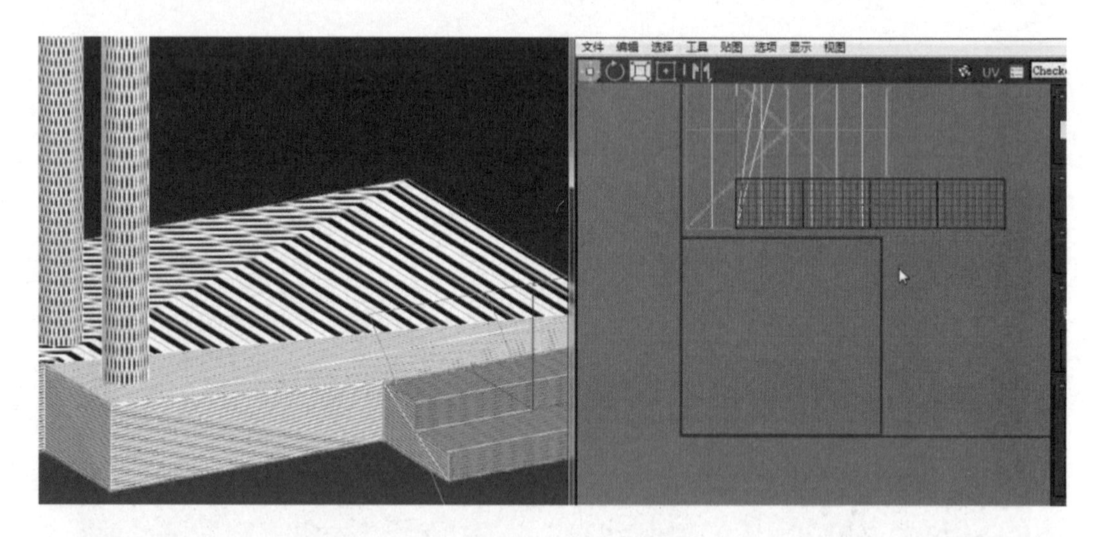

图 6-92

3. 单击“拉直选定项”按钮 平展出台阶的 UV 线，然后框选 UV 线，通过拉动平移等方式调整出台阶的厚度，如图 6-93 所示。

图 6-93

4. 调整完成后将台阶的 UV 线进行缩放，接着单击投影的“平面贴图”按钮，单击“对齐”选项，用 X 坐标轴映射出 UV，再将其缩小摆放到台阶旁，如图 6－94所示。

图 6－94

5. 接着在面层级上选择全部的地面 UV，然后调整顶面棋盘格大小，如图 6－95 所示。

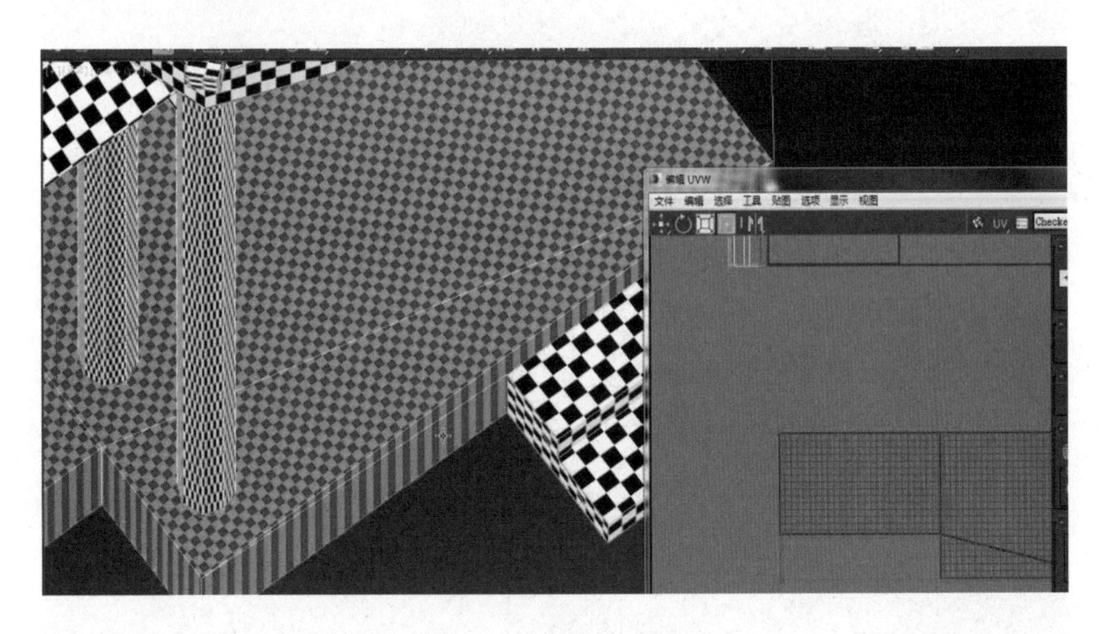

图 6－95

6. 考虑到地面的 UV 要公用，先选择左边的 UV 并将其断开，再平移出去，如图 6－96 所示。

7. 先对中间的地面 UV 进行展开，在线层级上选择直边角的竖线 UV，单击“断开”按钮将其断开，然后再调整出地面的侧面和正面的 UV 线，使其棋盘格为正方形，如图 6－97 所示。

8. 接着拆分第二部分地面的 UV 线，同理根据上述地面 UV 线拆分的方法和流程，先选择直边角的竖线 UV，单击“断开”按钮将其断开，然后再调整出地面的侧面和正面的 UV 线，并调整出棋盘格大小，如图 6－98 所示。

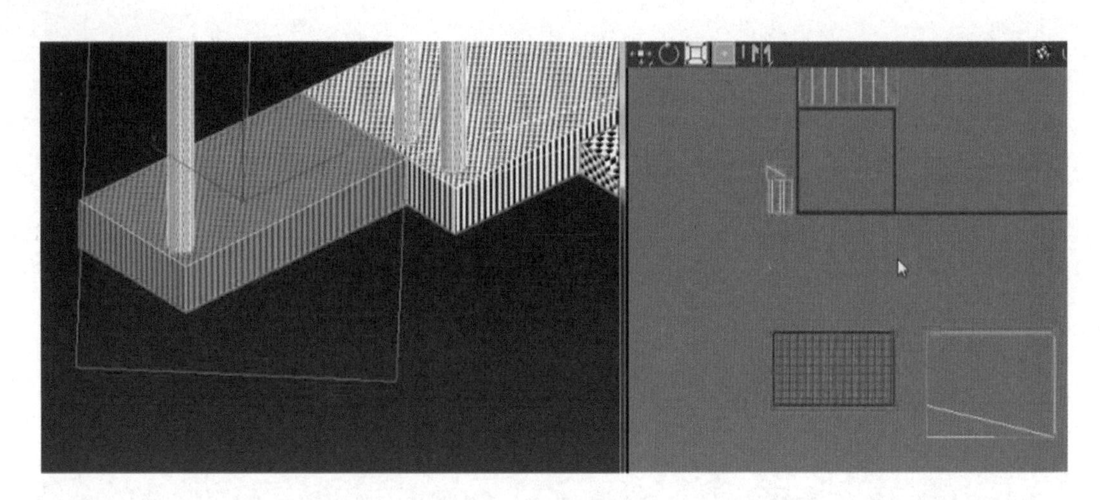

图 6-96

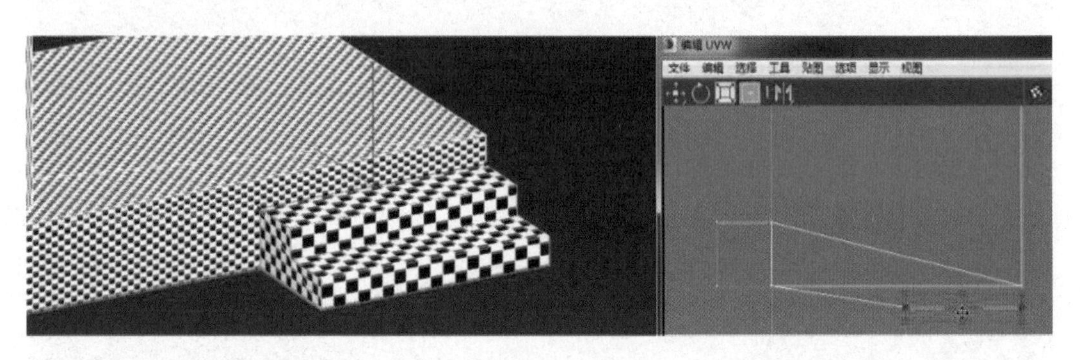

图 6-97

图 6-98

9. 地面拆分完成了，接下来拆分立柱模型的 UV 线，由于立柱的 UV 也是公用的，在面层级上选择一根立柱的 UV，单击投影的“平面贴图”按钮，再单击“对齐”选项，使 Y 坐标轴映射出立柱的 UV，接着根据第一根立柱拆分 UV 的方法依次对其他两根立柱进行操作，如图 6-99 所示。

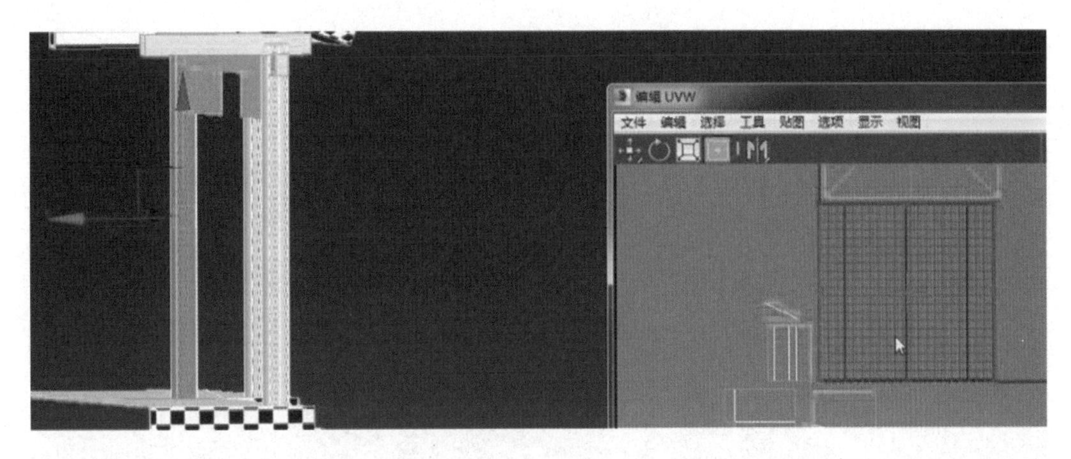

图 6 - 99

10. 关闭投影的“平面贴图”按钮，再将 UV 平移到工作区域外，在线层级 上选择立柱外框的 UV 线，并且将其断开，再次调整立柱的棋盘格大小和比例关系，如图 6 - 100 所示。

图 6 - 100

11. 接着在面层级 上选择全部横梁和檐坊的底面，如图 6 - 101 所示。

图 6 - 101

12. 单击投影的“平面贴图”按钮，再根据横梁和檐坊模型侧面UV坐标方向对齐Z坐标轴，映射出横梁和檐坊的UV，点击投影的“平面贴图”按钮后再将其平移出去，如图6-102所示。

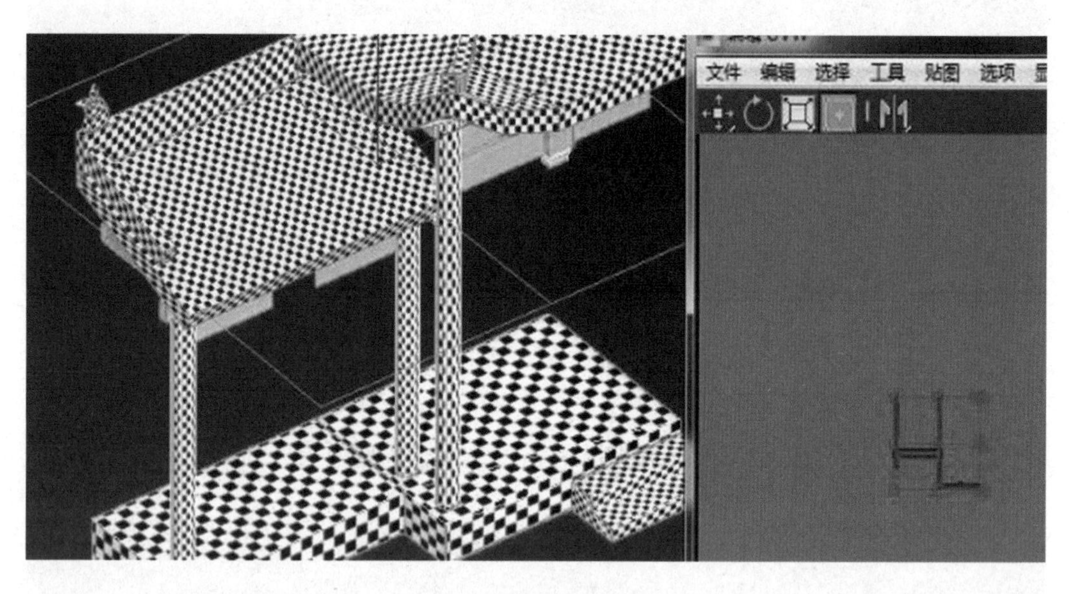

图6-102

13. 接着在面层级上选择正梁的UV，先单击投影的“平面贴图”按钮，单击“对齐”选项，使Y坐标轴映射出横梁的UV，由于正梁前后的UV是公用的，在线层级上选择上边的一根UV线，将其断开后再次调整正梁的UV线棋盘格大小和比例关系，如图6-103所示。

图6-103

14. 继续选择隔空坊模型UV，先单击投影的“平面贴图”按钮，再单击“对齐”选项，使Y坐标轴映射出隔空坊的UV，关闭“平面贴图”按钮，平移出工作区域外，调整UV线的棋盘格大小和比例关系，如图6-104所示。

15. 接着拆分内横梁的UV，在面层级上选择内横梁UV，单击投影的“平面贴图”按钮，单击“对齐”选项，使X坐标轴映射出横梁的UV；在线层级上选择上边一根UV线，并且将其断开后再次调整出内横梁的UV线棋盘格大小和比例关系，如图6-105所示。

图 6-104

图 6-105

16. 同理，根据上述横梁 UV 的拆分方法和流程，拆分出其他横梁的 UV 线，并且调整出 UV 线棋盘格大小和比例关系，如图 6-106 所示。

图 6-106

17. 接着拆分檐坊的 UV 线，在面层级 上选择檐坊的前后 UV，单击投影的“平面贴图”按钮 ，再单击“对齐”选项，使 Y 坐标轴映射出 UV；选择檐坊左右的 UV，单击投影的“平面贴图”按钮 ，再次单击“对齐”选项，使 X 坐标轴映射出 UV，继续调整 UV 线棋盘格大小和比例关系，如图 6-107 所示。

图 6-107

18. 模型的大部分 UV 已经拆分，剩余零碎的 UV 根据坐标轴依次展开，接统一调整 UV 棋盘格的大小，再将公用的 UV 线合并，如图 6-108 所示。

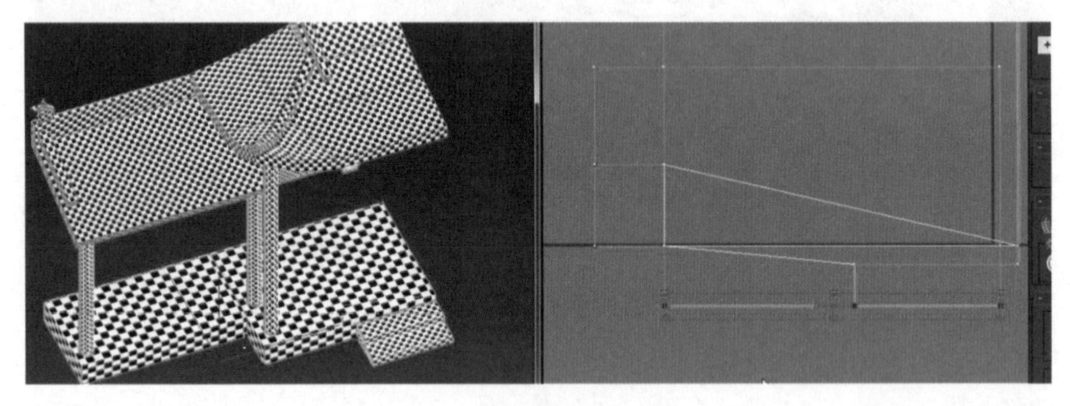

图 6-108

19. 接着依次将 UV 合理摆放到工作区域里，底面部分和看不见面的 UV 线尽量摆放在小空间里，在摆放的过程中可稍微调整，需要充分合理利用 UV 空间，使其达到贴图最大精度，如图 6-109 所示。

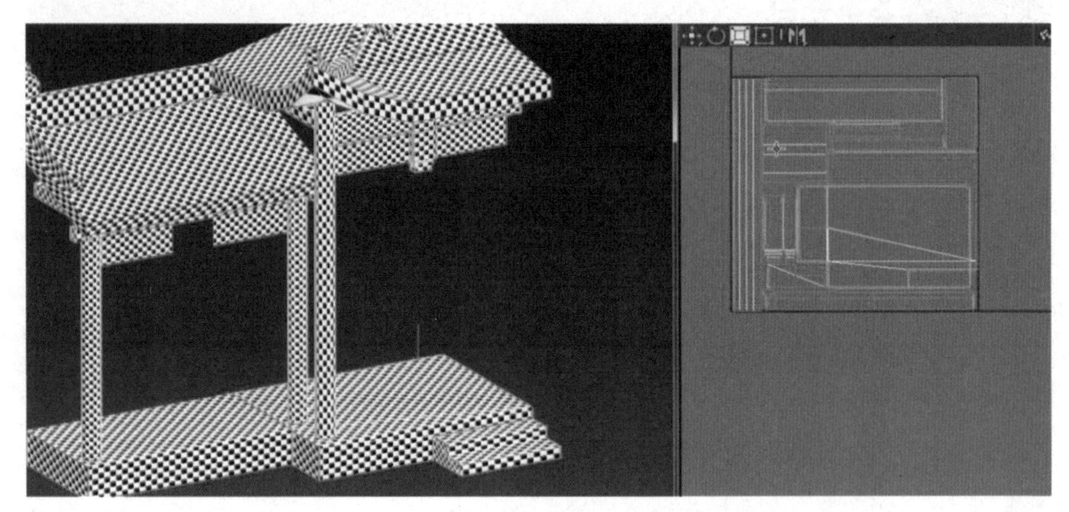

图 6-109

20. 模型 UV 摆放完成后，将 UV 线导出去，单击编辑 UVW 窗口里菜单栏中“工具”按钮，接着选择单击“渲染 UVW 模版”按钮，单击渲染按钮后进入渲染 UVs 窗口，设置高度和宽度参数分别为 512（这里需根据项目要求设置贴图大小），再次单击“渲染 UV 模版”，如图 6-110 所示。

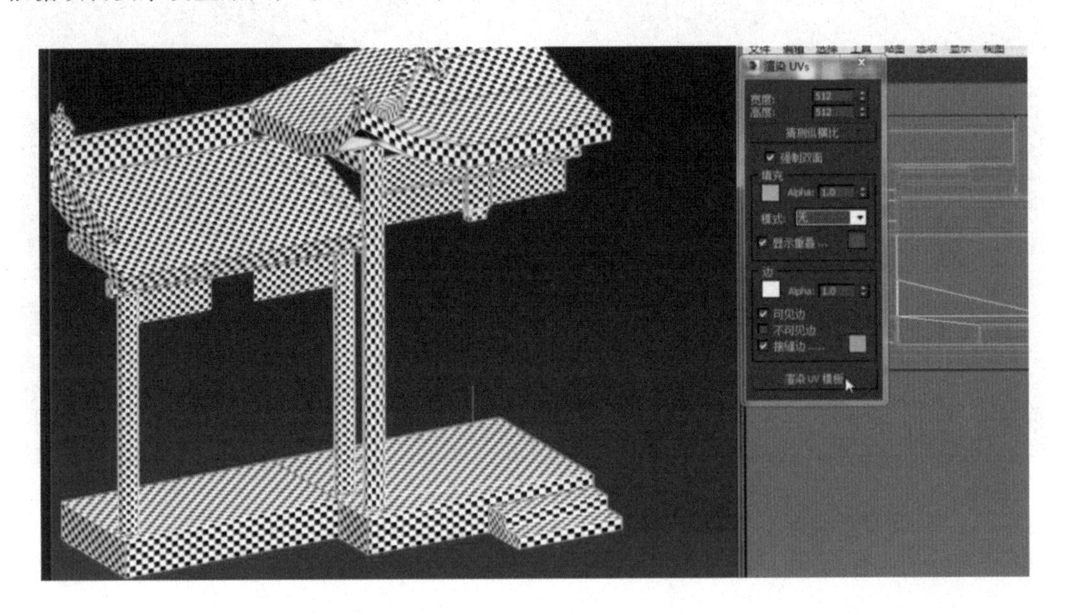

图 6-110

21. 在渲染贴图窗口中单击“保存图像”按钮 ，弹出保存图像窗口后设置保存类型为 BMP，文件命名为“廊亭地面”“立柱 UV”，单击“保存”按钮（保存路径可以根据自己需求来定），如图 6-111 所示。

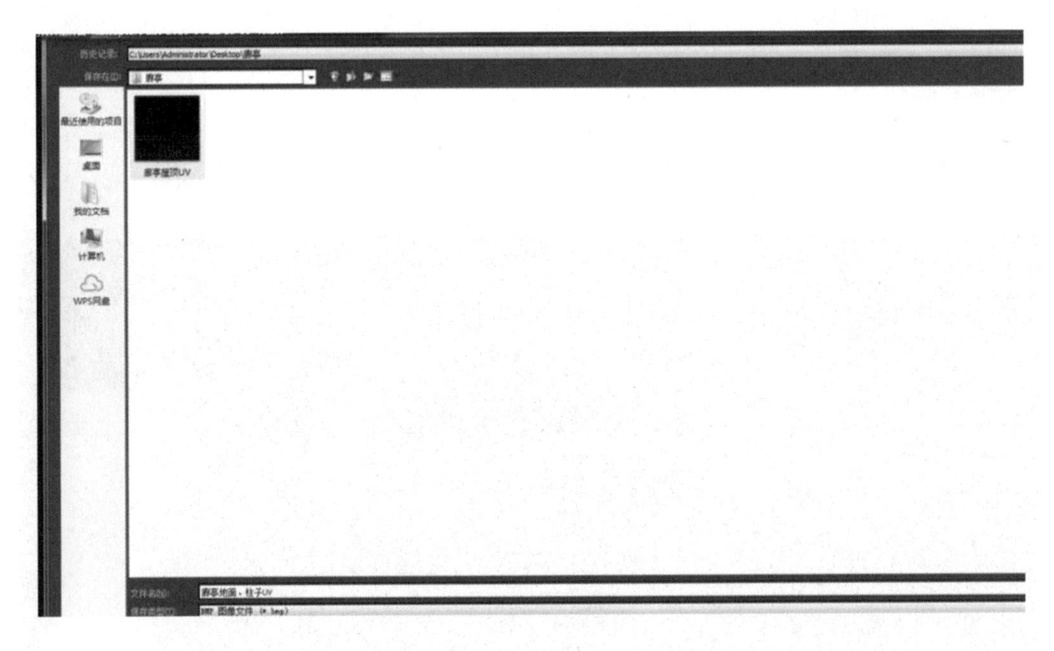

图 6-111

22. 在界面中，单击控制面板里的“塌陷全部”按钮，结束拆分 UV，然后再把屋顶模型和地面、立柱模型依次通过“镜像”命令复制出一个完整的廊亭模型，接着“保存”文件，由于前面制作模型的时候已经保存过文件了，可直接按快捷键【Ctrl+S】进行保存，如图 6-112 所示。

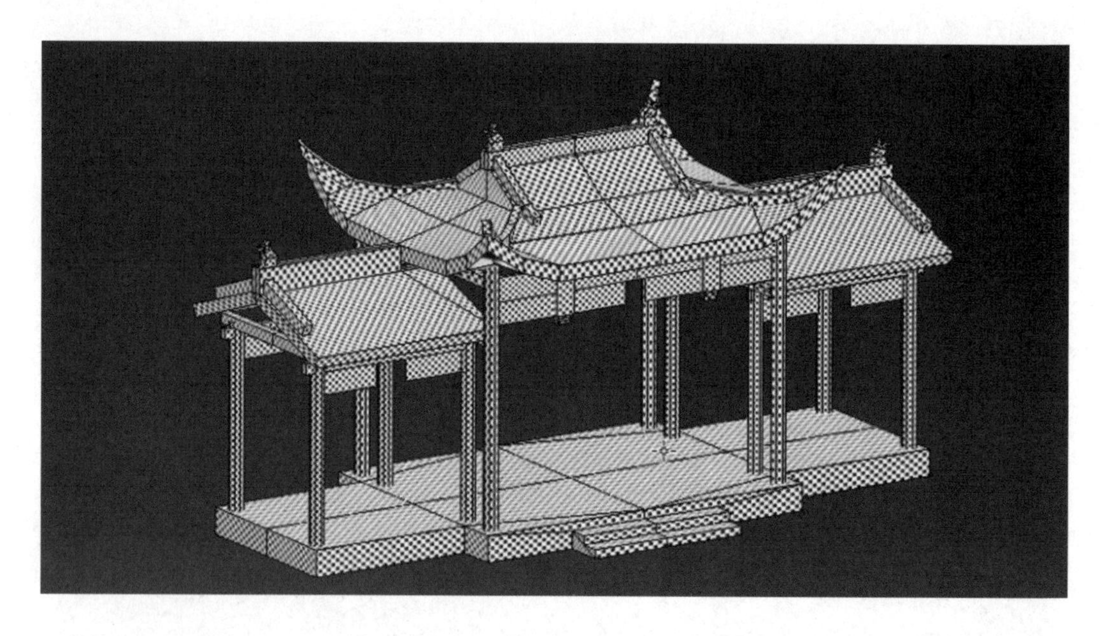

图 6 - 112

6.3 廊亭模型贴图绘制技巧

6.3.1 绘制廊亭瓦片、屋脊贴图

1. 先将需要使用的 Photoshop、BodyPaint 软件打开，同时也打开廊亭的 3ds Max 文件，接着在廊亭文件夹中选择廊亭屋顶 UV 贴图和参考图依次拖拽导入 Photoshop 软件里，双击廊亭屋顶 UV 画布的背景图层，弹出新建图层对话框，图层名称改为图层 0，单击图层命令窗口“正常”模式右边三角形按钮 正常 ▾ ，然后进入“滤色”模式，将图层 0 切入滤色模式，如图 6 - 113 所示。

图 6 - 113

2. 单击左下角的创建新图层按钮，新建图层 1，根据不同材质在 UV 线的位置使用矩形“框选工具”（快捷键 M）选出瓦片，提取一个适合的颜色，按快捷键【Atl+Delete】填充瓦片底色。接着依次新建图层并根据材质颜色填充底色，如图 6－114 所示。

图 6－114

3. 接着单击“创建新组”按钮，创建不同的图层组，然后命名为“瓦片图层组”“屋脊图层组”和“屋底图层组”，并将各类材质的底色图层分配到相应的图层组里，如图 6－115 所示。

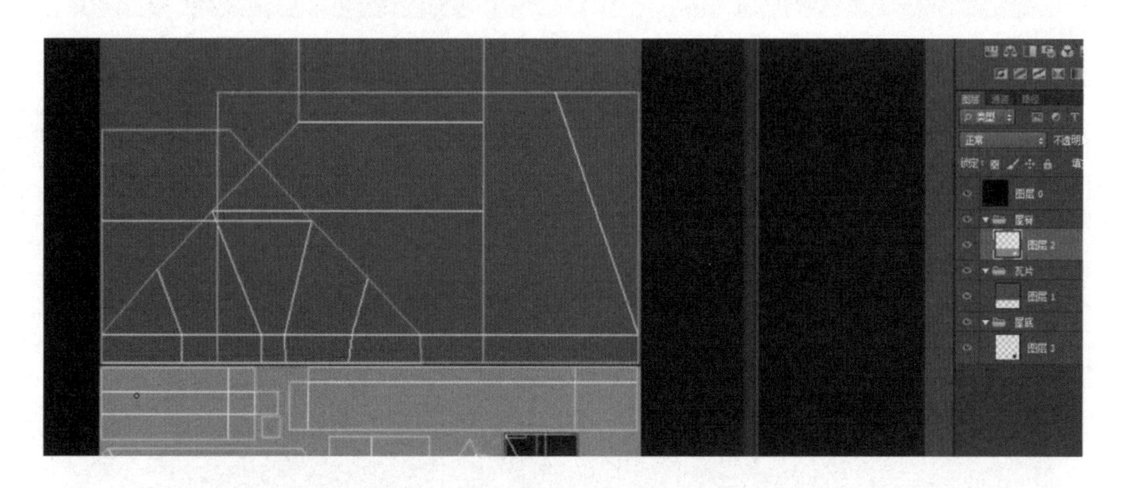

图 6－115

4. 在屋脊图层组里，使用矩形框选工具（快捷键 M）框选并填充屋脊明暗关系的底色，按快捷键【Ctrl+S】保存为“廊亭屋顶贴图”，储存格式为 PSD；再将贴图拖拽至 3ds Max 软件材质编辑器窗口中的空白材质球上，然后再赋予廊亭模型上，如图 6－116 所示。

5. 接着先制作屋顶瓦片贴图，将瓦片材质拖拽到屋顶贴图画布中，并且调整对准瓦片 UV 位置，接着使用“画笔”工具（快捷键 B）绘制修理瓦檐下边木头的明暗和光影关系，如图 6－117所示。

图 6－116

图 6－117

6. 由于瓦片材质贴赋面积不够，这时可以复制一张瓦片材质进行衔接，单击“移动”工具 （快捷键 V），按住快捷键【Ctrl＋Atl＋鼠标左键】移动复制一张新的瓦片材质，并且产生新的图层，然后将瓦片材质贴图进行衔接并完全覆盖瓦片 UV 位置，最后合并瓦片图层，如图 6－118 所示。

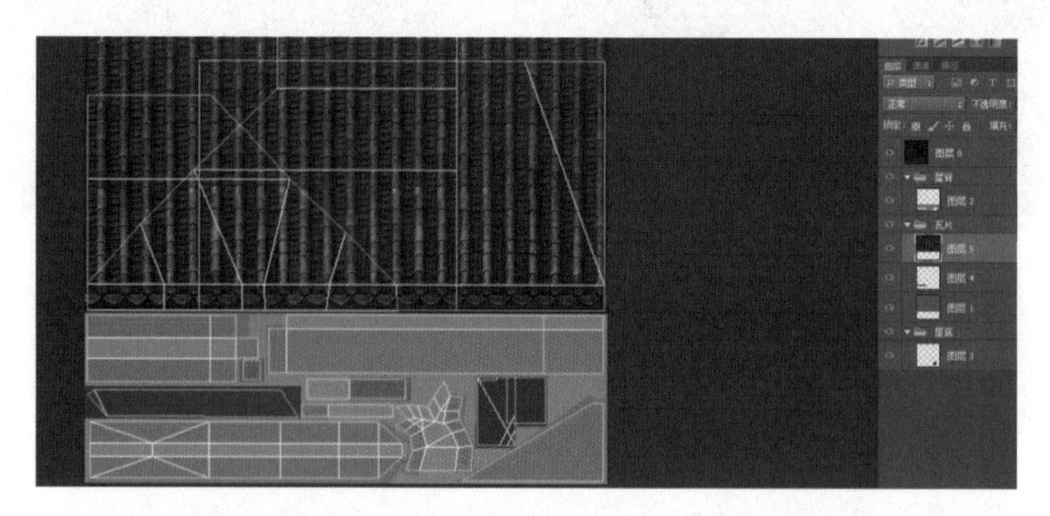

图 6－118

7. 单击图层左下角的创建新的填充或调整图层按钮，调整瓦片的饱和度和明度关系。单击“渐变”工具（快捷键 G），接着单击菜单栏上的“可编辑渐变”按钮，进入渐变编辑器窗口，单击黑、白渐变条，最后单击色标选择渐变色，如图 6－119 所示。

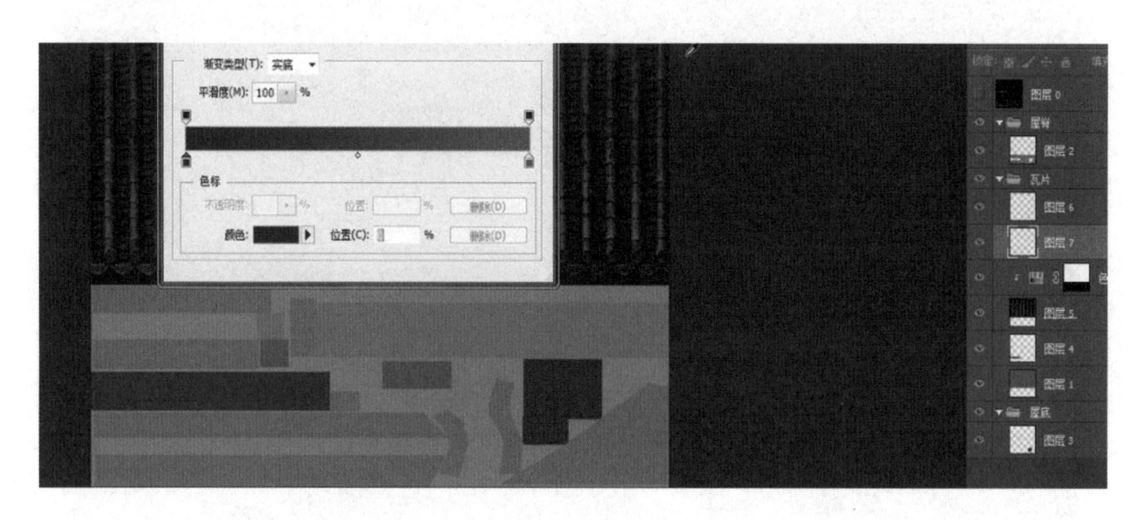

图 6－119

8. 使用矩形框选工具（快捷键 M）框出瓦片的 UV 位置，在新建图层里使用鼠标从上往下拉出一个渐变色，然后在柔光模式下选择渐变图层，接着再调整一下渐变图层的不透明度，最后保存画布贴图，切换到 3ds Max 软件中查看效果，如图 6－120 所示。

图 6－120

9. 在 3ds Max 软件里，当瓦片贴图与 UV 位置对上后，选择瓦片模型，单击“UVW 展开”按钮 UVW展开，“打开 UV 编辑器”按钮进入编辑 UVW 窗口，在编辑点或面层级上选择 UV 并根据贴图位置调整瓦片 UV，最后再选择“塌陷”命令，如图 6－121 所示。

10. 接着新建一个图层，使用“框选”工具（快捷键 M）框选出旁屋侧边的木梁结构的 UV，先填充一个暗木头底色，然后再使用“画笔”工具（快捷键 B）绘制出木头的纹理和结构，如图 6－122 所示。

图 6 - 121

图 6 - 122

11. 再新建一个图层，在屋顶的底面填充一个木头颜色。同理，根据上一步木头绘制流程和方法绘制出底面木头纹理和结构，然后保存贴图，如图 6 - 123 所示。

图 6 - 123

12. 在 3ds Max 软件里查看 3D 效果，接着单击“UVW 展开”按钮 UVW展开 ，进入编辑 UVW 窗口，在编辑点或面层级上选择 UV 并根据贴图位置调整瓦片，如图 6 - 124 所示。

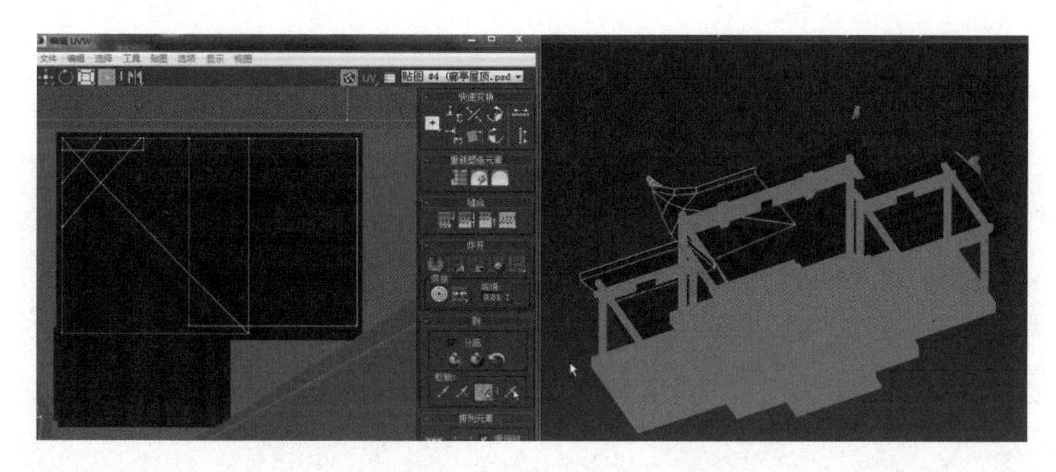

图 6-124

13. 然后选择 UVW，展开右键单击选择“塌陷”命令，在 Photoshop 软件里单击屋脊图层组新建一个图层，使用“画笔”工具（快捷键 B）绘制出所有屋脊的基本结构线，然后保存到模型上查看效果，如图 6-125 所示。

图 6-125

14. 单独选择屋顶模型，单击 3ds Max 软件右上角的三角按钮进入选择导出命令，导出选定对象的 OBJ 模型，如图 6-126 所示。

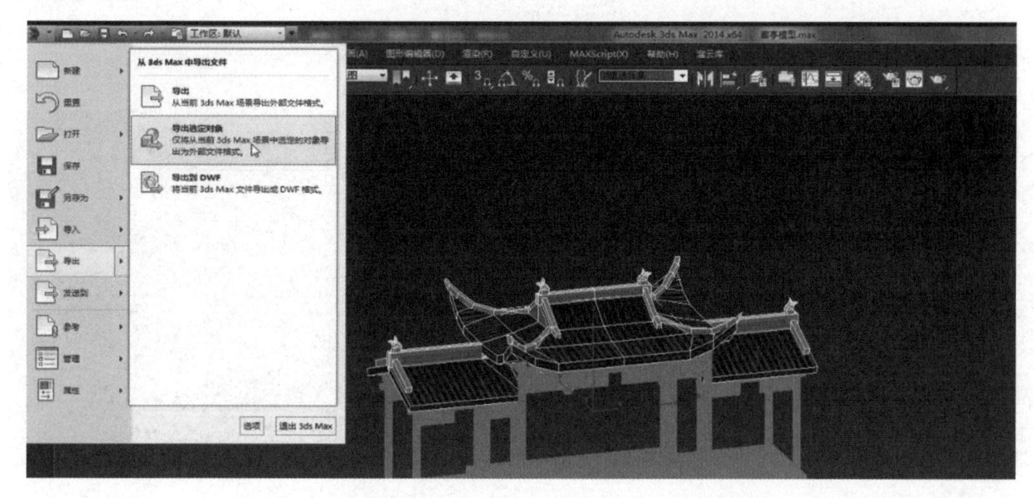

图 6-126

15. 将文件保存命名好后，选择 OBJ 格式导到廊亭文件夹里，然后再将其拖拽导入 BodyPaint 软件中，如图 6 - 127 所示。

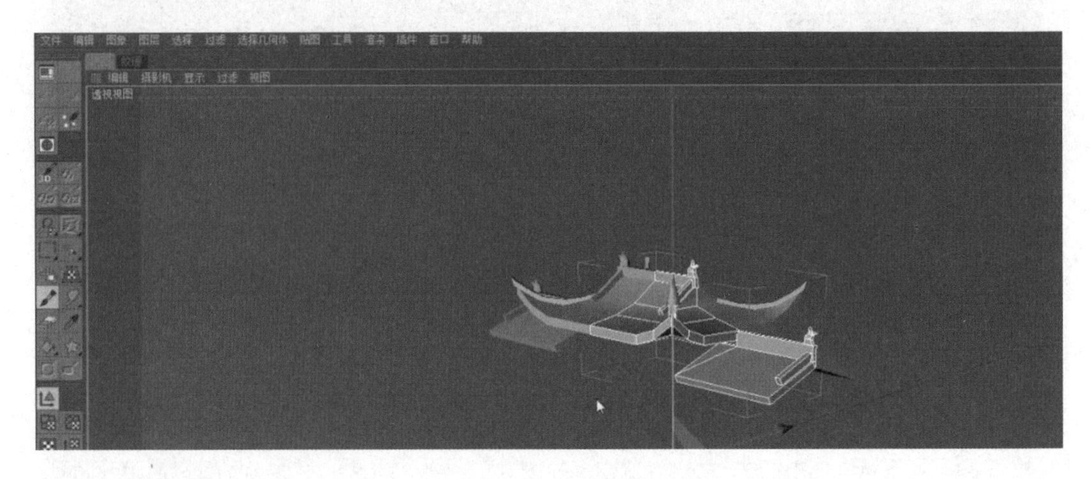

图 6 - 127

16. 双击左边控制面板中的空白材质球，弹出材质编辑器窗口后，单击“纹理”按钮，将屋顶贴图导入模型上，再单击“常量着色”，然后打开材质球图层，如图 6 - 128 所示。

图 6 - 128

17. 接着单击“画笔”工具，再单击控制面板的“属性”按钮，选择笔刷并调整尺寸、压力和硬度。在屋脊图层组里新建一个图层，单击选择套索工具框出鱼尾擅 UV 位置，使用画笔工具绘制鱼尾擅石头的基本结构贴图，把鱼尾擅的明暗、光影关系表达清楚，如图 6 - 129 所示。

图 6 - 129

18. 同理，绘制正脊、垂脊和戗脊的基本明暗关系和结构，如图 6－130 所示。

图 6－130

19. 然后选择一个图层，单击右键选择“另存纹理为”按钮，将贴图保存并替换 Photoshop 软件中的瓦片贴图；在 Photoshop 软件里随意画一笔，再按快捷键【F2】或【Fn＋F2】，将 BodyPaint 软件的贴图覆盖原先 Photoshop 软件的贴图，然后再保存查看，如图 6－131 所示。

图 6－131

20. 接着使用“画笔”工具（快捷键 B）绘制正脊、垂脊、戗脊和山檐石头的质感、明暗和光影关系，然后再画出一些小破损和裂纹，最后处理高光和阴影，如图 6－132 所示。

图 6－132

21. 单击廊亭文件夹，选择一张脏迹材质导入画布屋脊贴图位置，然后选择“柔光模式”将材质融合到屋脊贴图上，最后再调整不透明度，如图 6－133 所示。

图 6－133

22. 接着新建一个图层，单击拾色器选择灰色并填充到图层里，使用“叠加模式”融合贴图，然后再使用“加深减淡”工具（快捷键 O）绘制屋脊的阴影和暗部，最后绘制屋脊的高光并保存贴图，如图 6－134所示。

图 6－134

6.3.2 廊亭立柱、横梁和地板的贴图绘制

1. 先将需要使用的 Photoshop、BodyPaint 软件打开，同时也打开廊亭的 3ds Max 文件，接着在廊亭文件夹中选择另一张 UV 贴图和参考图依次拖拽导入 Photoshop 软件里，双击廊亭 UV 画布的“背景图层”，弹出新建图层对话框，新建图层名称改为图层 0，单击“确定”按钮，单击图层命令窗口“正常”模式右边三角形按钮 正常 ，然后进入“滤色”模式，将图层 0 切入滤色模式，如图 6－135 所示。

2. 单击左下角的“创建新图层”按钮 ，新建图层 1，根据不同材质在 UV 线的位置使用“矩形框选”工具（快捷键 M）选出地面位置，提取一个适合的颜色，按快捷键【Atl＋Delete】填充瓦片底色。接着依次新建图层并根据材质颜色填充底色，先将贴图赋予 3ds Max 材质编辑器的空白材质球上，最后再赋予到模型上，如图 6－136 所示。

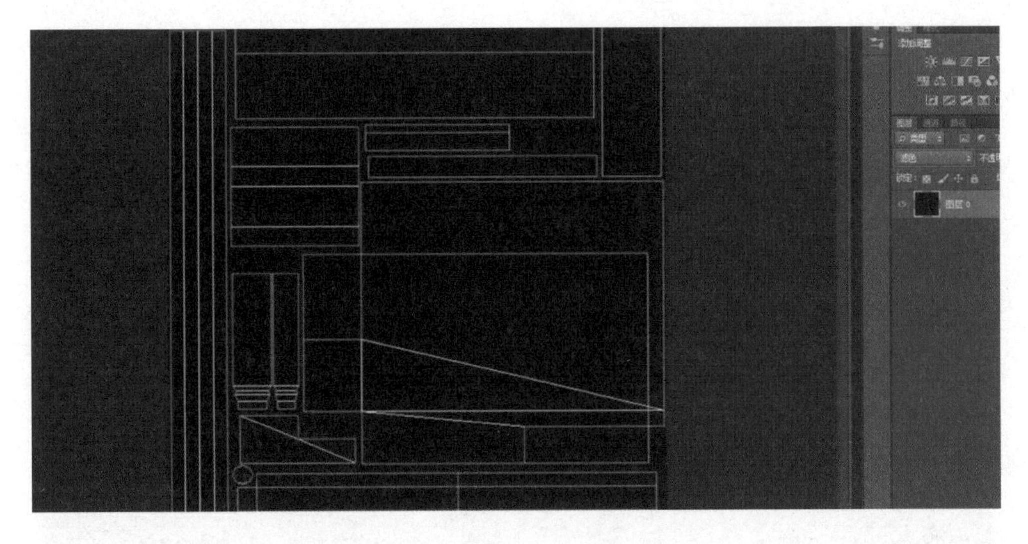

图 6 - 135

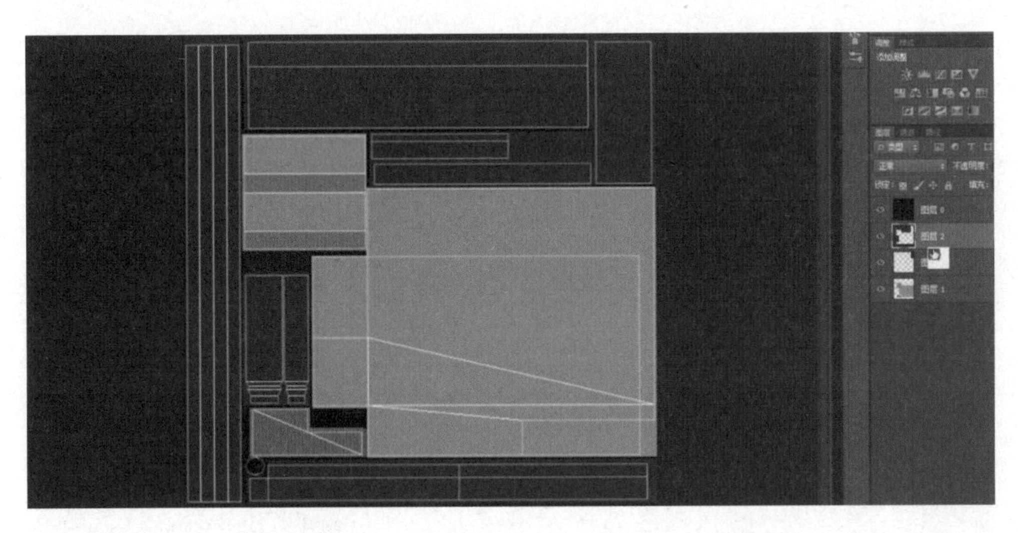

图 6 - 136

3. 接着单击“创建新组”按钮，创建不同的图层组，然后命名为“木头图层组”“地面图层组”和“隔空图层组”，并且将各类材质的底色图层分配到相应的图层组里，如图 6 - 137 所示。

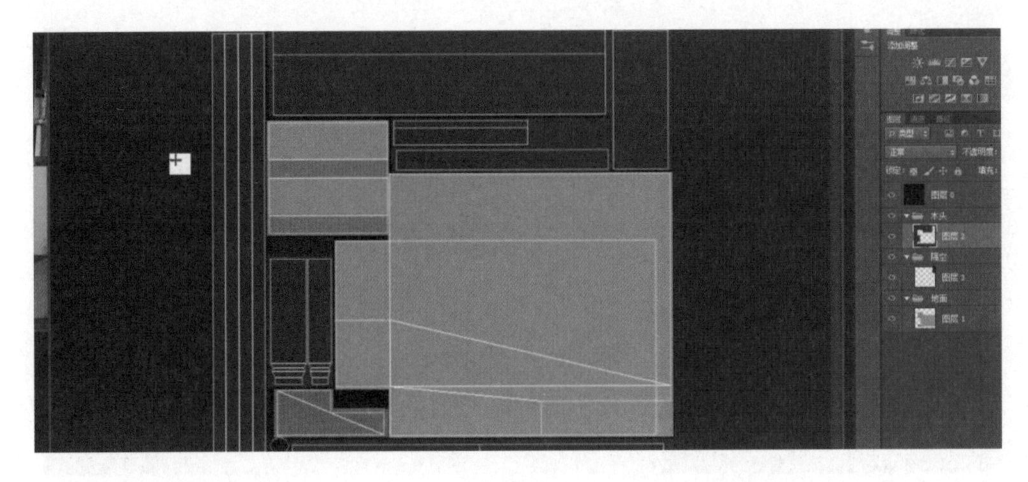

图 6 - 137

4. 在木头图层组里新建一个图层，使用“画笔”工具（快捷键 B）绘画立柱的基本立体结构和明暗关系，然后保存切换到 3ds Max 软件里查看效果，如图 6-138 所示。

图 6-138

5. 接着继续绘制横梁和立柱的基本纹理结构，先添加一些颜色使其融入木头的本质色里，再保存到 3ds Max 软件里查看，如图 6-139 所示。

图 6-139

6. 同理，根据上述木头纹理绘画的流程和方法继续绘制檐坊的整体纹理、结构和明暗关系，接着绘制一些裂痕和破损的小结构以及磨损边缘的亮部，如图 6-140 所示。

图 6-140

7. 接着对所有木头的纹理结构和颜色进行加深细画，把一些明暗关系和流光表现出来，如图 6－141 所示。

图 6－141

8. 再新建一个图层，单击拾色器选择一个纯灰色填充到图层里，然后在“正片叠底模式下”使用灰色图层，再调整图层的不透明度使木头质感颜色暗一些。单击“框选”工具（快捷键 M）框选出横梁层面的位置，按快捷键【Ctrl＋M】弹出曲线窗口，选择曲线降低参数并调整横梁层面的暗部，如图 6－142 所示。

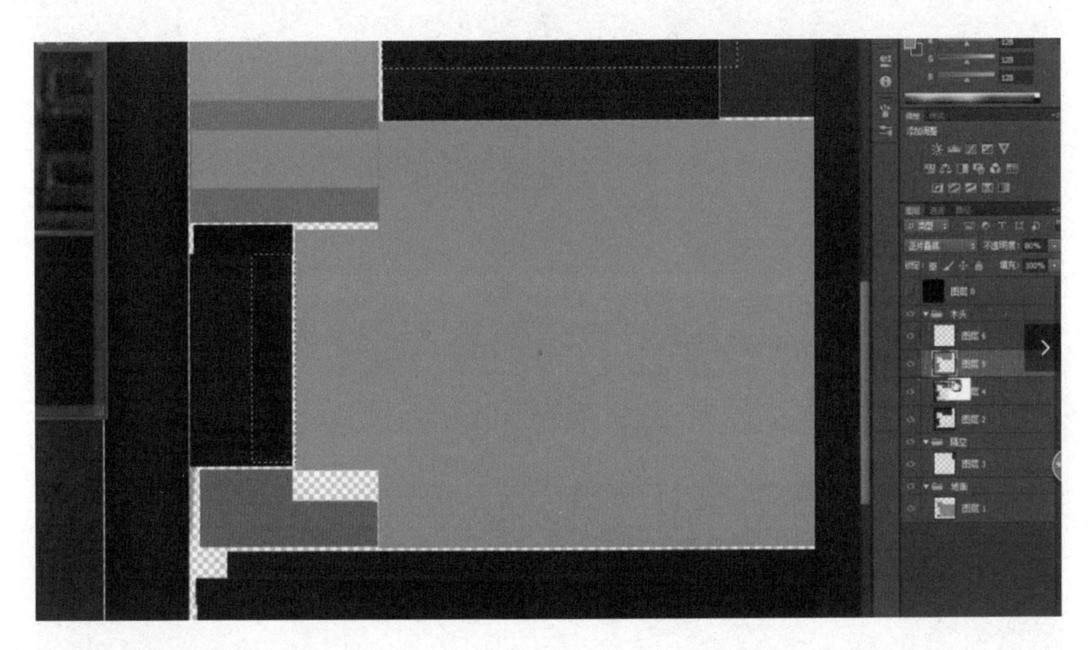

图 6－142

9. 保存木头纹理贴图后切换到 Max 模型，编辑选择下部分模型，单击“UVW 展开”按钮 UVW展开 后再单击“打开 UV 编辑器”按钮进入编辑 UVW 窗口，在编辑点或面层级上选择 UV，根据贴图位置调整木头的 UV 线并对应贴图，如图 6－143 所示。

10. 调整完 UV 后选择“塌陷”命令，在 Photoshop 软件中继续绘制木头受光位置的高光，保存后查看效果，如图 6－144 所示。

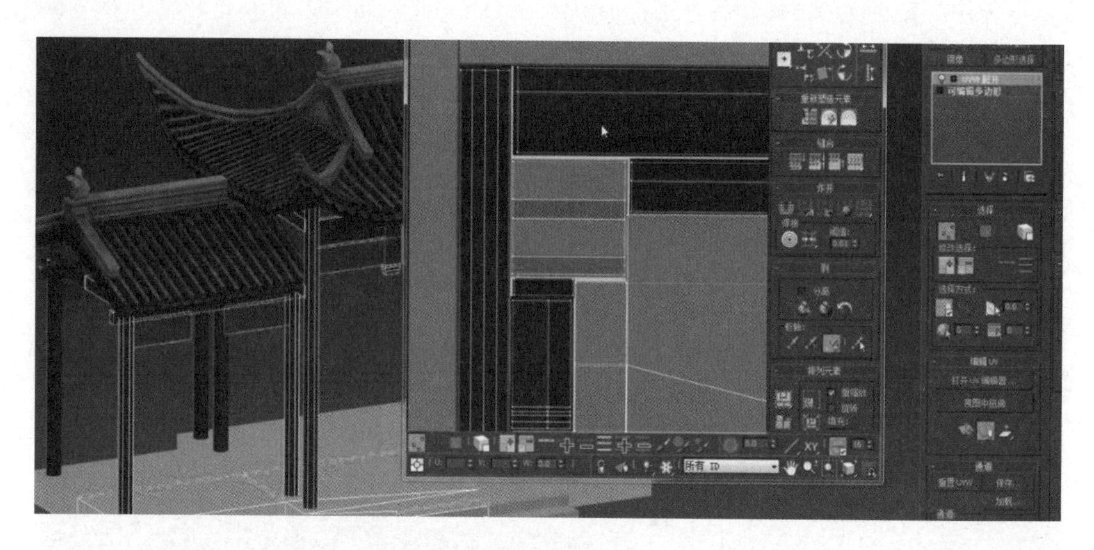

图 6 - 143

图 6 - 144

11. 使用“框选”工具（快捷键 M）选出地面图层的 UV 位置，然后在地面底色的基础上提取填充地面和台阶暗部位置的颜色，凸显出地面的立体感，保存后查看效果，如图 6 - 145 所示。

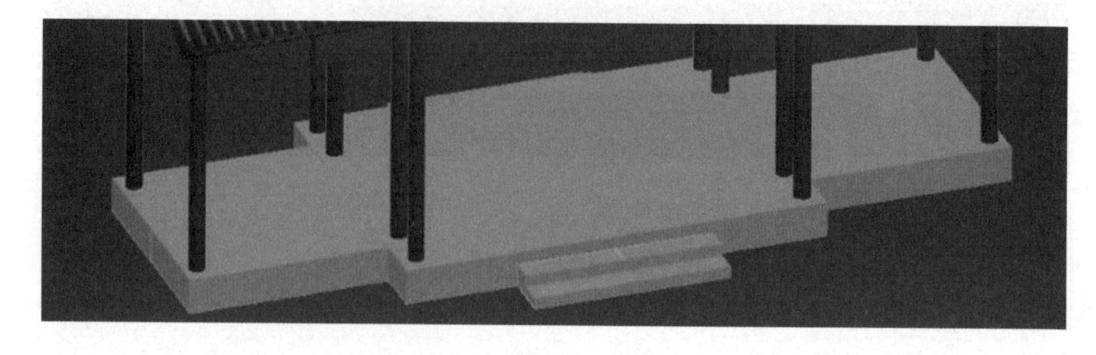

图 6 - 145

12. 接着绘制台阶的基本结构和石头质感，并添加一些颜色进去，再绘制出一些破损和高光效果来表现石头的质感，这样也使石头看起来更有年代感，如图 6 - 146 所示。

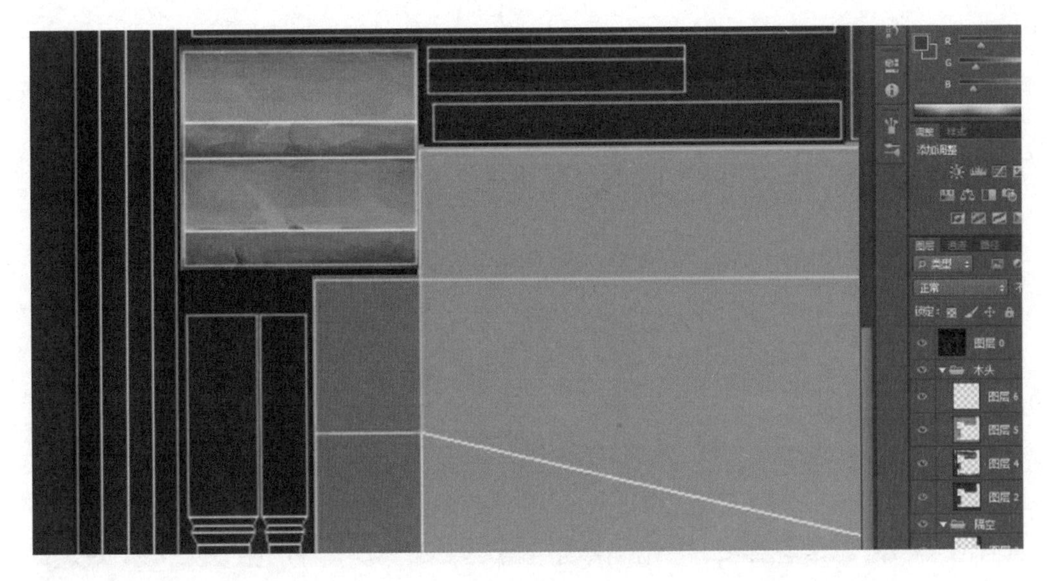

图 6 - 146

13. 新建一个图层，在地面上画出地砖的形状和厚度，如图 6 - 147 所示。

图 6 - 147

14. 在表面上添加一些杂色来丰富地砖，然后加深描线位置的石头纹理，再在石头上画一些裂痕和破损结构，最后在地砖的边角上画出高光，保存贴图，如图 6 - 148 所示。

图 6 - 148

15. 切换到3ds Max软件，单击“UVW展开”按钮后再单击“打开UV编辑器”按钮进入编辑UVW窗口，在编辑点层级上选择地面公用的UV，然后根据贴图的砖块形状调整对应UV的位置，如图6-149所示。

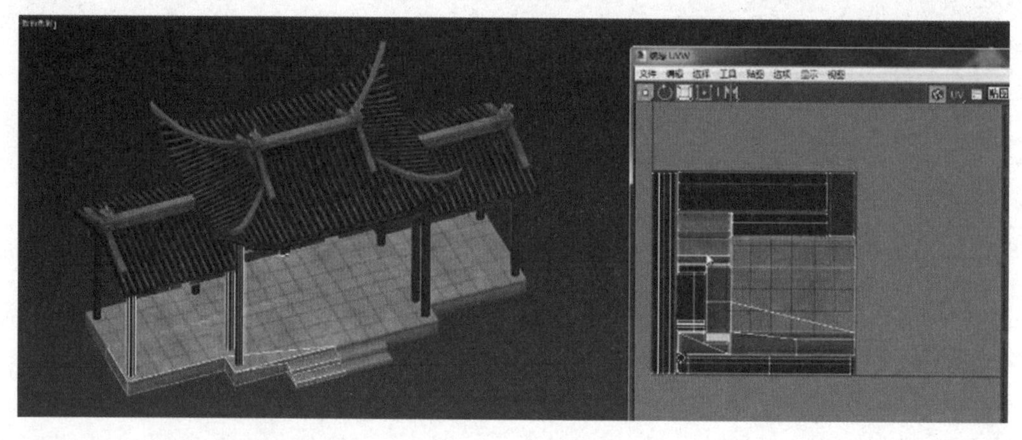

图6-149

16. 继续对台阶、地面的石头进行细画，把石头暗部的阴影加强，如图6-150所示。

图6-150

17. 接下来绘制隔空坊模型的贴图，先使用“画笔”工具绘出隔空坊的基本结构，再单击通道图层，这时发现通道图层里只有RGB、红、绿、蓝这几个图层，如图6-151所示。

图6-151

18. 在通道里单击“创建新通道”按钮 ，新的 Alpha 图层是全黑色的、不可见的，单击打开 RGB 图层后贴图画布为透红色。在拾色器里选择一个纯白色填充到 Alpha 图层中，白色为可见图层，如图 6－152 所示。

图 6－152

19. 接着在 Alpha 图层里使用“框选”工具框出隔空坊需要镂空的结构，然后单击“拾色器”选择一个纯黑色填充，填充黑色贴图的位置为透红色，Alpha 图层显示的是黑色，如图 6－153 所示。

图 6－153

20. 完成贴图后，点击右上角的“文件”按钮进入存储为窗口，修改保存文件格式为 TIF 或 TGA，再单击“保存贴图”按钮，如图 6－154 所示。

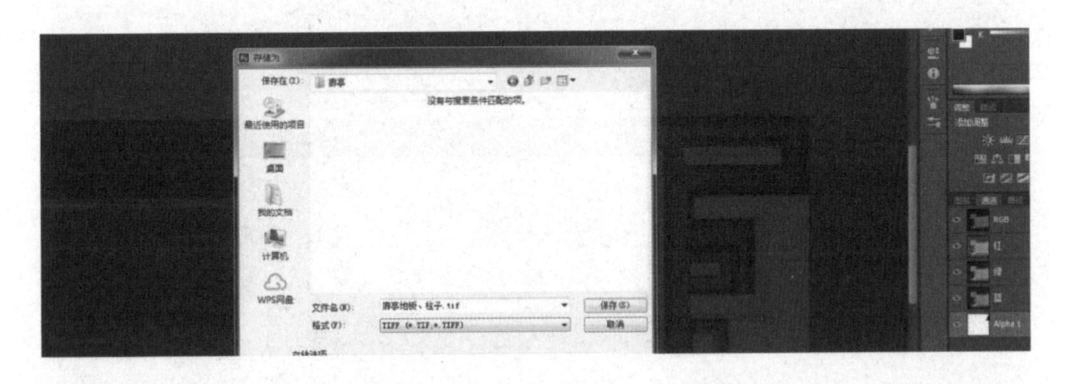

图 6－154

21. 把 TIF 贴图拖拽导入 3ds Max 材质编辑器窗口上，覆盖贴有立柱、横梁和地面的贴图材质球，将 M 贴图拖拽到不透明度按钮右边的方块框上面，再生成另一个半透明贴图，如图 6－155 所示。

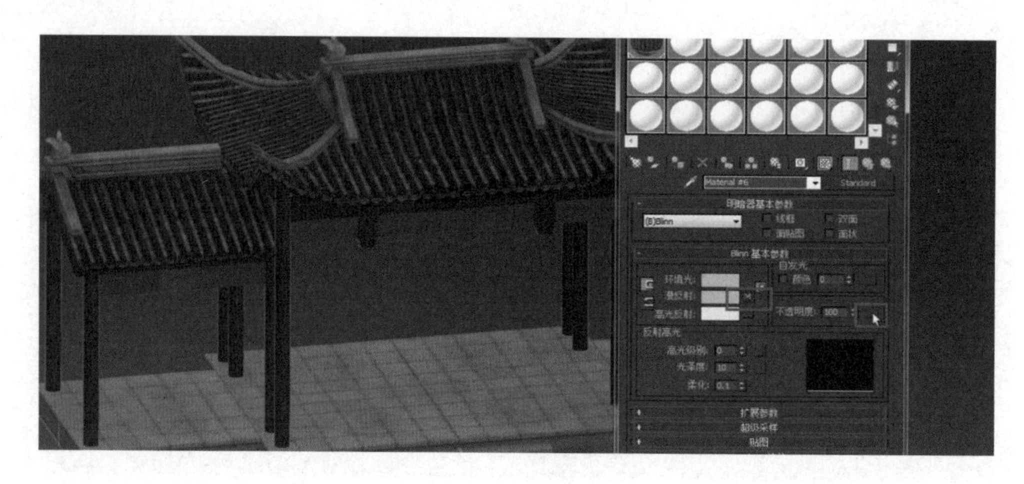

图 6－155

22. 松开鼠标左键，弹出复制（实例）贴图窗口，选择复制方法后单击“确定”按钮，如图 6－156 所示。

图 6－156

23. 把不透明度参数改为 99，单击 M 贴图进入位图参数，单击选择 Alpha 通道，然后将带有通道贴图的材质球赋予到模型上，如图 6－157 所示。

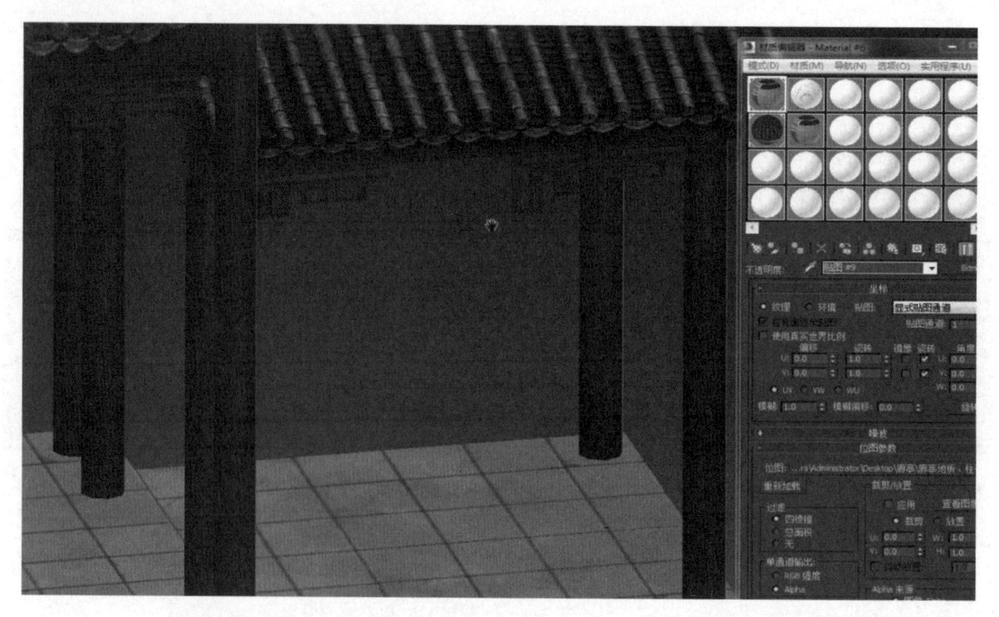

图 6－157

24. 进入 UVW 编辑器窗口，将隔空坊的 UV 线调整对应贴图结构位置，如图 6 - 158 所示。

图 6 - 158

25. 在 Photoshop 软件中，修改和细画隔空坊模型亮部和暗部结构的高光，如图 6 - 159 所示。

图 6 - 159

26. 最后在灰色图层上绘制立柱和地面的投影关系，保存后完成整张贴图的制作，如图 6 - 160 所示。

图 6 - 160